수학의 함정

아름다움에 사로잡힌 물리학자들

수학의 함정

자비네 호젠펠더 지음 | 배지은 옮김 | 김근영 감수

해나무

추천사

수학의 함정, 미학의 함정

김민형

영국 워릭대학교 수학과 및 수학대중교육 석좌교수

1821년에 25세의 나이로 요절한 영국의 시인 존 키츠는 박물관에서 고대 그리스 항아리를 감상하고 나서 '진리는 아름다움이고 아름다움은 진리'라는 영감을 시로 옮겼다. '아름다움'과 '진리'는 플라톤의 원형이론에서 핵심적인 개념이고, 둘 사이의 깊은 관계에 대한 암시는 플라톤주의와 신플라톤주의 문헌 이곳저곳에서 찾을 수 있다. 그래서 키츠는 미적 형상의 영구성을 염두에 두고 진리와 아름다움이 같다는 느낌을 독자에게 전하려고 한 듯하다. 어쩌면 낭만주의 영시 장르에서 가장 유명할 이 문구는 후대 문인들에게 신랄한 비판의 대상이 되기도 했다. 예를 들어서 현대주의 시의 대부와도 같은 T. S. 엘리엇은 키츠의 이 문장이 '의미 없다'고 지적하면서 '대체로 아름다운 그의 시에서 하나의 결점'이라고 일축했다.

『수학의 함정』의 저자 자비네 호젠펠더에 따르면 시인보다도 물리학자들이 아름다움과 진리의 동일성에 대한 믿음이 더 강하다. 어째서 저자는 이런 생각을 하게 되었을까? 세상의 탐구는 과학자로 하여금 지식의 극한에 대한 도전을 피할 수 없게 만든다. 자연의 상당 부분이 놀랍도록 자세하게 기술돼 있는 현 시대에도 새로운 현상이 계속 나타나고, 서로 다르다고 생각했던 현상들 사이의 유사성이 관찰되기도 한다. 암흑물질의 정체성, 블랙홀의 미세구조, 우주 팽창의 근원 등 현대 물리학의 수수께끼들이 정립된 이론의 영역을 초월하는 난제들을 집요하게 제시하고 있다. 그렇다면 물리학의 선구자들은 이런 현상들을 설명하는 이론을 어떻게 만들어가는가? 설득력 있으면서도 불확실한 이론이 여럿이면 그중에서 어떻게 선택하는가? 즉, '이론의 선택' 과정이 이 책의 주 관건이다.

간단한 답변 하나는 '실험을 통해서 맞는 이론을 고른다'라는 것이다. 하지만 불행히도 어떤 실험을 해야 하는지 자체가 이론에 의존하는 결정이기 때문에, 진리를 파악하기 위해서 '실험해보자'는 착상은 생각보다 실현하기 어렵다. 예를 들어, 빛의 경로가 중력의 영향으로 휘어진다는 사실을 실험적으로 확인하기 위해서는 아인슈타인의 상대성이론에 대한 상당한 믿음이 필요했다. 물질의 근본 구조를 탐구할 수 있는 실험은 여러 가지가 있지만 하나하나가 막대한 경비와 인력을 필요로 한다. 대표적으로 CERN에 있는 입자 가속기는 100개 이상의 나라의 협력과 과학자 1만 명의 참여에 의해 10여 년에 걸쳐서 지어졌다. 입자 가속기를 이용한 실험이 유용하리라는 근거는 1960년대에 완성된 입자물리학의 표준모형에서 나왔다. 그럼에도 불구하고 힉스 입자가 발견된 2012년 이후 이어진 고에너지 물리학 실험이 뾰족한 결과를 내지 못하고 있는 것이 오늘날의 실태이다. 앞으로의 실험 프로젝트를 구축하는

데 필요한 길잡이가 될 만한 이론을 어떻게 선택할 것이냐가 중요한 관건이 아닐 수 없다.

이 책에서 이야기하는 '이론'은 수학적 이론을 의미하기 때문에 제목부터 수학이 등장한다. 17세기 이후로, 그리고 시간이 지날수록 물리학 이론은 점점 더 고등한 수학적 언어로 기술되었다. 따라서 물리학자들에게 이론 선택 문제는 '이 현상은 어떤 수학적 구조로 설명해야 할까?'로 귀결된다. 가령 아인슈타인은 일반상대성이론을 기술하기 위해서 가우스와 리만이 개발한 '내면기하'를 사용했고, 양자역학의 창시자들은 복소수, 선형대수, 확률론, 연산자이론 등을 기본 도구로 택했다. 지금 현재 양자중력이론을 찾으려는 학자들 또한 그에 맞는 수학을 새로 개발해야 하는가의 문제로 고민한다. 현상을 설명하는 데 가장 적절한 수학적 이론이 무엇인가는 항상 구체적이고 중요한 과학적 질문이 아닐 수 없다.

호젠펠더는 세계적인 물리학자들과의 인터뷰, 그리고 과거 물리학 거장들의 글을 근거로 이론 선택에 있어서 미학적인 기준이 지배적임을 보여준다. 물리학자들은 우주의 원리가 아름다운 수학으로 기술되어야만 한다는 믿음이 강하고, 그런 믿음을 실현하기 위해 때로는 수십 년간 노력하기도 한다. 호젠펠더 자신은 이러한 미학적 원리에 대해서 회의적이다. 현실이 우리의 감정적인 기준을 존중해줄 하등의 이유가 없기 때문이다.

1980년대와 90년대에 이론물리학에서 가장 각광받은 이론은 아마도 초끈이론이었을 것이다. '모든 것의 이론', 즉 우주의 모든 현상을 통일적으로 기술할 수 있는 프레임워크의 가장 강력한 후보가 초끈이론이었던 것이다. 그런데 초끈이론은 전에 없이 광범위하고 추상적인 수학을 활용하는 것으로도 유명해서 찬사를 받은 동시에 경계의 대상이 되었다. 오늘날, 불행히도 초끈이론에 대한 실험적 근거는 없고 전문가들은 초조해하는 상태이다. 어쩌면 초끈이론이 현재 처한 위기가 호젠펠더가 이 책을 쓰게 된 가장 큰 동기일 것 같다.

천체물리학자 친구 하나가 다음과 같은 불평을 했다. "초끈이론의 문제는 제일 똑똑한 학생들을 아름다운 수학으로 유혹해서 막다른 길목으로 몰아넣는 것이다." 가장 어렵고 고등한 이론을 둘러싼 물리학계의 시선의 양면성을 잘 표현하는 문장이다. 한편으로는 초끈이론 연구자들이 탁월한 이론가들이라는 것을 인정하면서도, 다른 한편으로는 인력과 자질의 낭비를 초래한다고 평가하는 것이다. 어떻게 할 것인가? 현시점에서 일종의 위기의식을 느끼는 사람은 물리학계에서 저자만이 아닐 것이다.

한 가지 특기할 만한 점은 초끈이론이 놀라울 만큼 풍부한 수학 이론의 원천이라는 사실이다. 끈이론은 수학을 활용할 뿐만 아니라 지난 40년 동안 수학자들의 상상을 초월하는 새로운 추상구조들을 창출해냈고, 수학자들 또한 그중에서 중요한 구조를 골라내는 작업에 상당한 에너지를 투여해왔다. 더군다나 다양한 종류의 수학적 현상들이 초끈이론의 관점에서 통일적으로 기술되기도 했다. 즉, 초끈이론이 우주의 물질적 구조를 밝혀주는 바가 불분명한 현재에도 세상의 수학적 구조를 탐구하는 일에 크나큰 기여를 한 것이다. 이 공로를 인정받아서 이미 1990년에 초끈이론의 대가 에드워드 위튼은 수학의 노벨상으로 여겨지는 필즈상을 받았고, 세계의 연구 중심 대학교들은 다수의 초끈이론 전문가들을 수학 교수로 채용하고 있다.

이 책에서 호젠펠더는 명료하면서도 간결한 글로 이런 복잡한 '과학 사회학'을 설명한다. 그 과정에서 어려운 이론을 절묘하게 요약하기도 하고 유명 물리학자들의 열정적인 헌신을 독특한 유머감각으로 묘사하기도 한다. 이 책은 과학자들의 사회를 다룬 책 중에 상당히 특이하다. 무엇보다도 옛날이야기가 아니라 현시대 과학자들의 어렵고도 중대한 관심사를 예리하게 포착했다는 점이 그렇다. 저자는 자신이 물리학자이면서도 외부인의 눈으로 동료들의 사회상을 관찰할 줄 아는 객관성을 지니고 있다. 이 책의 독자는 이런 보기 드문 통찰력을 즐기면서 물리학자들의 직관, 감정, 인간관계 등의 작용을 일목요연하게 관람할 기회를 가질 것이다.

그러나 저자의 주장이 단순히 '맞는지 틀린지'에 대해서 내가 판단하기는 어렵다. 한편으로 나 자신이 전문성이 부족하고, 중요한 과학 이론의 실용적인 측면이 때로 수백, 수천 년 걸려서 나타나는 인류 문명의 복잡한 역사를 알기 때문이다. (응용수학이 아닌 순수수학 연구에서도 비슷한 일이 일어난다.) 하나의 예로 복소수는 16세기경 유럽 수학에 정착했지만 20세기가 돼서야 그런 수의 현실성이 파악되면서 양자역학의 기반에 필수적인 요소가 되었다. 핵심적인 수학적 구조의 실존을 당연시하는 수학자는 그런 구조가 물질적인 현실에서도 나타나기를 자연스럽게 기대한다. 다른 한편으로 저자가 과학적 탐구의 이성적인 원리를 중요시하지만(그리고 그것은 분명히 타당한 관점이지만), 과학의 발전 과정에서 이성을 초월하는 요소들의 작용이 너무나 많은 것도 필연적인 사실이다. 그럼에도 불구하고 회의적인 담론을 체계적으로 제안하는 것은 전문가들에게 자신의 연구에 대해 성찰할 기회를 주는 유용한 기여이기 때문에 나는 이 책에 나오는 짜임새 있는 비판의 가치를 높이 평가한다.

이 책의 원제는 *Lost in Math*로, 수학 속에서 길을 잃은 상태를 강조한다. 반면, 번역본의 제목은 수학 자체가 함정이라는 인상을 준다. 이 책의 저자가 수학을 활용하지 않는 이론을 선호한다는 오해를 낳지 않을까 약간 걱정이다. 그런 이론은 현대 물리학에서 상상할 수 없다. 저자의 의도는 자연 현상을 설명하는 수학을 고르는 과정에서 미학적 기준에 대한 지나친 의존을 경고하는 것이다. 즉, 함정은 수학이 아니라 미학에서 유래한다는 주장이다.

서문

물리학자들은 확신했고, 그 확신에 수십억 달러를 걸었다. 지난 수십 년 동안 물리학자들은 세상을 변화시킬 수 있는 새로운 발견이 어디에 있는지 안다고 말했다. 물리학자들은 가속기를 건설했고, 우주 공간에 위성을 쏘아 올렸고, 땅속 깊은 곳에 검출기를 묻었다. 세상은 물리학의 갈망을 실현할 준비가 되어 있었다. 그러나 물리학자들이 새로운 돌파구를 기대했던 그곳에서는 아무 일도 일어나지 않았다. 물리학자들은 실험을 통해 그 어떤 새로운 결과물도 얻지 못했다.

물리학자들은 수학이 아니라 수학의 선택에서 실패했다. 그들은 대자연이 우아하고 단순하며 친절하게 실마리를 내어준다고 믿었다. 그들은 대자연의 속삭임을 들을 수 있다고 생각했지만, 사실 그것은 그들의 혼잣말에 불과했다. 이제 대자연이 입을 열었지만, 대자연은 크고 또렷하게 아무것도 말해주지 않았다.

이론물리학은 수학투성이에 이해하기 어려운 학문이다. 그러나 이 책은 수학에 관한 책치고는 수학 얘기가 거의 나오지 않는다. 방정식과 전문 용어를 벗겨내면 물리학은 의미를 찾기 위한 탐구이고, 그 탐구는 뜻하지 않은 길로 접어들기 마련이다. 어떤 자연법칙이 우주를 지배하고 있는지 몰라도, 그 법칙은 물리학자들이 생각하는 것이 아니고, 내가 생각하는 것도 아닐 것이다.

『수학의 함정』은 오늘날의 물리학 연구에 미학적 판단이 어떻게 작용하고 있는지 그 실태를 추적한 책이다. 이 책은 나 자신의 이야기이자 내가 배운 것을 어떻게 사용했는지에 대한 모종의 반성문이다. 이 이야기는 같은 문제로 고민하고 괴로워하는 수많은 물리학자의 이야기이기도 하다. 우리는 자연법칙이 아름답다고 믿고 있다. 그러나 뭔가를 '믿는' 것은 과학자가 해서는 안 되는 일 아닌가?

차례

1장

물리학의 숨은 규칙

나는 나 자신이 물리학을
이해하지 못하고 있음을 깨닫는다.
친구들, 동료들과 대화를 나누면서
나 혼자만 혼란스러워하는 것이 아님을 깨닫고,
이 땅을 벗어난 이성을 다시 끌고 내려오기로 한다.

좋은 과학자의 난제

나는 새로운 자연법칙들을 만들어낸다. 그것이 내가 먹고살기 위해 하는 일이다. 나는 입자물리학 이론을 개선하는 데 몸담은 전 세계 1만 명가량의 연구자 중 하나다. 우리는 지식의 사원의 지하실 바닥을 파 내려가 기반을 더듬는다. 기반의 균열을 탐색하고 기존 이론들의 단점을 조사하다가, 뭔가가 있는 것 같으면 실험물리학자들을 불러 더 깊이 파 내려가 달라고 부탁한다. 지난 100여 년 동안 이러한 이론물리학자들과 실험물리학자들 사이의 분업은 원활하게 진행되었다. 그러나 내가 속한 세대는 깜짝 놀랄 만큼 이렇다 할 성과를 내놓지 못했다.

이론물리학 분야에서 20여 년을 보낸 지금, 내가 아는 사람 대부분은 누구도 보지 못한 것들을 연구하면서 경력을 쌓고 있다. 그들의 새로운 이론은 쉽게 받아들이기 어려운데, 이를테면 우리 우주가 무한히 많은 '다중우주' 중 하나라는 가설도 그렇다. 그들은 새로운 입자를 10여 개 만들었고, 우리가 고차원 공간의 투영이며, 그 공간은 먼 곳을 연결하는 웜홀에 의해 생성된다고 선언했다.

이런 발상들은 논란을 일으키지만 엄청나게 인기 있고, 추론적이지만 흥미롭고, 예쁘지만 쓸모가 없다. 이런 발상 대부분은 실험하기 매우 어렵거나 사실상 실험이 불가능하다. 이론적인 검증조차 불가능한 이론도 있다. 이런 이론들은 그 안에 담긴 수학이 대자연의 진실을 품고 있다고 확신하는 이론물리학자들의 지지를 받는다. 이론물리학자들은 그들의 이론이 너무나도 훌륭해서 진실이 아닐 리 없다고 믿는다.

새로운 자연법칙의 발명, 즉 이론 개발은 교실에서 배울 수 있는 것이 아니다. 물리학자들은 과학의 역사를 공부하면서 그 일부를 배우지만, 대부분은 선배, 친구와 스승, 멘토와 동료 검토자들에게서 습득한다. 한 세대는 다음 세대에게 무엇이 제대로 작동하는 것인지를 포착할 수 있는, 어렵사리 얻은 직관과 경험을 전달한다. 물리학자들은 검증되지 않은 새 이론의 전망을 평가할 때면 자연스러움, 단순함, 우아함, 아름다움 같은 개념에 의존한다. 물리학의 근본 바탕에는 이런 숨은 규칙이 존재한다. 이 숨은 규칙은 매우 유용하다. 그리고 객관성이라는 과학의 요건과 정면충돌한다.

숨은 규칙은 우리에게 고약한 짓을 했다. 우리가 새로운 자연법칙들을 제안하더라도 그 법칙은 모두 확인되지 못한 상태로 남겨졌다. 그리고 내 직업이 위기에 처하는 걸 목격하는 동안, 나는 개인적인 위기 상황에 맞닥뜨렸다. 나는 우리가 물리학의 기반 위에서 벌이는 일들이 정말로 과학이 맞는지 이제는 확신이 없다. 이것이 과학이 아니라면, 지금 나는 왜 이걸 가지고 시간낭비를 하는 걸까?

• • •

내가 물리학에 빠져든 이유는 사람들의 행동을 이해하지 못해서였다. 또 수학이 물리학을 잘 설명해주기 때문이었다. 나는 수학의 명료함과 모호하지 않은 증명 과정, 자연을 서술하는 탁월한 표현력을 좋아했다. 20년이 지난 지금, 나와 물리학 사이를 가로막고 있는 것은 여전히 사람들의 이해할 수 없는 행동이다.

"어떤 이론이 매력적인지 아닌지를 정의하는 정확한 수학적 규칙을 보여줄 수는 없습니다." 잔 프란치스코 주디체는 이렇게 말한다. "한 이론을 놓고 다양한 문화권에 속한 사람들이 공통적으로 아름다움과 우아함을 인지하는 걸 보면 놀랍죠. 이를테면 '새 논문을 썼는데 내 이론이 무척 아름다워요'라고 말할 때, 굳이 이론을 상세히 설명할 필요가 없어요. 논문을 보면 내가 왜 그렇게 흥분하는지 곧바로 알게 될 테니까요. 안 그래요?"

아니, 난 모르겠다. 그래서 내가 그와 얘기를 하는 것이다. 내가 아름답다고 생각하건 말건, 자연법칙이 내 생각에 왜 관심을 두겠는가? 나와 우주의 그런 연결은 대단히 초자연적이고, 대단히 낭만적이며, 대단히 내 스타일이 아닌 것 같다.

그러나 잔은 자연이 '내가' 아름답다고 여기는 게 아니라 '그가' 아름답다고 여기는 것에 관심을 둔다고 생각한다.

"그 대부분은 직감입니다. 수학적 항들로는 측정할 수 없는 것이 있어요. 사람들이 물리적 직관이라고 부르는 것 말입니다. 물리학자들과 수학자들이 보는 아름다움에는 중대한 차이가 있죠. 경험적 사실의 설명과 기본 원칙의 사용 사이의 올바른 조화가 성공적이면서도 아름다운 물리학 이론의 성패를 좌우하는 겁니다."

잔은 유럽원자핵공동연구소Conseil Européen Pour la Recherche Nucléaire, CERN의 이론 분과장이다. CERN은 현재 세계에서 가장 큰 입자 충돌기인 대형 강입자 충돌기Large Hadron Collider, LHC를 가동 중이며, 이를 통해 물질의 기본 구성 요소를 인류 역사상 가장 밀접하게 들여다보고 있다. 길이 25.7킬로미터의 60억 달러짜리 원형 터널은 양성자를 빛의 속도에 가깝게 가속시켜 충돌시킨다.

LHC는 극한의 집합체다. 과냉각 자석과 초고진공, 실험이 진행되는 동안 1초마다 전자책 수천 권 분량의 3기가바이트 데이터를 기록하는 컴퓨터 클러스터까지 보유하고 있다. LHC 프로젝트는 수천 명의 과학자를 한데 불러 모으고, 수십억 달러의 첨단 기술을 집약해 수십 년 동안 연구를 진행했다. 이 연구의 목적은 단 하나인데, 우리가 무엇으로 만들어졌는지를 알아내겠다는 것이다.

잔은 이야기를 계속한다. "물리학은 미묘한 게임입니다. 그 규칙을 발견하려면 이성뿐만 아니라 주관적인 판단도 필요해요. 이런 비이성적인 측면 때문에 물리학이 더욱 재미있고 흥미롭게 느껴집니다."

나는 내 집에서 전화를 걸고 있다. 사방에는 종이 상자들이 쌓여 있다. 스톡홀름에서의 계약이 끝나가고 있다. 이제 이곳을 떠나 다른 연구 보조금을 찾아야 한다.

학교를 졸업할 때, 대자연을 알고 싶어 하는 비슷한 성향의 사람들이 내 가족이 되어주고, 그들과의 커뮤니티가 내 집이 되어줄 거라 생각했다. 그러나 그들은 한편으로는 편견에 사로잡히지 않은 경험적 판단의 중요성을 설파하면서, 다른 한편으로는 자신들이 좋아하는 이론을 방어하기 위해 미학적 기준을 사용한다. 나는 그런 동료들에게 소외감을 느낀다.

잔은 계속 이야기한다. "고심하던 문제의 답을 발견했을 때, 내면의 흥분 상태를 경험하죠. 그 순간이 바로 이성 너머로 떠오르는 구조를 목격하기 시작할 때거든요."

잔의 연구는 기존 이론의 문제를 해결할 가능성을 지닌 새로운 입자물리 이론들을 개발하는 데 초점을 맞추고 있다. 그는 이론의 자연스러움을 정량화하는 방법을 개척했는데, 이 수학적 척도를 이용해 비현실적인 일치에 대한 이론의 의존도를 판별할 수 있다.[1] 이론이 자연스러울수록 이런 일치가 필요하지 않고, 이론의 매력도는 증가한다.

"물리학 이론의 아름다움은 사회적 견해가 아니에요. 이론의 아름다움을 느끼는 감각은 틀림없이 뇌에 내장되어 있습니다. 무엇인가 내면의 코드를 건드리는 거죠. 아름다운 이론과 마주치면, 예술 작품 앞에 섰을 때와 똑같은 감정적 반응을 경험하게 됩니다."

나는 그의 말이 왜 중요한지 모르겠다. 나의 직접적인 감각으로는 실체를 인지할 수 없다. 지금까지도 그랬고 앞으로도 그럴 것이다. 나의 미적 감각이 실체의 행동을 지시하는 법칙을 밝히는 데 있어 신뢰할 만한 안내자라는 얘기는 상당히 미심쩍다. 그게 머릿속에 새겨진 거라면, 자연선택 과정에서 그편이 유리했기 때문일 것이다. 하지만 양자중력을 이해하는 것이 생존하는 데 무슨 이득을 준다는 말인가?

아름다움을 창조하는 작업이 존경할 만한 기술이라고 해도, 과학은 예술이 아니다. 우리가 이론을 구하는 목적은 감정적 반응을 환기시키기 위해서가 아니라 우리가 관찰하는 것에 대한 설명을 찾기 위해서다. 과학은 인지의 단점을 극복하고 직관의 오류를 피하기 위한 체계적인 기획이다. 과학은 감정과는 상관이 없다. 과학은 숫자와 방정식, 데이터와 그래프, 사실과 논리에 관한 것이다.

나는 내가 틀렸다는 걸 그가 증명해주기를 바랐다.

최근 LHC 데이터에 대한 견해를 묻자, 잔이 대답한다. "우리는 무척 혼란스러워요." 드디어, 내가 이해할 수 있는 말씀을 하시는군.

실패

LHC는 가동 초기에 힉스 보손이라는 입자를 발견했다. 힉스 보손의 존재는 1960년대부터 예측되었다. 동료들과 나는 10억 달러짜리 프로젝트가 누구도 의심하지 않았던 결과를 확인하는 것 이상의 무언가를 해주리라 기대했다. 우리는 물리학 기반에서 몇 가지 새로운 가능성을 보여줄 균열을 발견했고, 그 균열은 LHC가 지금껏 발견되지 않은 다른 입자들을 만들어주리라는 확신의 근거가 되었다. 하지만 그 생각은 틀린 것이었다. LHC는 우리가 새로 만든 자연법칙을 뒷받침해줄 만한 근거를 보여주지 못했다.

천체물리학 분야 연구자들의 사정은 더 나쁘다. 그들은 1930년대에 은하단galaxy cluster이 눈에 보이는 모든 물질로 설명할 수 있는 것보다 훨씬 큰 질량을 담고 있다는 사실을 발견했다. 데이터의 불확실성이 크다는 점을 감안하더라도 관측 결과를 설명하려면 새로운 유형의 물질,

즉 '암흑물질'이 필요했다. 암흑물질의 중력을 뒷받침하는 증거는 쌓여갔고, 우리는 암흑물질이 그곳에 있다고 확신했다. 그러나 암흑물질이 무엇으로 만들어졌는지는 여전히 미스터리다. 천체물리학자들은 암흑물질이 빛을 흡수하거나 방출하지 않는, 지구상에 존재하지 않는 종류의 입자라고 믿는다. 그들은 새로운 자연법칙과 확인되지 않은 이론들을 생각해냈고, 이를 지침으로 삼아 그들의 아이디어를 실험하기 위한 검출기를 제작했다. (1980년대부터 10여 팀의 실험물리학자들이 가상의 암흑물질 입자를 사냥하고 있다. 그리고 아직 그 입자들을 발견하지 못했다. 새로운 이론은 여전히 확인되지 않은 상태로 남아 있다.)

우주론도 암울한 처지에 놓인 것 같다. 우주론을 연구하는 물리학자들은 우주의 팽창 속도가 점점 더 빨라지는 이유가 무엇인지 알아내려 애쓰고 있지만 성공을 거두지 못했다. 이러한 우주 가속팽창은 '암흑에너지' 때문으로 추정된다. 물리학자들은 이 기이한 에너지가 실은 빈 공간이 나르는 에너지라는 것을 수학적으로 밝힐 수 있지만, 그 양은 계산하지 못한다. 암흑에너지는 물리학의 기반에 생긴 작은 균열 중 하나이고 물리학자들은 그 틈을 엿보려 노력하지만, 암흑에너지를 설명하기 위해 고안해낸 새로운 이론을 뒷받침할 근거는 아직까지 찾지 못했다.

한편, 양자이론의 기반을 연구하는 동료들은 단점이 전혀 없는 이론을 개발하려 한다. 그들은 측정할 수 있는 실체와 부합하지 않는 수학적 구조에는 뭔가 잘못된 것이 있다는 확신을 바탕으로 움직인다. 리처드 파인만, 닐스 보어, 그리고 20세기 물리학의 영웅들이 불평했던 것처럼 '양자역학을 이해하는 사람은 아무도 없다'는 사실은 그들에게도 참으로 불만스러운 일이다. 양자이론을 연구하는 연구자들은 더 나은 새 이론을 원하면서, (다른 이들처럼) 자신들이 올바른 방향으로 가고 있다고 믿는다. 그러나 안타깝게도 지금까지의 실험 결과들은 모두 지난 100년 동안 아무도 이해할 수 없었던 양자이론의 예측을 지지하고 있다. 그럼 새 이론은? 여전히 검증 받지못한 추측에 불과하다.

우리는 새로운 자연법칙을 찾아내기 위해 어마어마한 노력을 기울였고, 그 시도는 모두 실패했다. 30년이 넘도록 물리학의 기반은 전혀 개선되지 못하고 있다.

• • •

이 세상이 돌아가는 것이 무엇 때문인지, 우주는 어떻게 만들어졌는지, 우리의 존재를 지배하는 규칙이 무엇인지 알고 싶은가? 그 답에 다가가려면 먼저 사실의 흔적을 따라 과학의 지하실로 내려가야 한다. 그렇게 계속 내려가면, 자신의 이론이 아름답다고 우기는 이론물리학자들이 길을 막고 서 있는 것을 발견한다. 바로 그때가 물리학의 기반에 도달했음을 알게 되는 순간이다.

물리학의 기반은 현재 우리가 아는 한 그보다 더 간단한 것으로부터 파생될 수 없는, 이론의 구성요소이다. 이 밑바닥에서 우리가 현재 손에 쥐고 있는 것은 공간과 시간, 25개의 입자고, 이 요소들 사이의 관계는 이 요소들의 행동을 기술하는 방정식을 통해 서로 얽혀 있다. 내 연구 주제는 공간과 시간을 가로지르고, 서로 충돌하거나 결합해서 합성 물질을 만드는 입자들이다. 입자를 작은 구슬처럼 생각하면 안 된다. 양자역학의 지배를 받는 입자들은 그렇게 생기지 않았다. (이 내용은 나중에 자세히 다루겠다.) 입자를 머릿속에 떠올리려면 아무 모양이나 취할 수 있는 구름을 생각하는 편이 더 낫다.

물리학의 기반 이론은 더 이상 분해할 수 없는 입자들만 다룬다. 그런 입자들을 '기본 입자'라고 부른다. 현재 우리가 아는 한 이런 입자들은 하위 구조가 없다. 그러나 기본 입자들이 결합하면 원자, 분자, 단백질을 만들 수 있고, 그렇게 함으로써 매우 다양한 구조를 만들어낸다. 지금 이 책을 읽고 있는 당신과 나, 이 우주 안의 모든 것은 25개의 입자로 만들어져 있다.

입자 그 자체는 전혀 흥미롭지 않다. 우리가 흥미를 갖는 대상은 입자들의 관계, 입자들의 상호작용을 결정하는 원리, 우주를 탄생시키고 우리가 존재할 수 있게 하는 규칙의 구조이다. 우리의 관심은 규칙에 있지 입자에 있는 것이 아니다. 우리가 배운 가장 중요한 사실은 자연이 수학 규칙에 따라 움직인다는 것이다.

수학으로 만들어진

물리학의 이론들은 수학으로 구성된다. 우리가 수학을 사용하는 이유는 미분기하학이나 등급 리 대수graded Lie algebra를 잘 모르는 사람들에게 겁을 주기 위해서가 아니다. 수학을 사용하는 이유는 우리가 바보이기 때문이다. 수학은 우리를 정직하게 만든다. 수학은 나 자신에게, 또 서로에게 거짓말을 하지 못하게 한다. 수학은 틀릴 수 있지만 거짓말은 하지 않는다.

이론물리학자들의 임무는 기존의 관측 내용을 설명하거나 앞으로의 실험 전략을 예측할 수 있도록 수학을 개발하는 것이다. 이론 개발에 수학을 사용하면 논리적 엄밀성과 내적 일관성을 강화할 수 있다. 수학은 이론이 모호해지지 않고 결과를 확실히 재현할 수 있게 한다.

물리학에서 수학이 거둔 성공은 어마어마했다. 그 성공 때문에 기준은 더욱 엄격해졌다. 오늘날 우리가 세우는 이론들은 (수학적 관계 또는 정의로서의) 가정들과 이러한 수학을 현실의 관측 대상과 연결시키는 해석이 결합한 것이다.

이론 개발은 가정들을 써 내려가고 정리定理와 증명을 나열해서 결론을 산출하는 방식으로 진행되지 않는다. 물리학 이론은 대부분 아이디어가 헐겁게 짜깁기된 상태에서 출발한다. 이론 개발 과정에서 물리학자들이 만들어낸 과오를 지우고, 이론 전체를 유도할 수 있는 가정들을 찾아내는 역할은 보통 수리물리학자의 몫이다. 수리물리학은 물리학이 아닌 수학의 한 분과다.

물리학자들과 수학자들은 대체로 훌륭하게 역할을 분담해왔다. 물론 함께 일하면서 물리학자들은 수학자들의 결벽증에 불만을 토로하고, 수학자들은 물리학자들이 일을 대충한다며 불평한다. 그러나 양쪽 그룹에 속한 이들 모두 한쪽의 발전이 다른 쪽의 발전으로 이어진다는 것을 잘 알고 있다. 확률이론에서 혼돈이론, 그리고 현대 입자물리학의 기본인 양자장이론에 이르기까지, 수학과 물리학은 언제나 손을 맞잡고 함께 걸어왔다.

그러나 물리학은 수학이 아니다. 성공적인 물리학 이론은 내적 일관성은 물론이고(서로 모순된 결론을 내서는 안 된다는 뜻이다) 실제 관측 결과와도 일관되어야 한다(데이터와 모순되면 안 된다). 이런 요건은 물리학의 가장 기본적인 문제들을 다루는 분야에서 대단히 중요하다. 기존의 데이터가 너무 많아서 새로 제안된 이론들에 필요한 계산을 전부 수행하는 것은 사실상 불가능하다. 그리고 지름길이 있기 때문에 굳이 계산을 다 할 필요도 없다. 새 이론이 나오면 먼저 측정의 정확도 범위 안에서 이미 검증된 예전 이론과 일치하는지를 확인하고, 예전 이론의 결과를 재현한다. 그다음 새 이론이 설명할 수 있는 내용에 대한 계산을 덧붙인다.

이미 성공을 거둔 이론들의 성과가 새 이론에서 재현됨을 입증하는 것은 대단히 어렵다. 새 이론에서는 예전 이론과 완전히 다른 수학의 틀을 사용하기 때문이다. 그럼에도 불구하고 두 이론이 기존 관측 내용에 대해 동일하게 예측한다는 점을 보여주려면, 새 이론을 달리 표현할 적절한 방법을 찾아야 한다. 새 이론이 예전 이론의 수학을 그대로 사용하는 경우에는 비교적 단순한 작업이지만, 완전히 새 틀에서 짜인 이론이라면 커다란 난관에 봉착한다.

예를 들어 아인슈타인도 중력의 새 이론인 일반상대성이론이 뉴턴 중력이라는 전임자의 성공을 재현한다는 사실을 증명하려고 몇 년 동안 고생했다. 문제는 그의 이론이 틀린 게 아니라, 자신의 이론 안에서 뉴턴의 중력 퍼텐셜을 어떻게 찾아야 하는지를 몰랐던 것이었다. 아인슈타인은 수학을 바르게 사용했지만, 현실 세계와 연결시키지 못했다. 그는 몇 번의 시행착오를 겪은 후 올바른 길을 찾았다. 수학을 바르게 사용하는 것은 올바른 이론을 만드는 과정의 일부다.

우리가 물리학에서 수학을 사용하는 이유는 또 있다. 수학은 우리가 아는 가장 경제적이고 명료한 언어다. 인간의 언어는 수시로 바뀌고 맥락과 해석에 의존한다. 그러나 수학은 문화나 역사의 영향을 받지 않는다. 한 권의 책을 1000명이 읽는다면, 그들은 서로 다른 1000권의 책을 읽는 것이다. 그러나 1000명의 사람들이 한 줄의 방정식을 읽고 있다면, 그들은 같은 방정식을 읽고 있는 것이다.

그러나 우리가 물리학에서 수학을 사용하는 주된 이유는, 그렇게 할 수 있기 때문이다.

물리학이 갈망해온 것

과학 이론은 언제나 논리적 일관성을 요구하지만, 수학적 모델링이 모든 분야에 도움이 되는 것은 아니다. 엄격함과 맞지 않는 데이터를 다룰 때, 언어를 엄격하게 사용하면 앞뒤가 맞지 않게 된다. 모든 과학 원리 가운데 물리학은 가장 단순한 시스템을 다루고, 이런 특성 때문에 수학적 모델링에 이상적이다.

물리학의 연구 주제들은 재현 가능성이 대단히 크다. 우리는 실험 환경을 통제하는 방법을 알고, 정확성을 지키면서도 환경의 영향을 받지 않을 수 있다. 반면 심리학에서는 연구 결과를 재현하기가 무척 어렵다. 인간은 모두 달라 비슷한 사람을 찾기가 불가능에 가깝고, 인간의 변덕이 연구 결과에 어떤 영향을 미치는지도 정확히 알 수 없기 때문이다. 그러나 물리학에서는 그런 문제가 없다. 헬륨 원자는 배가 고파서 괴로워하지 않고, 월요일이든 금요일이든 언제나 헬륨 원자답게 행동한다.

이 정확성 때문에 물리학은 큰 성공을 거둘 수 있었지만, 그래서 어렵기도 하다. 물리학을 잘 모르는 사람들은 수많은 방정식이 도저히 이해할 수 없는 것으로 보이겠지만, 배우고 계속 접하다 보면 결국에는 능숙하게 다룰 수 있다. 수학 때문에 물리가 어려운 것은 아니다. 진짜 어려운 문제는 정확한 수학을 찾는 것이다. 수학처럼 보이는 것을 아무거나 갖다 놓고 그것을 이론이라고 부를 수는 없다. 물리학이 어려운 이유는 새로운 이론이 내적 일관성을 갖추면서 실험 결과와도 일관성을 가져야 한다는 조건 때문이다.

이론물리학은 고도로 발달한 학문이다. 우리가 오늘날 다루는 이론들은 무수히 많은 실험의 검증을 통과한 것들이다. 이론이 테스트를 통과할 때마다 이론의 개선은 조금씩 더 어려워진다. 새 이론은 기존 이론들의 성공을 모두 담고 있으면서도 조금 더 발전한 것이어야 하기 때문이다.

물리학자들이 기존의 실험 또는 차후 실험을 설명하기 위해 이론을 개발하는 동안, 성공은 최소한의 노력으로 정확한 숫자를 얻는 것을 뜻했다. 그러나 이론으로 설명할 수 있는 관측들이 많아질수록, 제안된 개선 내용을 반영해 실험하기는 더 어려워졌다. 중성미자는 예측에서 검출까지 25년이 걸렸고, 힉스 보손을 확인하는 데는 거의 50년이 걸렸다. 그리고 중력파를 직접 검출하는 데에는 100여 년이 걸렸다. 이제는 자연의 새로운 기본 법칙을 실험하는 데 걸리는 시간이 과학자의 인생 전체보다 길어질 수도 있다. 그러므로 이론물리학자들은 어떤 연구를 추진할지 말지를 결정하기 위해 실험적인 타당성이 아닌 다른 기준에 의존한다. 미학적 매력도 그중 하나다.

새로운 발상을 탐색할 때, 아름다움은 여러 가지 역할을 맡는다. 아름다움은 안내자이고 보상이며 동기다. 또한 체계적인 편견이기도 하다.

보이지 않는 친구들

이삿짐센터 일꾼들이 내 짐을 모두 꺼냈다. 대부분 이곳에 정착하지 않을 것을 알고 풀지도 않았던 짐이다. 옛 이사의 흔적이 메아리가 되어 빈방에서 울린다. 나는 친구이자 동료인 독일 아헨대학교의 물리학 교수 미카엘 크레머에게 전화를 걸었다.

미카엘은 초대칭을 연구한다. 초대칭 연구는 이미 알려진 입자들, 그 밖의 몇몇 입자들과 짝을 이루는 수많은 기본 입자를 예측하는 것이다. 지금까지 새롭게 제안된 자연법칙 가운데 초대칭은 가장 유명한 이론이다. 동료들 수천 명이 초대칭에 연구 인생을 걸고 있다. 그러나 초대칭이 예측한 입자 중 지금까지 발견된 것은 단 하나도 없다.

"초대칭 연구를 시작한 건 제가 학생이었던 1990년대 중후반에 사람들이 다 이 연구를 하고 있었기 때문이에요." 미카엘은 말한다.

초대칭의 수학은 이미 수립된 기존 이론의 수학과 매우 비슷하기 때문에, 물리학의 표준 커리큘럼을 착실히 따른 학생들은 초대칭 연구에 무리 없이 뛰어들 수 있다. "수학의 틀이 아주 잘 정의되어 있으니까요. 그래서 쉬웠어요." 결과적으로는 좋은 선택이었다. 미카엘은 2004년에 테뉴어(자격을 갖춘 교수의 정년을 보장하는 제도—옮긴이 주)를 받았고, 현재는 독일 연구 재단의 지원을 받는 LHC 프로젝트의 뉴 피직스 연구팀을 이끌고 있다.

"제가 대칭을 좋아하기도 했어요. 그래서 초대칭이 매력적이었죠."

• • •

앞서 말한 대로, 우리는 이 세상이 무엇으로 만들어졌는지 알아내기 위해 탐사하던 중 25개의 기본 입자를 발견했다. 초대칭은 이미 알려진 입자들, 그 밖의 몇몇 입자의 짝꿍 입자를 예측하며 기본 입자 컬렉션을 완성시킨다. 초대칭 입자들은 아직 발견되지 않았지만, 초대칭적 완성은 상당한 매력이 있다. 우리가 아는 입자들은 페르미온fermion과 보손boson(각각 엔리코 페르미Enrico Fermi와 사티엔드라 보스Satyendra Bose의 이름에서 딴 것이다)으로 나뉘는데, 초대칭이 두 유형의 입자들 사이의 관계를 설명해주기 때문이다.

페르미온은 극도로 개인적이다. 온갖 수를 동원하더라도 두 개의 페르미온이 같은 위치에서 같은 행동을 하게 만들 수는 없다. 둘 사이에는 언제나 차이가 있어야 한다. 반면 보손은 결합하는 데 제약이 없고, 행복하게 단체로 춤을 추게 할 수도 있다. 그래서 페르미온인 전자들은 원자핵 주위를 에워싼 껍질 안에서 서로 별개의 껍질을 차지한다. 만일 전자가 보손이었다면 같은 원자껍질 위에 함께 자리 잡을 수 있었을 테고, 우주에는 화학이 존재하지 않았을 것이며, 화학자들도 존재하지 못했을 것이다. 어차피 우리의 존재 자체가 그 작은 페르미온들이 공간 공유를 거부하는 성질을 바탕으로 한 것이니까.

초대칭은 보손과 페르미온이 맞교환되더라도 자연법칙들은 동일하다고 가정한다. 다시 말해 알려진 보손들은 모두 페르미온 짝꿍을 가져야 하고, 알려진 페르미온들도 모두 보손 짝꿍을 가져야 한다. 이 짝꿍 입자들, 즉 초대칭 입자들은 각각 보손과 페르미온 그룹에 속해 있다는 점 외에는 완전히 동일해야 한다.

발견된 입자들 가운데 이런 식으로 짝지어지는 것은 없다. 우리가 내린 결론은 현재 알려진 입자 중에는 초대칭 입자가 없고, 새로운 입자들이 어딘가에서 발견되기를 기다리고 있다는 것이다. 이는 짝이 안 맞는 냄비와 뚜껑들을 들고 있으면서 어딘가에 맞는 짝이 반드시 있을 거라고 믿는 것과 비슷하다.

안타깝게도 초대칭 방정식은 초대칭 입자의 질량이 얼마인지 알려주지 않는다. 더 무거운 입자를 만들려면 에너지가 더 많이 필요하기 때문에 입자의 질량이 클수록 발견하기가 더 어렵다. 초대칭 입자에 대해 지금까지 우리가 배운 것은 초대칭 입자가 존재한다면, 현재 우리가 도달할 수 있는 에너지로 만들 수 없다는 것이다.

초대칭에는 밝혀야 할 내용이 많다. 보손과 페르미온이 동일한 동전의 양면임을 보여주는 것 외에도, 초대칭은 기본 힘의 통합을 돕고 몇 가지 숫자의 일치를 설명할 잠재력을 가지고 있다. 뿐만 아니라 초대칭 입자 중 일부는 암흑물질을 구성할 수 있는 특성이 있는 것도 있다. 이에 대해서는 뒤에서 더 자세히 다루겠다.

• • •

초대칭은 기존 이론에 잘 들어맞아서, 많은 물리학자가 옳은 이론이라고 확신하고 있다. 페르미연구소의 물리학자 댄 후퍼는 이런 글을 남겼다. "초대칭 입자를 찾기 위해 수백 명의 물리학자가 숱한 실험을 하며 노력했지만, 초대칭 입자는 한 번도 관측된 적도, 검출된 적도 없다. 이런 사실도 자연이 초대칭 상태로 형성된다고 열렬히 믿는 이론물리학자들을 단념시키기에는 역부족이었다. 초대칭 너머의 아이디어들은 너무나도 아름답고 우아해서 도저히 우리 우주의 일부가 아니라고 할 수가 없다. 초대칭이론들은 무수히 많은 문제를 해결해주면서 이 세상에 자연스럽게 들어맞는다. 이런 신실한 신자들에게 초대칭 입자는 무조건 존재해야만 하는 것이다."[2]

물리학자들의 강한 믿음을 강조하는 사람은 후퍼뿐이 아니다. 물리학자 제프 퍼쇼는 "이론물리학자들로서는 초대칭이 자연 어딘가에서 제 역할을 수행하지 않는다고 믿기 대단히 어렵다"라고 말했다.[3] 입자물리학자인 마리아 스피로풀루와 조지프 라이켄은 2014년에 『사이언티픽 아메리칸*Scientific American*』에 발표한 「초대칭과 물리학의 위기」라는 논문에서, "전 세계의 입자물리학자 대부분이 초대칭은 진실이어야 한다고 믿고 있다 해도 과장은 아니다"라며 그들의 바람을 지지했다.[4]

보손과 페르미온 사이의 대칭은 오랫동안 불가능한 것으로 여겨져 왔다. 수학적 증명이 이를 금지하는 것처럼 보였기 때문이다. 이 문제를 해결한다는 점도 초대칭의 매력을 더하는 요인이다.[5] 그러나 가정을 능가하는 증명은 없다. 증명의 가정이 완화되면 초대칭은 기존 이론 안에 자리 잡을 수 있는 가장 거대한 대칭이 될 수 있다.[6] 자연이 어떻게 이런 아름다운 아이디어를 저버릴 수 있겠는가?

• • •

"초대칭의 가장 아름다운 점은 초대칭이 가장 거대한 대칭이라는 것이었습니다." 미카엘은 이렇게 회상한다. "그게 꽤 매력적이었어요. 이 예외적인 성질에 대해 알게 되자 아주 흥미롭다는 생각이 들었죠. 왜 그렇게 되는 건지 몰라도, 대칭을 도입해서 올바른 자연법칙을 발견한다는 아이디어가 아주 강력한 원칙인 것 같았거든요. 연구할 가치가 있다고 생각했습니다."

내가 학생이었던 1990년대 말에 가장 단순한 초대칭 모형은 이미 데이터와 충돌을 일으키고 있었고, 훨씬 복잡하지만 성공 가능성이 있는 모형이 막 개발되고 있었다.[7] 내가 보기에 초대칭 분야는 이론에서 예측된 입자들이 먼저 검출되기 전까지는 새로운 연구가 전혀 진행되지 못할 것 같았다. 그래서 뭔가 뚜렷한 결과가 나올 때까지 초대칭에서 한 발 물러서 있기로 했다.

그런 결과는 나오지 않았다. 초대칭의 증거는 2000년까지 가동되었던 거대 전자 양전자 충돌기Large Electron Positron collider, LEP에서는 전혀 발견되지 않았다. 2011년까지 가동되었던 테바트론Tevatron은 LEP보다 더 높은 에너지에 도달했던 충돌기인데, 거기에서도 증거는 나오지 않았다. LEP의 터널을 재활용해 2008년부터 현재까지 가동 중인 훨씬 더 강력한 LHC에서도 초대칭은 여전히 모습을 드러내지 않고 있다.

그런데도, 그토록 많은 동료가 전망이 있다고 믿었고, 지금도 그렇게 생각하는 초대칭 연구에 뛰어들지 않았던 게 큰 실수는 아니었을까 하는 불안감이 든다.

지난 몇 년간 새로운 것이 LHC에서 나타나야 한다는 중론이 있었다. 그렇지 않으면 잔 프란치스코 주디체가 도입한 척도를 기준으로 따졌을 때, 입자물리에 존재하는 최고의 설명인 표준모형standard model이 부자연스러워지기 때문이다. 자연스러움을 측정하는 주디체의 수학 공식은 아주 크거나 아주 작은 수들을 포함한 이론은 아름답지 않다는 믿음을 바탕으로 한다.

이 믿음이 과연 정당한 것인지 앞으로 자세히 살펴보겠다. 지금은 이 믿음이 사람들 사이에 널리 퍼져 있다고만 이야기하겠다. 2008년에 발표한 논문에서 주디체는 설명했다. "자연스러움의 개념이 개발된 것은…… 표준모형 너머 새로운 물리학의 타당성을 주장하는 커뮤니티의 '집단적 움직임'을 통한 것이었다."[8] 자연스러움을 연구하면 할수록, 그들은 아름답지 않은 수의 일치를 피하기 위해 조만간 새로운 것이 발견되어야만 한다고 확신했다.

"지나고 보니, 다들 자연스러움에 관한 주장을 얼마나 강조했는지 놀랄 지경이에요." 미카엘은 말한다. "생각해보면 사람들은 같은 주장을 거듭 되풀이했습니다. 사실은 깊이 생각도 안 하면서 말이죠. 같은 얘기를 하고 또 하고, 그런 식으로 10년이 흘렀어요. 그런 주장 때문에 그토록 많은 가설이 만들어졌다니 놀라울 따름이죠. 돌이켜보면 굉장히 이상한 일이에요. 난 지금도 자연스러움이 매력적이라고 생각하지만, 이 자연스러움이 LHC에서 발견될 새 물리학을 가리키고 있다고 더는 확신하지 않아요."

LHC는 2013년 2월 첫 번째 가동을 끝냈고, 업그레이드를 위해 가동이 중단되었다. 에너지를 더 끌어올린 2차 가동은 2015년 4월에 시작되었다. 2015년 10월을 기점으로 몇 개월 안에 2차 가동의 첫 결과물이 나오기를 기대하고 있다.

"알카니-하메드하고 얘기해봐요." 미카엘이 말했다. "그 사람도 자연스러움의 지지자예요. 아주 재밌는 친구고, 상당한 영향력을 가지고 있어요. 특히 미국에서 그의 영향력은 놀랄 만큼 막강해요. 그 사람이 한동안 무슨 일을 하면 추종자들이 모이죠. 그러면 곧바로 다른 일로 넘어가는 겁니다. 알카니-하메드는 10년 전에 자연스러운 초대칭 모형을 연구했는데, 어찌나 확신이 강한지 모두 이걸 들여다보기 시작했어요. 그러고는 2년 후에 부자연스러운 초대칭에 관한 논문을 쓰더라고요!"

니마 알카니-하메드는 1990년대 말 사바스 디모포울로스와 지아 드발리와 함께 우리 우주에 덧차원이 있을 수 있고, 이 덧차원은 작게 돌돌 말려 있지만 입자 가속기로 테스트할 수 있는 충분한 크기라고 제안하면서 이름을 알렸다.[9] 덧차원은 1920년대에도 논의되었던 개념으로 아주 새로운 아이디어는 아니다.[10] 그러나 알카니-하메드와 동료들의 천재성은 덧차원의 크기가 제법 커서 곧 테스트할 수 있을 거라고 제안한 데 있었고, 이에 영감을 받은 수천 명의 물리학자가 추가로 상세한 내용을 계산해 논문으로 발표했다. 덧차원이 LHC에서 나타나야 한다는 주장의 근거는 자연스러움이었다. 알카니-하메드와 동료들은 현재 세 사람의 이름 첫 글자를 따 ADD 모형이라고 부르는 가설을 발표한 논문에서, "자연스러움의 기준에서 볼 때 덧차원으로 넘어가는 데 필요한 에너지 규모는 테라전자볼트(TeV)를 넘지 못할 것"이라고 주장했다.• 이 논문은 지금까지 5000회 이상 인용되었고, 물리학계에서 가장 많이 인용된 논문 중 하나다.

2002년에 나는 직접 선택한 박사 논문 주제인 '1920년대 버전의 덧차원의 변종들'을 연구하다가 막다른 길에서 막혀 있었다. 지도교수는 현대식 덧차원으로 넘어가는 편이 낫지 않겠냐고 설득했고, 그래서 LHC의 덧차원 실험에 관한 논문을 몇 편 쓰기도 했다. 그러나 LHC에서는 여전히 덧차원의 증거가 나오지 않았다. 나는 자연스러움을 바탕으로 한 논거에 의문이 들기 시작했다. 니마 알카니-하메드는 거대 덧차원에서 초대칭으로 연구 주제를 바꿨고, 현재 프린스턴 고등연구소의 물리학 교수로 있다.

나는 니마와 얘기해야겠다고 다짐했다.

"그 사람은 나보다 훨씬 더 만나기 어려울 겁니다. 이메일에 쉽게 답장 안 할 거예요." 미카엘이 말했다. "니마는 미국 입자물리학계 전반을 움직이는 사람이에요. 지금 그 사람은 자연스러움을 테스트하려면 100TeV짜리 충돌기가 필요하다고 주장하고 있어요. 아마 중국인들이 그 사람이 원하는 충돌기를 건설하겠죠. 누가 알아요!"

그토록 기다려왔던 더 아름다운 자연법칙의 증거가 LHC에서 나타나지 않으리라는 사실이 점점 확실해지면서, 입자물리학자들은 앞으로 건설할 더 큰 충돌기에 또 한 번 희망을 걸고 있다. 니마는 중국에 새로운 원형 입자 가속기 건설을 옹호한다.

그러나 더 높은 에너지에서 다른 무엇이 발견되든 발견되지 않든 LHC에서 지금까지 새로운 기본 입자가 하나도 나오지 않았다는 것은,

---

• 에너지 단위 eV는 전자볼트electron volt의 약자이다. TeV는 10^{12}eV다. LHC는 최대 14TeV까지 가동될 수 있다. 따라서 LHC는 'TeV 규모로 테스트한다'라고 말할 수 있다.

물리학자들의 기준에 따르면, 결국 표준모형이 자연스럽지 않다는 의미가 된다. 우리는 나름의 아름다움 요건에 따라 자연 자체가 부자연스럽다는 모순적 상황으로 스스로를 몰아넣은 것이다.

"걱정이 되냐고요? 모르겠어요. 사실은 좀 혼란스러워요." 미카엘은 말했다. "네, 솔직히 혼란스러워요. LHC 가동 전에는 분명히 무슨 일이 일어날 거라고 생각했어요. 하지만 지금은? 그냥 혼란스러워요." 어디선가 많이 들어본 말이다.

간단히 말해서

- 물리학자들은 수학을 아주 많이 사용하고, 수학이 잘 맞아떨어지면 진심으로 자랑스러워한다.
- 그러나 물리학은 수학이 아니고, 이론을 개발하려면 데이터를 안내자로 삼아야 한다.
- 물리학계에는 수십 년 동안 새로운 데이터가 나오지 않은 분야도 있다.
- 실험에서 지침을 얻지 못하면 이론물리학자들은 미적 기준을 사용한다.
- 그 기준이 잘 맞지 않으면 이론물리학자들은 혼란에 빠진다.

2장

얼마나 아름다운 세상인가

죽은 사람들에 관한 책을 읽으면서,
모든 사람이 아름다운 아이디어를 좋아하지만
그 아름다운 아이디어가 가끔은
고약한 짓을 한다는 사실을 발견한다.
학회에서 만난 물리학자들이 과학적 방법을
저버리려하는 현장을 목격하고
걱정스런 마음이 든다.

우리는 어디에서 왔는가

학창 시절에는 역사를 싫어했지만, 졸업한 후로는 신념의 근거를 들 때 죽은 사람들의 사례를 인용하는 게 유용하다는 걸 깨달았다. 독자 여러분에게 역사적으로 과학에서 아름다움이 어떤 역할을 해왔는가를 구구절절 늘어놓을 생각은 없다. 나는 과거보다는 미래에 더 관심이 있고, 그런 작업은 이미 누군가가 다 해놓았기 때문이다.[1] 그러나 물리학이 어떻게 변화해왔는가를 보려면 물리학의 과거도 이야기해야 한다.

19세기가 끝날 때까지 과학자들이 대자연의 아름다움을 신성神性의 징후로 보는 일은 흔했다. 과학자들은 이전에는 교회의 영역에 속해 있던 자연에 대한 설명을 탐구하고 발견했지만, 신앙인들은 자연법칙이 보여주는 설명할 수 없는 조화가 초자연적 존재를 위협하지 않는다는 것을 확인하고 안심했다.

20세기에 과학이 종교에서 분리되고 전문화되면서, 과학자들은 자연법칙의 아름다움을 신의 영향으로 간주하지 않았다. 그들은 우주를 지배하는 법칙 안의 조화에 감탄했지만, 그 해석에서는 가능성을 열어두거나 적어도 그들의 믿음을 개인적 견해로 치부했다.

20세기에 접어들면서 미학적 매력은 과학 이론의 부가물에서 과학 이론 구축의 안내자로 지위가 격상되었고, 미학적 원리는 수학적 요건으로 자리 잡았다. 오늘날 우리는 아름다움에 관한 논쟁을 더 이상 깊이 들여다보지 않는다. 미학적 원리의 비과학적인 기원은 '수학 안에서 길을 잃었다'.

• • •

정량적인 자연법칙을 처음 완성한 이들 가운데 독일의 수학자이자 천문학자인 요하네스 케플러(1571~1630)가 있다. 케플러의 연구는 그의 신앙에 강한 영향을 받았다. 그는 당시 알려진 행성인 수성, 금성, 지구, 화성, 목성, 토성이 태양 주위로 원형 궤도를 도는 태양계 모델을 세웠다. 그 모델에서 행성의 궤도 반지름은 내부에 겹겹이 포개진 정다면체(플라톤 입체)에 의해 결정되고, 이에 따른 행성 간의 거리는 관측 결과에 맞게 끼워 맞춰졌다. 멋진 아이디어였다. "완벽한 조물주의 작품은 필연적으로 가장 위대한 아름다움으로 발현되어야 한다." 케플러의 말이다.

훗날 행성의 정확한 위치를 기록한 표가 만들어지면서, 케플러는 그의 태양계 모델이 틀렸음을 깨달았고, 행성들이 태양 주위를 원이 아닌 타원 궤도로 돈다는 결론을 내렸다. 그의 새 아이디어는 곧바로 반발에 부딪쳤다. 그는 당시의 미적 기준을 맞추지 못했던 것이다.

특히 갈릴레오 갈릴레이(1564~1651)의 비판이 거셌다. 갈릴레오는 "최적의 배열로 구성되는 우주 안에서 필요불가결한 요소인 천체의 운동은 오직 원운동으로서만 자연스럽게 설명할 수 있다"고 믿었다.[2] 천문학자 다비드 파브리치우스(1564~1617)는 케플러에게 "당신의 타원 이론은 운동의 원형성과 균등성을 저버린 것이며, 깊이 생각할수록 더욱 터무니없게 여겨진다"라고 불평했다. 파브리치우스도 당시 사람들처럼 '주전원(프톨레마이오스가 천구상의 행성 운동을 설명하기 위해 제창한 이론—옮긴이 주)'을 추가해 행성 궤도를 수정하는 것을 선호했다. 주전원이란 원형인 큰 궤도를 더 작은 원형 궤도를 그리며 도는 운동을 말한다. "만일 완벽한 원형 궤도를 보존하고 여기에 작은 주전원을 더해 타원 궤도로 보정할 수 있다면 그편이 훨씬 나을 겁니다." 파브리치우스는 케플러에게 보내는 편지에서 이렇게 권고했다.[3]

그러나 케플러가 옳았다. 행성은 태양 주위를 타원형 궤도로 돈다.

아름다운 정다면체 모형을 포기한 후, 말년의 케플러는 행성이 경로를 따라 이동하며 음악을 연주한다고 확신했다. 1619년에 쓴 『우주의 조화*Harmony of the World*』에서, 그는 행성의 음계를 유도하고 "지구는 미-파-미로 노래한다"라고 결론을 내렸다. 이 책은 그의 최고 작품은 아니다. 그러나 행성 궤도에 관한 케플러의 분석은 이후 엄격한 수학을 적용한 최초의 과학자 아이작 뉴턴(1643~1727)의 연구 토대가 되었다.

뉴턴은 신이 존재한다고 믿었고, 자연이 따르는 법칙 안에서 신의 영향력을 보았다. 그는 1726년에 이런 글을 남겼다. "태양, 행성, 그리고 혜성이 이루는 가장 아름다운 체계는 오로지 지성을 가진 존재의 의도와 지배에 힘입어서만 이루어질 수 있다."[4] 뉴턴의 운동 법칙과 중력 법칙은 후속 이론들에 급격히 추월당했지만, 오늘날에도 근사치로서 여전히 유효하다.

뉴턴과 동시대 과학자들은 종교와 과학을 결합시키는 데 있어 불편한 마음을 품지 않았다. 당시를 돌아보면, 이는 일반적으로 용인되는 행위였다. 이를 대표하는 인물이 고트프리트 빌헬름 라이프니츠(1646~1716)일 것이다. 그는 뉴턴과 동시대에 살면서 독립적으로 미적분학을 개발했다. 라이프니츠는 우리가 사는 이 세상이 "존재 가능한 세상 중 최상의 것"이며 존재하는 모든 악은 필요한 것이라고 믿었다. 그는 이 세상에 단점이 존재하는 이유는 "우리가 우주의 보편적 조화, 신의 뜻에 감춰진 이성에 대해 너무 얕은 지식을 가지고 있기 때문"이라고 주장했다.[5] 라이프니츠에 따르면, 추한 것이 추한 이유는 우리가 아름다움이 무엇인지 제대로 이해하지 못하기 때문이다.

철학자와 신학자의 주장처럼, 라이프니츠의 주장도 '최상'의 의미가 정확히 무엇인지 정의하지 않으면 결국 무용지물이다. 그러나 그 바탕에 깔린 생각, 즉 우주가 어떤 의미에서 최적화되어 있다는 생각은 이후 수백 년 동안 과학의 지반을 다져왔다. 일단 수학적으로 표현할 수 있게 되자, 이 생각은 거인으로 자라났고, 현대 물리학 이론은 그 어깨 위에 올라섰다.[6] 현대 이론에서 다른 점은 단지 '최상'의 방식으로 행동하기 위해 체계가 필요하다는 것뿐이다. 예를 들어 아인슈타인의 일반상대성이론은 시공간의 곡률이 최대한 작아지도록 요구함으로써 유도될 수 있다. 다른 상호작용에서도 이와 비슷한 방법이 존재한다. 그런데 오늘날의 물리학자들은 우주가 '최상'의 상태여야 하는 포괄적 원칙을 찾기 위해 씨름하고 있다. 이 문제는 다시 다룰 것이다.

우리는 어떻게 여기 오게 되었는가

세월이 흐르고 수학이 점점 강력해지면서, 물리학에서 신의 존재는 서서히 사라지거나 자연법칙 자체와 결합했다. 19세기가 끝나갈 무렵, 막스 플랑크(1858~1947)는 "불가해한 하느님의 신성함은 기호의 신성함으로 전달된다"고 믿었다. 20세기로 접어들면서 아름다움은 서서히 이론물리학자들을 이끄는 원리로 변모했고, 표준모형의 개발로 아름다움의 지위는 확고해졌다.

물리학 발전에 크게 기여한 수학자 헤르만 바일(1885~1955)은 썩 과학적이지 않은 자신의 연구 방법에 죄책감을 느끼지 않았다. "나는 언제나 연구를 통해서 진실과 아름다움을 통합시키려고 노력했다. 그러나 그중 하나를 선택해야 할 때면 언제나 아름다움을 선택했다."[7] 일반상대성이론의 개발 과정에 영향을 미친 천체물리학자 에드워드 아서 밀른(1896~1950)은 아름다움을 "지식으로 향하는 길, 또는 습득할 가치가 있는 유일한 지식"으로 간주했다. 1922년에 케임브리지 대학교 자연과학 클럽이 주최한 강연에서, 밀른은 수많은 추한 연구에 대해 불평했다.

> 과학 학술지의 과월호 50년 치를 검토하다 보면, 과학적 지식의 지평을 넓히는 데 아무런 도움이 되지 않았던, 애초에 도움이 될 수도 없었던 그런 논문들 10여 편이 반드시 눈에 띈다. 그 논문들은 과학이라는 나무의 줄기에 핀 곰팡이 같은 존재고, 아무리 쓸어내도 곰팡이처럼 꾸준히 다시 나타난다……. [그러나 만일 어떤 논문이] 아름다움에 대해 우리가 느끼는 감정을 불러일으킨다면 정당한 근거는 더 이상 필요하지 않다. 그것은 곰팡

이가 아니라 꽃이다. 그것은 과학의 종착역이자 연구의 끝, 과학이 도달할 수 있는 궁극의 목적지다. 정당한 근거가 필요한 것은 추한 논문들이다.[8]

노벨상 수상자이자 자기 이름을 딴 방정식을 가지고 있는 폴 디랙(1902~1984)은 한 걸음 나아가 간결한 지시 사항을 내놓았다. "자연의 기본 법칙을 수학적 형태로 표현하려 노력하는 연구자들은 수학적 아름다움을 위해 분투해야 한다."[9] 디랙은 물리에 대한 그의 철학을 요약해달라는 부탁을 받고 칠판에 "*물리 법칙은 수학적 아름다움을 가져야 한다*"라고 썼다.[10] 역사학자 헬게 크라흐는 디랙의 전기에서 "1935년 이후 [디랙은] 영구적인 가치를 갖는 물리학을 창조해내는 데 대체로 실패했다. 말년의 디랙이 수학적 아름다움의 원칙에 집착했다는 사실은 이와 무관하지 않다"라고 썼다.[11]

긴 설명이 필요 없는 아인슈타인도 사고思考만으로 자연법칙을 발견할 수 있다고 믿었다. "나는 우리가 순수한 수학적 구조를 도구로 사용하여 개념과 그 개념을 잇는 법칙을 발견할 수 있고, 이를 통해 자연현상을 이해할 열쇠를 찾을 수 있다고 확신한다……. 어떤 의미로는 나도 고대인들이 소망했던 것처럼 순수한 사고만으로 실체를 파악하는 것이 가능하다고 생각한다."[12] 아인슈타인을 위해 공정하게 말하자면, 다른 자리에서 그는 관찰의 필요성을 강조한 적도 많다.

쥘 앙리 푸앵카레는 수학과 물리학 발전에 크게 기여했고, 결정론적 혼돈을 발견한 것으로 유명하다. 그는 아름다움의 실용적 사용을 찬양했다. "우리는 아름다움에 대한 고려가 실용성에 관한 고려와 동일한 선택으로 이어짐을 알게 된다."[13] 푸앵카레는 "사고의 경제성

Denkökonomie"(에른스트 마흐가 만든 말이다)이 "실용적인 장점일 뿐 아니라 아름다움의 근원"이라고 생각했다. 또 인간의 미적 감각은 "섬세한 체의 역할"을 해 연구자가 좋은 이론을 개발하도록 돕고 "이러한 조화는 우리의 미적 요구에 만족을 주고, 그것이 지지하고 안내하는 영혼에 도움이 된다"고 주장했다.[14]

양자역학의 창시자 중 한 명인 베르너 하이젠베르크는 대담하게도 아름다움이 진리를 이해한다고 믿었다. "자연이 위대한 단순함과 아름다움의 수학적 형태로 우리를 이끈다면, 우리는 그것이 '진실'이고 자연의 진정한 본질을 보여준다고 믿을 수밖에 없다."[15] 하이젠베르크의 아내는 이런 기록을 남겼다.

> 달빛이 밝던 어느 밤, 우리는 하인베르크 산을 산책했다. 그는 심적 환상에 완전히 마음을 빼앗겨 최근에 발견한 것을 나에게 설명해주려 애썼다. 그는 창조의 원형인 대칭의 기적에 대해, 조화에 대해, 단순함의 아름다움에 대해, 그리고 그 안의 진실에 대해 말했다.[16]

달빛 아래에서 이론물리학자와 산책을 할 때는 조심하시라. 우리는 가끔 열정에 압도당할 때가 있다.

우리는 무엇으로 만들어졌나

내가 십 대였던 1980년대에는 현대 이론물리학

에 대한 대중적인 과학책이 많지 않았고, 수학책은 거의 없었다. 그 자리는 죽은 사람들의 위인전이 차지해 독자들의 눈길을 끌었다. 나는 도서관에서 이 책 저 책 들춰보면서 이론물리학자가 된 내 모습을 그려보았다. 가죽 팔걸이의자에 앉아 파이프를 물고 멍하니 수염을 쓰다듬으며 위대한 생각을 하는 그런 모습을. 그 모습은 어딘가 잘못된 것 같았다. 그러나 수학에 생각을 더하면 자연을 이해할 수 있다는 메시지는 나에게 깊은 인상을 남겼다. 그것이 배워서 익힐 수 있는 것이라면 나는 그 기술을 배우고 싶었다.

1980년대에 현대 물리학을 다룬 몇 안 되는 대중 과학책 중 하나가 앤서니 지의 『무시무시한 대칭*Fearful Symmetry*』이었다.[17] 지는 그때부터 지금까지 캘리포니아 샌타바버라 대학교 물리학과 교수로 재직 중이다. 그는 이런 글을 남겼다. "나와 동료들은 아인슈타인의 지적 후계자들이다. 우리도 아름다움을 추구한다." 그는 현재 상태를 이렇게 진단했다. "20세기의 물리학자들은 야망을 키웠다……. 그들은 이런저런 현상을 설명하는 데 만족하지 않고, 자연이 아름다운 단순성이라는 기본 설계 위에 세워졌다는 믿음을 굳혔다."

그들은 아름다움에 대한 "믿음을 굳혔을" 뿐 아니라, 그 믿음을 수학적으로 표현할 방법까지 찾아냈다. "물리학자들은 자연의 설계를 판단하는 객관적 기준인 대칭 개념을 개발했다. 어떤 두 이론을 놓고 볼 때, 일반적으로 물리학자들은 대칭적인 이론이 더 아름답다고 느낀다. 물리학자의 관점에서 아름다움은 곧 대칭을 의미한다."

• • •

물리학자에게 대칭이란, 불필요한 반복을 피하는 구성 원리다. 어떤 패턴, 유사성, 질서도 모두 대칭의 수식을 통해 수학적으로 서술할 수 있다. 대칭이 존재한다는 것은 불필요한 중복이 있고, 더 단순화할 수 있다는 뜻이다. 따라서 대칭은 더 적은 것으로 더 많은 것을 설명한다.

예를 들어, 오늘은 서쪽과 동쪽과 북쪽과 남쪽과 남서쪽 등등에서 하늘이 파랗다고 말하기보다는, 모든 방향의 하늘이 파랗게 보인다고 말하는 식이다. 이처럼 방향에 독립적인 성질은 회전 대칭이다. 이때는 하나의 계가 한 방향에서 어떻게 보이는지만 설명하고, 모든 방향에서 똑같다고 말하면 충분하다. 대칭의 장점은 설명이 간단해진다는 것이며, 우리가 이론을 만들 때 방정식을 덜 사용하게 해준다.

위의 사례는 간단하지만 물리학자들이 다루는 대칭은 훨씬 더 추상적이다. 이를테면 수학적 내부 공간 안 여러 회전축 사이의 회전 같은 식이다. 그러나 작용 방식은 항상 같다. 어떤 변환에 대하여, 변환을 거친 후 자연법칙이 변하지 않고 그대로 남아 있다면 거기에는 대칭이 있다. 이런 대칭 변환은 과정을 확실히 기록할 수만 있다면 어떤 것이든 가능하다. 평행 이동, 회전, 뒤집기 등 생각해낼 수 있는 모든 것은 다 변환이 될 수 있다. 이런 변환이 자연법칙에 어떤 차이를 만들지 않는다면, 대칭을 찾은 것이다. 이 대칭으로 변환이 일으킬 변화를 설명하는 수고를 덜 수 있다. 즉 아무 변화도 없다고 하면 된다. 이것이 마흐의 '사고의 경제성'이다.

우리는 물리학에서 수없이 많은 대칭을 사용하지만, 그 대칭들은 강력한 통합 원리라는 한 가지 공통점이 있다. 대칭은 완전히 별개인 것처럼 보이는 물체가 실질적으로 대칭 변환으로 연결되어 서로에게 속해 있음을 설명한다. 그러나 대규모 데이터를 단순화시킬 수 있는 정확한 대칭을 찾는 것은 어렵다.

대칭 원리가 거둔 가장 멋진 성공은 쿼크모형의 개발이다. 1930년대에 입자 충돌기가 등장한 이래로, 물리학자들은 에너지를 올리며 입자들을 충돌시켰다. 1940년대 중반에는 원자핵의 내부 구조를 탐색할 만한 에너지에 도달했고, 입자의 종류가 폭발적으로 늘어나기 시작했다. 처음에 등장한 것은 대전帶電된 파이온과 케이온이었다. 그 후 중성 파이온과 중성 케이온이 나왔고, 첫 델타 바리온, 람다(λ)라고 명명된 입자, 대전된 시그마 입자들, 로(ρ), 오메가, 에타, 케이스타, 파이 중간자 등이 나타났다. 이것들은 시작에 불과했다. 엔리코 페르미는 최근 $K^0{}_2$(케이-제로-투)라는 입자가 발견된 데 대해 어떻게 생각하냐는 리언 레더먼의 질문에 이렇게 대답했다. "젊은 친구, 만일 내가 이 입자들 이름을 다 기억할 수 있었다면 나는 식물학자가 됐을 거야."[18]

물리학자들은 수백 종의 입자들을 검출했다. 이 입자들은 모두 불안정한 상태로 신속하게 붕괴했다. 입자들끼리는 서로 뚜렷한 관계가 없는 것 같았고, 이런 상황은 물질의 기본 구성 요소들이 많아질수록 자연법칙은 단순해질 거라는 물리학자들의 바람과는 완전히 정반대였다. 1960년대에 이르자, 우리가 이해할 수 있는 이론 안에 이 '입자 동물원'을 끼워 넣는 것이 연구의 주요 주제가 되었다.

당시에 가장 인기 있었던 접근법 중 하나는 설명하려는 욕망을 포기하고, 입자들의 특성을 커다란 표로 정리하는 것이었다. 이 표를 '산란 행렬' 또는 'S 행렬'이라고 하는데, 이는 아름다움이나 경제성과는 완전히 상극이었다. 그때 머레이 겔만이 나타났다. 그는 입자들의 정확한 특성을 확인했는데, 그가 발견한 특성은 초전하hypercharge와 아이소스핀isospin이었다. 모든 입자는 다중항multiplet이라고 알려진 대칭적인 패턴으로 분류될 수 있었다.

나중에 밝혀졌지만, 다중항이 보여주는 규칙성은 관측된 입자들이 한 번도 단독으로 검출된 적 없는(당시에는 그 이유를 이해하지 못했다) 더 작은 개체들로 구성된다는 것을 의미했다. 겔만은 이 작은 개체들을 '쿼크quark'라고 불렀다.[19] 메손(중간자)이라 불리는 가벼운 합성 입자들은 쿼크 두 개로 만들어졌고, 더 무거운 합성입자인 바리온은 쿼크 세 개로 만들어졌다. (메손은 모두 불안정하다. 바리온에는 원자핵을 구성하는 중성자

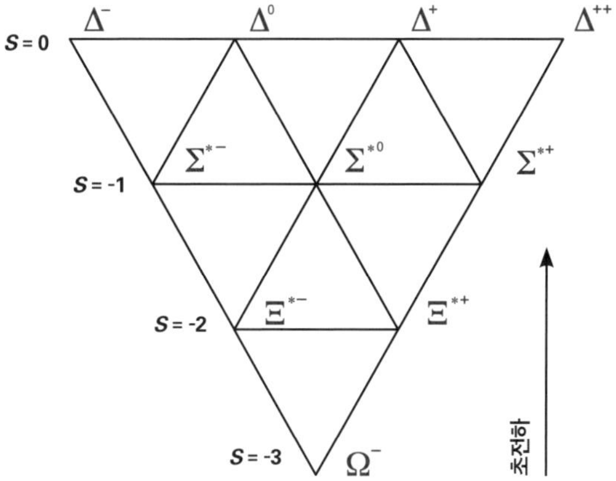

그림 1 바리온 10중항은 이론물리학에서 대칭이 사용된 좋은 예다. 겔만은 다중항의 불완전성을 통해 오메가마이너스(Ω^-)를 예측했는데, 그림 1의 가장 아래 꼭짓점에 있다.

와 양성자가 포함된다.)

이렇게 만들어진 패턴 안의 대칭은 명징하게 그 모습을 드러냈다(그림 1). 겔만이 이 아이디어를 제안했을 때, 다중항 중 몇 개는 여전히 불완전했다. 겔만은 대칭 요건에 따라 패턴을 채우는 데 필요한 입자들을 예측했는데, 그중 오메가마이너스로 알려진 바리온도 포함되었다. 오메가마이너스는 이후 발견되었고, 겔만이 계산한 성질을 지니고 있었다. 겔만은 1969년에 노벨상을 받았다. 아름다움이 최첨단의 추한 S 행렬 접근법을 이긴 것이다.

이 에피소드는 대칭이 거둔 성공의 시작이었다. 대칭 원리는 전자기력과 약한 핵력을 통합하며 약전자기 상호작용의 개발로 이어졌다. 또 강한 핵력도 기본 입자들 사이의 대칭으로 설명할 수 있었다. 지나고 보니 아인슈타인의 특수상대성이론과 일반상대성이론도 대칭 요건의 수식을 통해 이해할 수 있었다.

• • •

아름다움의 원리에 대한 오늘날의 믿음은 표준모형과 일반상대성이론 개발에 아름다움이 사용되면서 굳어졌다. 이러한 믿음은 대개는 경험으로 합리화된다. 사람들은 아름다움이 제대로 작동한다는 것을 알아챘고, 그것을 계속 사용하는 것이 분별 있는 행위가 되었다. 겔만도 "기본 물리학에서 아름답거나 우아한 이론은 우아하지 않은 이론보다 올바를 가능성이 크다"라고 말했다.[20] 페르미에게 K^0_2에 대해 질문을 던졌던 노벨상 수상자 레더먼도 아름다움을 추종하는 전향자가 되었다. "우리는 가장 단순하고 아름답고 함축적이면서 보편적인 방정식 안에서 자연이 가장 훌륭하게 설명된다고 믿는다."[21]

전자기력과 약한 핵력의 통합으로 노벨상을 받은 스티븐 와인버그는 말 사육자의 비유를 즐긴다. "[말 사육자는] 좋은 말을 보면 '아름다운 말이군'이라고 하죠. 사육자는 순수하게 미적인 감정을 표현하는 것이지만, 그 말 속에 더 많은 내용이 담겨 있다고 생각합니다. 수많은 말을 본 사육자는 숱한 경험을 통해 경주에서 이길 말을 아는 것입니다."[22]

그러나 말을 경험한 것이 경주용 자동차 제작에 도움이 되지 않듯이, 과거의 이론을 경험한 것이 더 나은 이론을 고안하는 데 큰 도움이 되지 못한다. 경험을 통해 정당성을 인정받지 못하면, 아름다움이란 늘 그렇듯 주관적인 것에 머무르고 만다. 이것이 과학적 방법과 충돌을 일으킨다는 사실을 현대의 물리학자들도 명백하게 알고 있지만, 미적 기준을 사용하는 것은 관행적으로 광범위하게 용인되고 있다. 어떤 분야가 실험을 통해 검증받을 가능성이 적을수록 그 분야의 이론들이 지니는 미적 매력은 더 중요해진다.

과학 분과 중에서 실험적 검증과는 가장 거리가 먼 기본 물리학에서 미적 판단의 영향력은 강력하게 나타난다. 동료 중에는 아름다워 보이는 이론에 더 관심이 쏠린다는 사실을 부인하지 않는 이들도 있다. 그들도 원론적으로는 주관적 판단을 경계하지만, 그 뒤에는 마치 필연인 것처럼 '그러나'와 일반적 관행의 사례가 구구절절 따라붙는다.

프랭크 윌첵을 예로 들면, 그는 2004년 데이비드 그로스와 휴 데이비드 폴리처와 함께 강한 핵력에 관한 연구로 노벨상을 공동 수상한 물리학자인데, 저작 『뷰티풀 퀘스천』에서 "아름다움에 관한 우리의 기본 감각은 자연의 근원적인 작용에 어떠한 직접적인 방식으로도 순응하지 않는다. (…) [그러나] 세상의 중심에서 아름다움을 경험하면서 우리는 더 큰 허기를 느낀다. 이 탐사에서, 나는 아름다움보다 더 전망이 밝은 안내자는 없다고 생각한다"라고 말했다.[23]

헤라르뒤스 토프트는 자연스러움에 관한 수학적 기준을 처음으로 만들었고 이 기준은 현재 이론 입자물리학 연구를 이끌고 있다(그 역시 노벨상을 받았다). 토프트는 경고한다. "아름다움은 위험한 개념이다. 언제나 사람들을 잘못된 길로 이끌 수 있기 때문이다. 당신이 개발하는 이론이 기대 이상으로 아름답다면, 당신이 정확하고 올바른 길을 가고 있다는 조짐일 수는 있다. 그러나 아름다움은 정확한 이론을 보증하지 않는다. 아름다워 보이는 이론이 그냥 틀린 이론일 수도 있다. 이에 대해 당신이 할 수 있는 것은 아무것도 없다." 그러나 그는 이런 말도 함께 남겼다. "새 이론에서 아름다움과 단순함이 보인다면, 그 이론은 분명히 큰 장점이 있다. 우리는 그 이론의 성공 가능성이 크다고 믿는다."[24]

초끈이론을 연구하는 물리학자 브라이언 그린은(그는 노벨상을 받지 못했다) 베스트셀러 『엘러건트 유니버스』에서 독자들을 안심시킨다. "미적 판단이 과학적 담론을 중재하지 않는다는 것은 확실하다." 그러고 나서는 말을 잇는다. "이론물리학자들이 내린 결정 중에는 미적 감각을 바탕으로 한 경우가 분명히 있다. 이 감각은 우리가 경험하는 세상과 유사한 우아하고 아름다운 구조로 된 이론을 느끼는 감각이다. (…) 이 접근법은 지금까지 강력하고 통찰력 있는 지표가 되어주었다."[25]

추상적인 수학은 이해하기 어렵고, 아름다움을 향한 인간의 탐구는 과학책의 마케팅 수단으로 치부될 수도 있다. 그러나 대중적인 과학책은 어려운 주제에 쉽게 접근하도록 돕는 역할뿐 아니라 이론물리학자들의 사고방식과 연구 내용을 여실히 보여주는 역할까지 해낸다.

아름다움은 어디에 있는가

은퇴를 앞둔 연구자들의 마음속에는 20세기에 거둔 승리가 생생히 새겨져 있고, 그들이 강조하는 아름다움은 이후 세대, 즉 내가 속한 별 볼 일 없는 세대에게 지대한 영향을 미쳤다. 우리는 공식이 된 과거의 미적 이상들, 그러니까 대칭이나 통합, 자연스러움을 토대로 연구한다.

경험에 의지하고, 과거에 성공했던 연구를 다시 시도하는 것은 합리적인 것처럼 보인다. 우리를 앞서갔던 사람들에게서 교훈을 얻지 않는다면 우리는 바보가 될 것이다. 그러나 그 안에만 갇혀 있어도 마찬가지로 바보가 될 것이다. 나는 무가치한 결과를 얻을 때마다 경계심이 커진다. 아름다움은 신뢰할 수 없는 안내자이며, 이전에도 여러 번 물리학자들을 잘못된 길로 이끌었다.

• • •

그 모든 수학적 추상 안에서 상호 연관성이 경이로운 단순성을 보여준다는 사실은, 그저 겸허히 받아들여야 할 선물이야. 플라톤조차 그토록 아름다운 것이 존재한다는 걸 믿지 못했을걸. 이런 연관성은 발명될 수 없는 것이니까. 그 연관성은 세상이 창조되던 순간부터 있었던 거지.

하이젠베르크가 1958년에 누이인 에디트에게 보낸 편지의 일부 대목이다.[26] 하이젠베르크가 말하는 아름다운 상호 연관성은 그가 만든 양자역학 이론에 해당하는 것이 아니었다. 그는 이 시기에 통일이론을 개발하려다 실패했고, 이제는 역사책의 각주 정도로만 남아 있다.

하이젠베르크의 성공적인 아이디어들을 살펴보면, 그의 과학 연구가 정확하게 아름다움의 경이로운 결과로 기록되지 않았다는 것을 발견한다. 동시대 과학자인 에르빈 슈뢰딩거는 이렇게 말했다. "나도 [하이젠베르크의] 이론을 알고 있었다. 하지만 초월대수를 접하면서 거부감까지는 아니더라도 상당한 좌절감을 맛보았다. 그 이론은 대단히 어려웠고, 가시성이 부족해 보였다."[27]

하이젠베르크도 슈뢰딩거의 이론을 옹호하지 않았다. 볼프강 파울리에게 보내는 편지에서 그는 이렇게 썼다. "슈뢰딩거의 물리학 이론에 대해 깊이 생각할수록 혐오감이 커집니다. 슈뢰딩거가 이론의 가시성에 대해 쓴 내용은…… 쓰레기라고 생각합니다."[28] 결국 하이젠베르크와 슈뢰딩거의 접근법은 같은 이론의 일부였음이 밝혀졌다.

양자역학의 등장이 물리학의 역사에서 아름다움이 맛본 유일한 실패는 아니었다. 앞서 거론한 케플러의 행성 궤도 계산에서, 케플러가 사용했던 플라톤 입체들은 미적 이상과 현실 사이의 충돌에 대해 가장 잘 알려진 사례일 것이다. 현대로 넘어와 20세기 전반부로 가면, 정상우주론이 있다.

1927년, 조르주 르메트르는 일반상대성이론 방정식의 풀이를 찾았고, 그 풀이에 근거해 물질로 채워진 우주는 팽창한다고 제안했다. 그래서 우주의 시작, 즉 '빅뱅'이 있어야 한다고 결론을 내렸다. 아인슈타인은 이 풀이를 정면으로 반박했고, 르메트르에게 자신이 보기에는 그 아이디어가 "끔찍하다"라고 노골적으로 말했다.[29] 아인슈타인은 일반상대성이론 방정식에 지금은 '우주상수cosmological constant'라고 불리는 항을 하나 추가해서 강제로 우주를 안정적인 상태에 놓이도록 했다.

그러나 1930년에 와서 에딩턴이 우주상수를 도입해 얻은 아인슈타인의 풀이가 불안정하다는 것을 증명했다. 에딩턴은 도구를 이용해 최초로 일반상대성이론을 실험으로 검증한 과학자다. 아인슈타인의 풀이에 따르면, 물질 분포에 아주 작은 변화만 있어도 우주가 수축해 붕괴하거나 팽창한다. 결국 아인슈타인도 이러한 불안정성과 르메트르의 아이디어를 지지하는 에드윈 허블의 관측 결과를 인정하고, 1931년에 팽창하는 우주를 받아들였다.

이후 수십 년 동안 데이터 기근 상태가 이어졌고, 우주는 철학적·미학적 논쟁의 장이 되었다. 에딩턴은 특히 아인슈타인의 정적 우주를 지지했는데, 그 이유는 우주상수가 새로운 자연의 힘을 표현한다고 믿었기 때문이다. 그는 "세상에 시작이 있다는 개념이 나로서는 상당히 혐오스럽다"라며 르메트르의 이론을 부인했다.

에딩턴은 말년에 정상우주론과 양자이론의 통합을 제안하는 "기초이론"을 개발했고, 점차 자신만의 우주로 빠져들었다. "간혹 과학의 어떤 문제에 대하여 옳다는 확신을 품으면서도 정당화할 수 없는 상황이 있다. 우리는 물체의 적합성에 대하여 어느 정도는 선천적으로 내재된 감각의 영향을 받기 때문이다." 그러나 에딩턴의 기초이론은 데이터와 충돌했고, 그가 사망한 1944년 이후로는 연구되지 않았다.

그래도 불변하는 우주라는 아이디어는 여전히 인기가 많았다. 우주 팽창이라는 관측 결과와 우주의 불변성을 함께 설명하기 위해, 1948년에 헤르만 본디, 토머스 골드, 프레드 호일은 은하 사이에서 물질이 꾸준하게 생성된다는 가설을 내놓았다. 그러면 우주는 영원히 팽창하며 시작도 끝도 없게 된다.

프레드 호일의 동기는 미학적 근거를 바탕으로 한 것이었다. 그는 르메트르를 "빅뱅 맨"이라고 부르며 놀렸고, 자신이 "빅뱅에 미적 편견이 있다"라고 인정했다.[30] 1992년에 미국의 조지 스무트가 우주배경복사 내의 온도 요동 측정을 발표했고, 이 내용은 정상우주론에 반하는 것이었다. 그런데도 호일(2001년 사망)은 이를 인정하지 않았다. 그는 스무트의 데이터를 수용하기 위해 정상우주론을 '준정상우주론quasi-steady state cosmology'으로 개조했다. 그러면서 르메트르의 성공에 대해 "과학자들이 '빅뱅'을 좋아하는 이유는 그들이 지금껏 창세기의 그늘에 가려 빛을 못 보았기 때문"이라고 설명했다.[31]

미학적 이상이 물리학의 역사에서 영향력을 행사한 가장 기이한 에피소드는 '소용돌이원자 이론vortex atom theory'의 인기일 것이다. 소용돌이원자 이론의 목적은 원자의 다양성을 여러 가지 유형의 매듭으로 설명하려는 것이었다.[32] 매듭이론은 수학의 흥미로운 분야 중 하나로 오늘날 물리학에서도 응용되고 있지만, 원자 구조 이론은 해당되지 않는다. 그럼에도 소용돌이원자 이론의 인기가 절정이던 시절에는 25명의 과학자가 모여 이 이론을 연구했다. 주로 영국인이 많았지만 미국인도 꽤 있었고, 1870~1890년 사이에 수십 편의 논문을 발표했다. 당시의 분위기를 돌아보면 제법 큰 규모의 생산성 좋은 커뮤니티였다.

소용돌이원자 이론의 추종자들은 절대적인 증거 부족에도 이론의 아름다움 때문에 확신이 있었다. 1883년에 올리버 로지는 『네이처』에 발표한 짧은 리뷰에서 소용돌이원자 이론을 "아름답다"라고 하면서 "진실한 이론의 자격을 갖추었다고 감히 말할 수 있는 이론"이라고 언급했다.[33] (훗날 노벨상을 받은) 앨버트 마이컬슨은 1903년에 소용돌이원자 이론이 "진실이 아니더라도 진실이어야만 했다"라고 썼다.[34] 소용돌이원자 이론의 또 다른 팬인 제임스 클러크 맥스웰은 이런 글을 남겼다.

> 철학적 관점에서 볼 때 [소용돌이원자] 이론의 가장 위대한 장점은 가상의 힘을 억지로 도입하여 이론을 고안한 이의 '체면을 세워주는' 독창적인 재간에 의존하지 않고도, 자연현상을 성공적으로 설명한다는 점이다. 소용돌이원자가 일단 활기를 띠면, 원자의 모든 특성은 기본 방정식으로 완벽하게 표현되는 유체 운동 법칙에 따라 확고하게 결정된다……. 그 방법은 매우 어렵지만, 난관을 극복하고 얻을 영예는 매우 특별한 것이다.[35]

사람들의 기대는 매우 컸지만, 원자 구조가 측정되고 양자역학이 등장하면서 소용돌이원자 이론은 한물간 이론이 되었다.

과학의 역사에는 훗날 오류로 밝혀지는 아름다운 이론뿐만 아니라 정확한 것으로 밝혀지는 추한 이론도 있다.

맥스웰은 자신이 고안한 전기역학을 좋아하지 않았다. 이론의 바탕에 깔릴 역학 모델을 제안할 수 없었기 때문이었다. 당시에는 기계처럼 작동하는 태엽 장치로서의 우주가 아름다움의 기준이었지만, 맥스웰의 이론에서 설명하는 전자기장은 그저 전자기장이었다. 전자기장은 다른 무엇으로 만들어진 것이 아니다. 기어나 눈금도 없고, 유체나 밸브도 없다. 맥스웰이 자신의 이론에 만족하지 못했던 이유는, "물리 현상에 대한 동역학적 설명은 물질계의 구성과 움직임의 변화로 설명될 때에만 완전하다"라고 생각했기 때문이다. 맥스웰은 이후 몇 년 동안 전기장과 자기장을 기계론적 세계관에 맞도록 설명하려 애썼지만 허사였다.

기계론은 당시의 유행이었다. 윌리엄 톰슨(나중에 켈빈 경이 된다)은 물리학자들이 기계론적 모형을 가지고 있을 때에만 진정으로 대상을 이해한 것이라 믿었다.[36] 파울 에렌페스트는 지도교수 루트비히 볼츠만이, "서로 관련된 운동, 힘, 반응의 혼잡이 하나씩 파악될 때까지 상상력을 마구 펼치면서 강한 미적 쾌감을 얻었다"라고 회상했다.[37] 이후 물리학자들은 현상을 설명하는 데 기계론적 바탕이 필요 없다고 생각했고, 여러 장場을 가지고 연구하는 데 익숙해졌다.

50여 년 뒤에 등장한 양자전기역학(맥스웰의 전기역학의 양자화된 버전) 역시 미적 매력이 부족했다. 이 이론에는 무한대가 내재하는데, 이것을 제거할 방법은 오직 쓸모 있는 결과를 만든다는 것 말고는 어떤 타당한 이유 없이 도입된 임시방편이었다. 디랙은 이런 실용적인 방법을 배격했다. "램, 슈빙거, 파인만, 그리고 몇몇 다른 이들의 최근 연구는 대단히 성공적이었다. 그 결과로 세상에 나온 이론은 추하고 불완전하며 전자 문제에 만족스러운 답이라고 생각할 수 없는 것이다."[38] 디랙은 최근의 양자전기역학의 발전에 대해 어떻게 생각하냐는 질문을 받고 이렇게 대답했다. "새로운 이론이 그렇게 추하지만 않았어도 옳은 이론이라고 생각할 수 있었을 겁니다."[39]

이후 수십 년 동안 무한대를 다룰 수 있는 더 나은 방법이 개발되었다. 알고 보니 양자전기역학은 실험으로 결정되는 두 개의 매개변수를 도입해 확실하게 무한대를 제거하기만 하면 굉장히 잘 맞는 이론이었다. 이 두 매개변수는 전자의 질량과 전하량이다. 이러한 방법을 '재규격화renormalization'라고 하는데, 오늘날까지도 여전히 사용되고 있다. 디랙은 인정하지 않았지만, 양자전기역학은 지금도 물리학의 기본 분야 중 하나로 살아남았다.

지금까지 살펴본 역사적 내용을 종합해보면, 미학적 기준은 더 이상 효과가 없을 때까지는 효과가 있다. 경험 기반의 미학적 지침이 비효율적이라는 가장 강력한 증거는 아마도 노벨 물리학상을 두 번 받은 이론물리학자가 한 명도 없다는 사실일 것이다.[40]

왜 이론물리학자를 믿는가?

12월의 뮌헨이다. '왜 이론을 믿는가?'라는 의문에 해답을 주겠다고 약속하는 학회에 참석하러 수리철학센터에 와 있다. 최근 물리학자들 사이에서 큰 논란을 일으킨 『끈이론과 과학적 방법*String Theory and the Scientific Method*』을 쓴 오스트리아의 철학자 리하르트 다비트가 이 학회를 조직했다.[41]

끈이론은 상호작용을 통합하는 이론으로 현재 가장 주목받고 있다. 끈이론에서는 우주와 그 안의 모든 것이 진동하는 작은 끈으로 만들어져 있고, 이 끈은 동그란 고리 모양 또는 짧은 도막 모양이며, 늘어나거나 휘어질 수 있고, 갈라지거나 합쳐질 수 있다고 가정한다. 그리고 끈으로 모든 것을 설명한다. 물질, 시공간, 독자 여러분의 존재까지도 설명할 수 있다. 적어도 이론적으로는 그러하다. 오늘날까지도 끈이론에 대한 이렇다 할 실험적 증거는 없다. 회의에 참석한 역사학자 헬게 크라흐는 끈이론을 소용돌이원자 이론에 비교했다.[42]

리하르트 다비트는 그의 책에서 '비실험적 이론 평가'를 사용한 예로 끈이론을 들었다. 다시 말해, 관측 내용을 설명하는 능력이 좋은 이론을 고르는 유일한 기준이 아니라는 것이다. 그는 관측을 바탕으로 하지 않은 어떤 기준들은 철학적으로도 타당하다고 주장하며, 가설을 평가할 때 순수한 이론적 근거 위에서 평가될 수 있도록 과학적 방법을 수정해야 한다고 결론을 맺었다. 리하르트는 비실험적 평가의 예시를 다음과 같이 들었다. (이는 끈이론학자들이 흔히 자신들의 이론에 유리하도록 내세우는 주장이기도 하다.) 즉, (1) 대안적인 설명이 없는 경우 (2) 이전에 효과가 있었던 수학을 사용한 경우 (3) 예상치 못한 관련성을 발견한 경우이다.

리하르트는 단순히 이런 기준들이 '사용되고 있음'을 지적하는 것이지 '사용되어야 한다'고 강하게 주장하는 것은 아니며, 이에 대한 정당한 이유도 제공한다. 끈이론학자들은 철학자들의 지지를 늘 반겼다. 다른 사람들은, 음, 글쎄다.

과학적 방법을 수정해야 한다는 리하르트의 제안에 대하여, 우주론자 조 실크와 조지 엘리스는 "지난 수백 년간 이어져온, 과학적 지식을 경험적인 것으로 정의하는 철학 전통을 깨는 것"이라 경고했다. 그리고 『네이처』에 실려 많은 이에게 소개된 논평을 통해 "이론물리학은 수학과 물리학, 철학 사이에서 그 누구의 요구사항도 만족시키지 못하는 무

인지대로 전락할 위기에 처해 있다"라고 우려를 표했다.[43]

내 우려는 더 심각하다. 우리가 새로운 철학을 받아들여 사실 외의 것을 근거로 이론을 선택한다면, 그게 물리학에서 그치겠는가? 기후를 연구하는 학자들이 어느 철학자들이 꿈꿨던 기준에 따라 기후 모델을 선택하는 모습은 상상만으로도 식은땀이 흐른다.

내가 이 학회에 참석한 주된 이유는 나를 물리학으로 이끌었던 그 질문들에 대한 답을 원하기 때문이다. 우주가 어떻게 시작되었는지, 시간이 정말로 연속적이지 않고 낱낱의 순간들로 이루어져 있는지 알고 싶고, 수학으로 모든 것을 설명할 수 있는지를 알고 싶다. 나는 철학자들이 이런 질문에 답할 수 있을 거라고는 기대하지 않는다. 어쩌면 그들이 옳은지도 모른다. 우리가 앞으로 나가지 못하는 이유는 단지 비실험적 이론 평가가 형편없기 때문인지 모른다.

우리가 이론을 구성할 때 관찰을 바탕으로 한 타당성 외의 다른 기준을 사용한다는 점에서는 분명 철학자들이 옳다. 과학이 가설을 낳고, 그 다음 가설을 검증하며 연구를 진행한다는 사실은 이야기의 일부에 불과하다. 사실 모든 가설을 검증하는 것은 불가능하다. 따라서 오늘날의 과학계는 (동료 평가에 의한 학위 수여에서 과학적 수행에 필요한 지침에 이르기까지) 출발점으로 삼을 좋은 가설을 찾는 데 몰두한다. 커뮤니티의 기준은 분야에 따라 다르며 분야마다 나름의 품질 필터를 사용하지만, 어떤 분야든 가설을 거르는 필터를 사용하고 있다. 가설을 선별하기 위한 이론 평가는 오랫동안 과학적 방법의 일부였다. 가설을 먼저 결정한다고 해서 실험 검증에서 해방되는 것은 아니지만, 실험까지 가는 것 자체가 과학의 운영을 위해 필요한 과정이다.

우리는 물리학의 근간 위에서 언제나 실험적 검증 외의 다른 근거로 이론을 선택해왔다. 그리고 그래야 한다. 우리의 목적은 기존 데이터를 설명하는 것이 아니라 훗날 검증되어야 하는 이론을 개발하는 것이기 때문이다. 누군가 검증해줄 거라고 확신만 할 수 있다면 말이다. 그러나 검증하기 전에 어떤 이론의 작동 여부를 어떻게 결정할 수 있단 말인가? 실험물리학자들은 어떤 이론이 검증할 가치가 있는지 아닌지를 어떻게 결정할 수 있단 말인가? 그들은 비실험적 평가를 사용해서 검증 여부를 결정한다. 나는 리하르트와는 달리 우리가 사용하는 기준이 그렇게 철학적이라고는 생각하지 않는다. 우리의 기준은 대체로 사회적이고 미학적이다. 그런 기준들이 자체 교정 능력이 있는지 의심스럽다.

아름다움을 바탕으로 한 주장들은 과거에도 우리를 늘 실망시켰다. 지금 이 순간에도 우리가 또 다른 실패를 목격하고 있는 건 아닌지 걱정스럽다.

독자 여러분은 이렇게 말할지 모른다. "그래서 뭐요? 결국에는 다 잘되지 않았나요?" 그랬다. 하지만 과학자들이 아름다움에 정신이 팔리지 않았다면 더 잘했을 것이라는 점은 일단 접어두더라도, 물리학이 변했다. 그리고 계속 변화하고 있다. 과거에 우리가 그럭저럭 연구해 나갈 수 있었던 이유는 이론물리학자들이 품었던 잘못된 미학적 이상을 데이터로 바로잡을 수 있었기 때문이다. 그러나 이제 먼저 이론을 구하고, 그 이론을 통해 새로운 현상을 드러낼 가능성이 가장 큰 실험이 무엇일지를 결정해야 하는 상황에 이르렀고, 그렇게 결정된 실험을 진행하려면 수십 년의 시간과 수십억 달러의 비용이 든다. 이제는 데이터가 제 발로 우리를 찾아오지 않는다. 먼저 우리가 데이터를 어디에서 찾을지 알아야 한다. 모든 곳을 뒤져볼 여유는 없다. 새로운 실험이 어려워질수록 이론물리학자들은 아름다운 꿈에 갇힌 몽유병자처럼 헤매다 막다른 길에 빠지지 않도록 주의를 기울여야 한다. 새로운 요구사항은 새로운 방법이 필요하다. 하지만 그 방법은 무엇인가?

철학자들께서 계획을 세우시기 바란다.

• • •

학회는 뮌헨의 루트비히-막시밀리안 대학교 본관에서 열린다. 이 건물은 1840년에 완공되었고, 제2차 세계대전 당시 부분적으로 파손된 후 보수되었다. 천장은 둥근 아치형이고 바닥에는 대리석이 깔려 있다. 복도에는 기둥이 서 있고, 스테인드글라스 창문과 소화기가 놓여 있다. 회의장 안에는 황금색 액자가 벽에 걸려 있다. 유화로 그려진 죽은 사람들이 우리를 내려다보고 있다. 회의는 정확히 오전 10시에 시작된다.

미국의 입자물리학자인 고든 '고디' 케인도 학회에 참석했다. 고디는 입자물리학과 초대칭에 관한 대중 과학책을 몇 권 출간했고, 끈이론과 표준모형을 통합하려고 시도했다. 그는 강연에서 끈이론에서 출발해 초대칭 입자들이 LHC에 나타나야만 한다는 결론을 유도할 수 있다고 주장하고 있다.

고디의 강연 도중 물리학자들 사이에서 논쟁이 일었다. 몇몇은 고디와 격한 토론을 벌였고, 한 철학자가 큰 소리로 강연의 나머지 내용을 듣고 싶다고 투덜거렸다. "이것도 우리가 과학적 방법이라고 부르는 것의 일부입니다." 데이비드 그로스가 냉랭하게 대꾸했다. 그는 끈이론의 오랜 지지자이며, 리하르트 다비트의 책을 '진심으로 추천하는' 사람이다. 그로스는 다시 자리에 앉았다.[44] 그러나 고디의 예측이 과연 끈이론에서 나온 것인지, 아니면 표준모형에서 우리가 이미 아는 것들을 재연하려고 일부러 고른 가정을 사용한 것인지 여전히 의심스럽다.

고디는 자신의 결론 유도 과정이 엄격했음을 과장한 건지도 모른다. 그러나 그는 끈이론의 아름다운 아이디어에서 출발해 지저분한 입자물리학의 현실로 이어지는 길을 찾으려 노력하는 소수의 학자다. 고디의 길은 끈이론에 필수적인 초대칭으로 이어진다. 초대칭 입자의 발견이 끈이론이 옳다는 증명이 될 수는 없지만, 끈이론과 표준모형을 연결하는 길의 첫 이정표가 될 수 있다.

2001년에 쓴 책에서 고디는 초대칭을 "경이롭고, 아름답고, 독창적인" 것이라 묘사했다. 그는 LHC에서 초대칭 입자가 발견되리라고 굳게 믿었다. 만일 초대칭이론이 오로지 예쁜 수들만(아주 크지도, 그렇다고 아주 작지도 않은 수) 포함한다고 가정하면, 초대칭 입자의 질량을 추정할 수도 있다. "다행히 예측되는 질량이 매우 작아서 초대칭 입자가 곧 검출될 수 있으리라는 것을 암시한다." 고디는 이렇게 썼고, "모든 접근법이 타당하다면 초대칭 입자의 질량은 Z 보손의 질량보다 아주 많이 클 수 없다"라고 설명했다. 이 말은 초대칭 입자가 존재한다면 LHC에서 한참 전에 발견했어야 한다는 뜻이다.

• • •

초대칭이론이 탄생한 주요 동기 중 하나가 표준모형 25개 입자 중 하나인 힉스 보손 질량의 미세 조정을 피하는 것이었는데, 고디의 추정은 여기에 의존한다. 이 논거는 다른 수많은 유사 논거의 대표 격이며 뒤에서 좀 더 자세히 다룰 것이다.

힉스 보손은 힉스 보손이 속한 유형의 입자들 가운데 유일하게 알려진 입자이며, 다른 기본 입자들은 영향을 받지 않는 기이한 수학적 문제를 겪는다. 양자 요동이 힉스 보손의 질량에 엄청난 영향을 주기 때문이다. 일반적으로 양자 요동의 영향은 매우 작지만, 힉스 입자와 관련해서는 관측된 질량보다 훨씬 더 큰 질량을 유발한다. 약 10^{14}배 더 크다. 이건 터무니없을 만큼, 도저히 받아들일 수 없을 정도로 틀린 값이다.

힉스 질량에 관한 수학의 오류는 쉽게 처리할 수 있다. 이론을 수정해 항을 하나 빼서 그 차이 값을 관측된 질량에 맞추면 된다. 이론을 이렇게 수정할 수 있는 이유는 항들을 개별적으로 측정할 수 없고 단지 그 차이 값만 측정할 수 있기 때문이다. 이렇게 하려면 양자 요동의 기여를 정확히는 아니라도 거의 다 상쇄되도록 빼는 항을 선택해야 한다.

이 섬세한 상쇄를 하려면, 양자 요동에 의한 결과값과 열네 자리까지 동일하고 열다섯 번째 자리에서 차이 나는 수가 필요하다. 그러나 이렇게 가까운 숫자 두 개가 우연히 생겨날 확률은 대단히 희박하다. 예를 들어 종이에 열다섯 자리 숫자를 전부 적어서 커다란 그릇에 넣고 두 장 뽑는다고 상상해보자. 이렇게 뽑은 두 숫자가 앞 열네 자리는 완전히 동일하고 마지막 한 자릿수만 다르다면, 뭔가 내막이 있다고 생각할 것이다. 종이가 제대로 안 섞였거나 누가 속임수를 쓰고 있을 거라고 말이다.

힉스 질량을 바로잡는 데 필요한 두 개의 큰 수도 그 차이가 너무 작아서, 물리학자들은 뭔가 내막이 있을 거라고 생각한다. 그러나 자연법칙은 큰 그릇에 종이를 넣고 제비를 뽑는 것과는 다르다. 우리가 가지고 있는 것은 오직 자연법칙뿐이고, 그 법칙의 가능성을 알려주는 것은 아무것도 없다. 따라서 힉스 보손의 질량에 설명이 필요하다는 것은 느낌일 뿐이지 사실은 아니다.

물리학자들은 설명이 필요한 숫자를 '미세 조정된fine-tuned' 숫자라고 하고, 미세 조정이 되지 않은 숫자가 포함된 이론을 '자연스럽다natural'고 한다.• 또한 1에 가까운 숫자들만 사용하는 이론을 자연스러운 이론이라고 묘사한다. 이때 자연스러움의 두 개념은 동일하다. 두 숫자가 서로 매우 가깝다면 그 둘의 차이는 1보다 훨씬 작을 것이기 때문이다.

요약해보면 아주 큰 숫자, 아주 작은 숫자, 또는 아주 근접한 숫자들은 자연스럽지 않다. 이 기준에 따르면 표준모형에서의 힉스 입자의 질량은 자연스럽지 않고 추하다.

초대칭이론에서는 양자 요동이 힉스 질량에 과도하게 영향을 미치지 못하도록 막아주기 때문에 이런 상황이 상당히 개선된다. 초대칭은 미세 조정할 필요 없이 양자 요동의 영향을 강제로 상쇄시키고, 그 대신 초대칭 입자들의 질량에서 기인하는 미미한 영향만 남긴다. 모든 질량이 자연스럽다고 가정하면 힉스 질량보다 그렇게 크지 않은 에너지에서 첫 초대칭 입자들이 보여야 한다. 만일 초대칭 입자들이 힉스보다 훨씬 무겁다면, 초대칭 입자들보다 더 작은 힉스 질량을 구하기 위해 미세 조정된 항들에 의해 초대칭 입자의 영향이 상쇄되어야 하기 때문이다. 이것도 가능한 일이기는 하지만, 초대칭이 탄생한 주요 이유 중 하나가

• '미세 조정'은 우주론에서는 조금 의미가 다르다. 이 내용은 나중에 다룰 것이다.

그 미세 조정을 피하는 것이기 때문에, 초대칭을 미세 조정하는 것은 앞뒤가 안 맞는 것으로 보인다.

독자 여러분을 양자 수학으로 골머리를 앓게 했다면, 이렇게 설명하겠다. 우리는 작은 숫자들을 싫어한다. 그래서 작은 숫자를 피할 방법을 만들어냈다. 그 방법이 옳다면, 우리는 새로운 입자를 보게 될 것이다. 이것은 예측이 아니고 소망이다. 이 주장은 아주 흔해서 입자물리학자들은 거리낌 없이 이 주장을 사용하고 있다.

무거운 초대칭 입자들이 자연스러움 문제의 불씨를 다시 살릴 것이라는 점은 수많은 물리학자가 LHC에서 새 입자를 보게 될 것이라 믿게 된 이유였다. "만일 초대칭이 존재한다면, 초대칭이 존재해야 하는 바로 그 이유 때문에 초대칭 입자들은 TeV 범위에서 보여야 합니다." 이것은 2005년 시카고의 엔리코페르미연구소 소속 카를로스 바그너의 강연에서 나왔던 얘기이며, 내가 10여 건의 세미나에서 들은 내용의 대표 격으로 인용하는 것이다.[45] 리언 레더먼은 LHC가 가동에 들어가기 직전 이런 글을 남겼다. "이론물리학자들은 우아함 때문에 초대칭을 사랑한다. (…) LHC는 초대칭이 존재하는지 아닌지를 규명할 것이다. '스쿼크'와 '글루이노'(초대칭 입자의 두 가지 유형)가 2.5TeV만큼 무겁다고 해도 LHC는 그것을 찾아낼 것이다."[46]

힉스 보손은 대략 125GeV의 질량으로 발견되었다. 그러나 초대칭 입자들은 아직 나타나지 않았고, 표준모형이 설명하지 못하는 다른 것들도 발견되지 않았다. 다시 말해, 이제는 초대칭 입자가 실제로 존재한다면 초대칭 입자의 질량이 미세 조정되어 있어야 한다는 것을 알게 되었다는 뜻이다. 아마도 자연스러움은 옳지 않은 것 같다.

자연스러움의 논거는 틀린 것으로 밝혀졌다. 입자물리학자들은 앞으로 어떻게 해야 할지 망연자실한 상태다. 아무래도 그들이 가장 신뢰했던 안내자가 그들에게 실망을 안겨준 것 같다.

• • •

LHC는 2008년에 최초로 가동을 시작했다. 2015년 12월까지 초대칭이 발견되었다는 어떤 징후도, 2001년에 고디가 내놓은 예측에 대한 직접적인 모순도 나오지 않았다. 그러나 2년간의 업그레이드 끝에 2015년 초 LHC가 다시 13TeV 에너지에서 가동을 시작했다. 두 번째 가동에서 아직 결과가 나오지 않았으니 여전히 희망은 있다.

휴식 시간에 고디에게 현 상황에 대해 견해를 물어볼 기회가 생겼다.

"초대칭 입자가 LHC에서 발견되지 않았을 때 무슨 생각을 하셨나요?"

"첫 번째 가동에서 초대칭 입자가 나타나야 할 이유는 없었습니다." 고디가 말했다. "이 순진하기 그지없는 자연스러움의 논거가 아니라면 어떤 이유도 없죠. 하지만 예측하는 이론을 찾는다면, 끈이론을 봐야죠. 그것이 첫 번째 가동에서 나오지는 않을 겁니다. 두 번째에서는 나타날 수도 있겠죠."

새로운 증거를 받아들이는 능력이야말로 진짜 과학자를 가려낼 수 있는 특징이다.

"두 번째에서도 안 나타나면요?"

"그럼 이 모델은 틀린 겁니다. 저도 확실히는 몰라요. 만일 그렇다면 뭐가 틀렸는지 열심히 생각해야 합니다. 모델 예측은 대단히 포괄적이기 때문에, 저는 초대칭 입자가 나타날 거라고 기대합니다. [만일 나타나지 않는다면] 데이터를 자세히 들여다보고 모델에서 뭘 바꿔야 할지 고민할 겁니다. 저는 아는 것이 없지만 그런 상황이 온다면 시간을 들여 찬찬히 들여다보고 뭔가 바꿀 수 있을지 찾아볼 겁니다."

뮌헨 학회의 첫날이 지나자 나에게 실용적인 조언을 해줄 사람이 없다는 것이 분명해졌다. 철학자들에게 너무 기대를 했나 보다.

그러나 과학 이론은 반증 가능하다는 칼 포퍼의 생각이 오래전에 케케묵은 철학이 되었다는 것을 배웠다. 이 사실을 알게 되어 기뻤다. 과학계에 몸담은 사람 중에 칼 포퍼의 철학을 수사학적 기교 외의 다른 용도로 사용할 수 있는 이가 없었기 때문이다. 사실상 하나의 이론을 반증할 수 있는 경우는 대단히 드물다. 그 이유는 이론이 새로운 증거와 들어맞기 위해 언제든 수정되거나 확장될 수 있기 때문이다. 그러므로 이론을 반증하기보다는 믿기 어려워하는 편에 가깝다. 끊임없이 수용되는 이론은 추하다고 할 수 없겠지만, 점점 더 믿기 어려워지고 불가사의해진다. 현역 연구자들은 결국 흥미를 잃는다. 그러나 하나의 이론을 '믿기 어려워할' 때까지 얼마나 많은 것이 필요한지는, 충돌하는 증거에 끼워 맞추기 위해 반복적으로 이론을 고치는 사람의 인내심에 달려 있다.

나는 고디에게 물었다. "이론물리학자들이 관심을 기울이는 대상이 이론의 '우아함'이라고 보시나요? 물리학자들이 거기에 관심을 '기울여야 한다'고 생각하세요?"

"그들은 관심을 기울입니다. 나도 그랬고요. 그래야 계속 흥미가 생기니까요." 그는 잠시 말을 멈췄다. "'관심을 기울여야 한다'고 말하는 건 조금 망설여집니다만, 나는 기분이 좋아지는 연구를 해야 한다고 조심스럽게 말하겠습니다. 이 '해야 한다'는 표현은 논리적인 원칙보다는 기분이 좋다는 쪽과 관련이 있습니다. 만일 더 나은 방법이 있다면, 다른 누군가는 그것을 해야겠죠. 하지만 더 나은 방법이 있는지는 잘 모르겠고, 아무튼 확실한 건 기분은 좋습니다."

간단히 말해서

- 과학자들은 오랫동안 아름다움을 안내자로 활용했다. 아름다움이 언제나 좋은 안내자였던 것은 아니다.
- 이론물리학에서 대칭은 매우 유용하다. 대칭은 현재 아름다운 것으로 간주된다.
- 입자물리학자들은 어떤 이론에 '자연스러운' 수만 포함되어 있다면 그 이론을 아름답다고 생각한다.
- 자연스러운 수란 1에 가까운 수다. 부자연스러운 수는 '미세 조정된' 수라고 불린다.
- 데이터가 부족한 상황에서 어디에서 새 데이터를 찾을 수 있을지 결정해줄 이론이 필요하다면, 이론 개발에서 저지른 실수들이 우리를 막다른 길로 이끌 수 있다.
- 어떤 철학자들은 과학자들에게 관측 결과를 설명하는 이론의 능력 외의 다른 기준으로 이론을 선택할 수 있도록 과학적 방법을 약화시키라고 제안한다.
- '데이터 부족을 무릅쓰고 앞으로 어떻게 나아갈 것인가' 하는 문제와 '과학적 방법을 수정해야 하는가' 하는 문제는 물리학의 기반을 넘어선 의미심장한 문제들이다.

3장

통합의 상태

10년 동안의 교육 내용을 짧은 글로 요약하고,
입자물리학의 영광의 시대에 대해 이야기한다.

물리학자들이 보는 세상

고에너지 물리학에 관한 가장 충격적인 사실은 이걸 전혀 모르더라도 사는 데 아무 지장이 없다는 것이다.

뼈의 구성 성분 중 하나인 칼슘을 예로 들어보자. 칼슘 원자는 20개의 중성자와 20개의 양성자가 결합된 핵과, 핵의 주위를 에워싼 20개의 전자로 구성되어 있다. 페르미온에 속하는 전자는 핵 주위에 별개의 껍질을 형성한다. 칼슘의 화학적 성질을 결정하는 것은 이 껍질의 구조다.

핵 안의 양성자와 중성자도 가만히 있지 않는다. 핵자들은 꾸준히 움직이고, 옮겨 다니고, 부딪치고, 서로를 묶어주는 매개입자들을 방출하고 흡수한다. 원자 속 세상에 고요함은 없다. 입자들이 그렇게 부산스럽게 움직이는데도 칼슘 원자들은 모두 똑같이 행동한다. 독자 여러분에게는 참으로 다행스러운 일이다. 그렇지 않았다면 여러분의 뼈는 산산조각이 났을 것이기 때문이다.

여러분은 원자 안에서 중성자가 무슨 짓을 하든 전혀 중요하지 않다는 걸 잘 알고 있다. 그게 중요했다면 어디서 어떻게든 그 이야기를 들

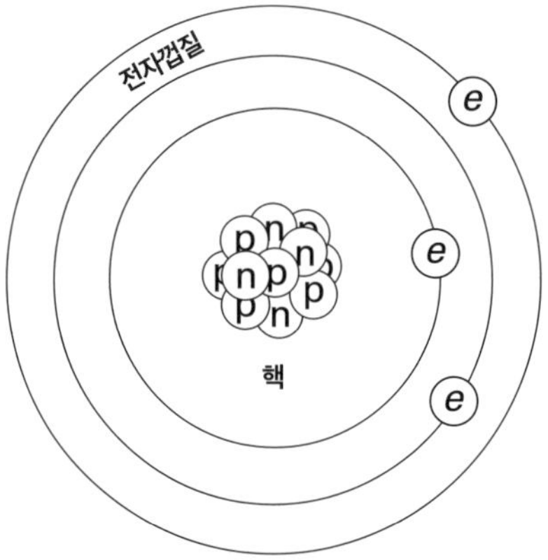

그림 2 원자껍질 모형. 전자(e)가 양성자(p)와 중성자(n)로 구성된 원자핵 주위의 분리된 껍질 안에 자리 잡고 있다. 이는 '눈금 분리'의 좋은 예다. 핵 안의 입자들의 행동은 전자껍질에 영향을 미치지 않고, 따라서 원자의 화학적 성질에도 영향을 미치지 않는다.

었을 테니 말이다. 생각해보면, 이 입자들의 움직임이 우리에게 영향을 미치지 않는다는 건 정말이지 놀라운 사실이다. 원자를 구성하는 요소들이 그렇게 많은데, 왜 이런 복잡한 원자 구조가 복잡한 행동으로 이어지지 않을까? 왜 원자들은 모두 비슷한가? 원자를 구성하는 수많은 입자가 각자 행동하고 있는데, 정작 원자들이 따르는 법칙은 굉장히 단순하다. 너무 단순해서 전자껍질 구조만 가지고도 그 많은 종류의 원자를 주기율표로 깔끔하게 정리할 수 있을 정도다.

자연은 자연을 알고 싶어 하는 인간의 욕구를 대단히 친절하게 충족시켜주고 있다. 핵 안에서 무슨 일이 일어나든 그 일은 핵 내부에 국한되고, 우리가 보는 것은 그 순효과일 뿐이다. 어떤 원자는 수소와 결합하고 어떤 원자는 결합하지 않는다. 그러나 핵 안에서 일어나는 일은 이 결합과는 아무 상관없다. 어떤 원자는 규칙적인 패턴의 격자를 형성하고 어떤 원자는 형성하지 않는다. 그리고 핵 안에서 일어나는 일은 이 격자구조에 영향을 미치지 않는다.

이런 상황이 원자에만 해당하는 것은 아니다. 중성자와 양성자 같은 합성 입자들도 이들을 구성하는 쿼크와 글루온의 행동으로부터 거의 영향을 받지 않는다. 그리고 물에 뜬 꽃가루 알갱이의 움직임(브라운 운동)을 원자들이 꽃가루를 밀고 있기 때문이라고 설명한다면, 이때 원자를 구성하는 더 작은 것들은 무시하고 원자를 독립적인 입자로 가정하는 것으로 충분하다. 더 큰 규모에서도 마찬가지다. 행성이 그리는 궤도는 행성의 구조와는 상관없고, 나아가 우주의 은하도 구성 요소가 전혀 없는 입자처럼 다룰 수 있다.

미시계에서 일어나는 일이 거시계에 아무 영향도 미치지 않는다는 말이 아니다. 단지 세부적인 사항은 중요하지 않다는 것이다. 큰 물체는 작은 물체로 만들어져 있고, 큰 물체의 법칙은 작은 물체의 법칙으로부터 생겨난다. 놀라운 것은 큰 물체의 법칙도 아주 단순하다는 것이다.

작은 것들의 정보 대부분은 큰 것을 이해하는 데 그리 중요하지 않다. 이를 미시계의 물리학과 거시계의 물리학이 '분리되어 있다decouple' 또는 '눈금이 분리되어 있다separation of scale'라고 말한다. 눈금이 분리되어 있기 때문에 여러분은 쿼크나 힉스 보손이나 양자장이론에 대해 전혀 몰라도 잘 살 수 있는 것이다. 물론 전 세계 물리 선생님들은 크게 실망하시겠지만.

눈금 분리는 엄청난 결과를 불러온다. 어떤 주어진 해상도에서 하나의 계를 대체로 정확하게 설명하는 근사적인 자연법칙을 유도할 수 있게 되는 것이다. 그리고 이 법칙을 수정하면서 해상도를 높일 수 있다. 이렇게 정해진 해상도의 계에만 적용되는 근사 법칙을 '유효 법칙effective laws'이라고 한다.

해상도를 낮추면, 그 이론이 다루는 물체와 물체에 부여하는 성질을 이론에 맞게 조정하는 것이 현실적으로 유리하다. 해상도가 낮은 이론에서는 수많은 작은 구성 요소를 하나의 큰 물체로 모아서, 그 큰 물체에 이름을 달고 성질을 부여하는 것이 더 합리적이다. 이런 방법으로 우리는 원자의 전자껍질 구조를, 분자의 진동을, 금속의 전도성을 말할 수 있다. 그러나 그 아래에 깔린 이론에는 원자나 금속 또는 전도성 같은 것은 없고 오로지 기본 입자만 있다.

각 단계의 해상도에는 가장 유용한 표현 방식을 가진 언어가 있다. 해상도에 의존하는 물체와 물체의 특성은 '창발성이 있다emergent'고 말한다(창발성이란 하위 계층에 없는 성질이나 행동이 상위 계층에서 돌연 나타나는 현상을 말한다—옮긴이 주). 작은 세계의 이론을 큰 세계의 이론에 연결시키는 과정을 '거칠게 보기coarse-graining'라고도 한다(그림 3).

'창발성'은 '기본'의 반대다. 기본이란 물체가 더 이상 분해될 수 없고 물체의 특성이 더 정확한 이론에서 유도될 수 없음을 의미한다. 기본이란 우리가 지금 아는 것이 무엇인가 하는 문제다. 오늘 기본인 것이 내일은 아닐 수 있다. 그러나 창발적인 것은 언제나 창발적이다.

물질은 분자로 구성되고, 분자는 원자로, 원자는 표준모형 입자들로 구성된다. 표준모형 입자들, 그리고 공간과 시간은 우리가 기본적이라고 알고 있는 것들이다. 이것들은 다른 어떤 것으로 만들어지지 않는다. 우리는 물리학의 가장 밑바닥에서 이보다 더 기본적인 것이 있는지 계

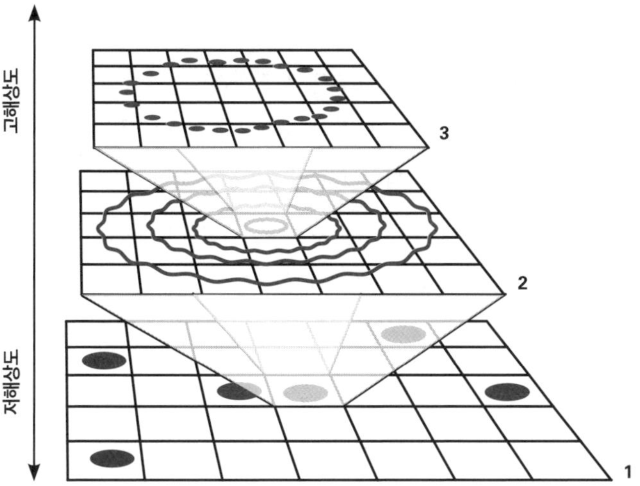

그림 3 '거칠게 보기' 도해. 낮은 해상도에 있는 물체와 그 법칙(1단계)은 중간 또는 높은 해상도의 물체와 법칙으로 설명할 수 있지만(2 또는 3단계), 그 반대는 성립하지 않는다. 낮은 해상도 단계는 높은 해상도 단계에서 창발적으로 발생한다.

속 탐색하고 있다.

물리학자로서 나는 종종 환원주의자라고 비난을 받는다. 마치 환원주의자가 내가 선택해서 얻을 수 있는 자리인 것처럼 말이다. 그러나 환원주의는 철학이 아니라 실험으로 드러나는 자연의 성질이다. 우리는 수없이 많은 관측을 통해 겹겹의 해상도와 해상도 안의 법칙들을 추출했고, 그것이 세상을 기가 막히게 설명해준다는 사실을 발견했다. 유효장 이론effective field theory은 원칙적으로 미시계의 이론에서 거시계의 이론을 유도할 수 있지만 그 반대는 성립하지 않는다고 말한다.

이렇듯 과학의 역사가 계층적 구조를 서서히 드러내는 방향으로 발전하다 보니, 오늘날 물리학자들은 이 세상 모든 것을 설명할 수 있는 단 하나의 기본 이론fundamental theory이 틀림없이 존재한다고 생각하게 되었다. 이것이 이른바 '만물의 이론theory of everything'이다. 이런 희망을 갖게 된 것은 이해가 간다. 지난 100년 동안 거대한 눈깔사탕의 겉면을 턱이 빠지도록 계속 빨았으니, 언젠가는 그 속에 있는 풍선껌에 도달할 수 있으리라 희망하게 되지 않겠는가?

모든 것은 흐른다

해상도에 의존하는 유효 법칙은 왜 자연스러움이 아름다운지를 다른 방식으로 보는 방법을 제시한다. 이를 위해 물리학자들은 모든 이론을 추상적인 '이론공간theory space' 안에 할당한다. 이론공간은 다양한 이론 사이의 관계를 그림으로 그릴 수 있어 매우 유용하다. 이론은 해상도에 의존적이므로, 각각의 이론은 해상도의 변화에 따라 이론공간 안에서 하나의 곡선을 이룬다(그림 4). 모든 이론이 합쳐 이룬 곡선을 이론의 '흐름flow'이라고 부른다.

이론공간 안에서의 자연스러움은 낮은 해상도이론이 (더 기본적이라 여겨지는) 높은 해상도이론에 민감하게 좌우되지 않아야 함을 뜻한다. 다시 말해 높은 해상도의 기본 이론에서 매개변수를 어떻게 선택하든 낮은 해상도의 물리학은 우리가 관찰하는 것과 비슷해야 한다. 이것이 자연스러움의 출발점이다. 즉 우리의 선택은 중요하지 않다는 것이다.

이론공간의 흐름을 통해 높은 해상도 이론에서의 매개변수 선택에

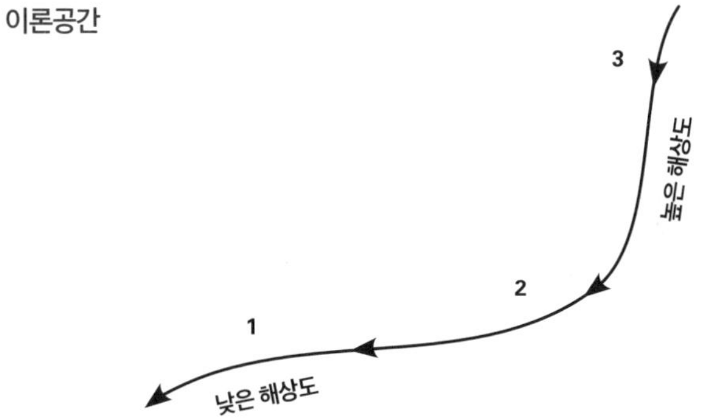

그림 4 이론공간 안의 모든 점은 하나의 이론을 표시한다. 해상도를 바꾸면서 하나의 경로를 따라갈 수 있다. 숫자는 그림 3의 단계를 뜻한다.

대한 낮은 해상도 이론의 의존도를 정량화할 수 있다. 이것이 주디체의 측정 방법이 작용하는 원리다.• 이 아이디어는 그림 5에 나타나 있다. 이 그림에서 낮은 해상도 단계가 지금 우리가 탐색할 수 있는 수준이다. 즉 여기에 표준모형이 있다. 현재 이 해상도가 우리가 도달한 최고의 해상도라는 점을 고려하면, '낮은 해상도'라고 부르는 게 좀 이상하게 느껴질 수도 있다! 그러나 만물의 이론을 드러내기 위해서는 LHC가 도달한 것보다 훨씬 높은 수준까지 올라가야 하므로, 현재 해상도는 낮다고 볼 수 있다.

높은 해상도의 이론공간 안에서 출발점이 정확히 어디인지가 크게 중요하지 않다면, (낮은 해상도의) 표준모형은 '자연스럽다' 또는 '미세 조정

• 여러 측정 방법이 있고 그중 어느 것이 최선인가를 두고 의견이 분분하지만, 이 책에서는 크게 중요하지 않다.

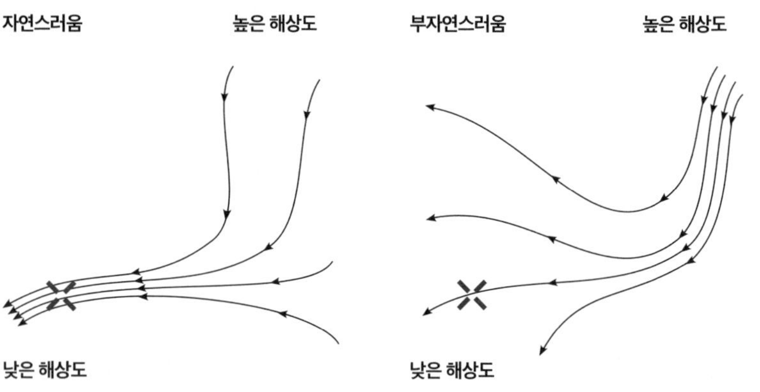

그림 5 이론공간 안에서 낮은 해상도이론이(예컨대 표준모형, X로 표시) 자연스럽고 미세 조정되지 않은 경우(왼쪽)와 부자연스럽고 미세 조정된 경우(오른쪽)의 흐름.

되지 않았다'라고 말할 수 있다. 이 흐름을 따라가면, 언제나 표준모형과(측정 정확도 이내로) 근접한 위치에 도달할 것이다(그림 5 왼쪽). 반면 표준모형에 가까운 결론을 이끌어내기 위해 고해상도 공간에서 정확한 이론을 골라야 한다면, 출발점을 미세하게 조정해야 한다. 이럴 경우 표준모형은 부자연스럽다(그림 5 오른쪽).

미세 조정된 경우, 표준모형을 재연하는(즉 관측 내용과 일관적인) 이론들의 시작점들은 서로 가까이 있어야 한다. 이렇게 가까운 거리가 앞서 논의했던 보기 흉한 작은 수들에 해당하는데, 힉스 보손의 질량도 여기에 해당된다.

다음 절에서는 지금까지 발견된 공간과 시간, 물질의 법칙을 요약하고, 이 법칙을 찾아낸 실험 내용을 정리할 것이다. 표준모형과 조화모형에 익숙한 독자들은 다음 절을 건너뛰어도 무방하다.

장사 밑천

1858년에 아일랜드계 미국인 작가인 피츠-제임스 오브라이언은 완벽한 현미경을 상상했다. 단편소설 「다이아몬드 렌즈」에서 미친 현미경 장인 린레이는 200년 전 인류 최초로 현미경을 개발하다가 박테리아를 발견했던 안톤 판 레이우엔훅의 영혼에게 자문을 구한다.[1] 판 레이우엔훅은 렌즈 제작법을 평생 비밀로 간직했다. 그러나 린레이는 영매인 마담 뷜프의 도움을 받아 죽은 판 레이우엔훅에게 "완벽한 현미경을 제작하려면 오랜 세월 동안 전자기 전류에 노출되었던 140캐럿짜리 다이아몬드가 필요하고, 그렇게 만든 현미경의 확대능력은 물체가 분해될 수 있는 최소 크기로 제한된다"라는 말을 듣는다.

연구비가 충분하지 않았던 린레이는 친구를 죽여 필요한 다이아몬드를 손에 넣는다. 그리고 현미경을 만들어 물방울을 관찰한다.

> 나는 성스럽게 드러난 이 완벽한 아름다움과 매력을 만들어낼 수도 없고, 감히 그런 시도조차도 할 수 없다. 이슬에 젖어 촉촉하고 고요한, 이 신비로운 보랏빛 눈망울은 내가 구현하는 언어의 한계를 넘어선다. 반짝이는 별이 떨어지며 하늘에 아로새기는 자취처럼, 그녀의 영광스러운 머리를 따라 황금빛으로 흐르는 윤기 나는 머리카락은, 불타오르는 나의 언어를 그 장엄함으로 달래주는 것 같다.

오브라이언의 상상처럼 작은 세계가 그 정도로 아름다운지는 두고 볼 일이지만, 그의 완벽한 현미경이 허구임을 우리는 알고 있다. 렌즈의 분해능은 렌즈가 의존하는 메신저, 즉 빛에 좌우된다. 묵직한 부츠를 신고 에스컬레이터에 올라서면 발판에 파인 가느다란 홈을 느끼지 못하는 것처럼, 긴 파장의 빛은 작은 규모에 민감하지 않다. 현미경의 분해능은 사용하는 빛의 파장에 따라 결정되고, 더 작은 세계를 탐사하기 위해서는 더 짧은 파장의 빛이 필요하다.

가시광선의 파장은 대략 400~700나노미터• 사이로 수소 원자보다 1만 배 정도 크다. 따라서 세포를 연구하고 싶을 때는 가시광선도 꽤 쓸 만하지만, 원자를 들여다보고 싶을 때는 적합하지 않다. 더 짧은 파장의 빛, 이를테면 X선 같은 빛을 이용하면 가시광선보다 100~1만 배가량 분해능을 높일 수 있다. 그러나 빛의 파장이 짧아지면 방향을 정하고 초점을 맞추기 어려워진다.

더 나은 분해능을 구현하기 위해, 우리는 양자역학의 가장 중요한 교훈에 의지한다. 그 교훈은 진짜 파동도 없고 진짜 입자도 없다는 것이다. 그 대신 우주 안의 모든 것은 (우리가 아는 한에서는 우주 자체도 포함해서) 파동함수로 설명되고, 파동함수는 입자와 파동의 성질을 모두 갖는다. 이 파동함수가 어떨 때는 좀 더 파동에 가까워 보이고, 또 어떨 때는 입자처럼 보인다. 그러나 기본적으로 파동함수는 아무것도 아니며, 그 자체로 새로운 카테고리다.

따라서 엄밀하게 말하자면 '기본 입자'라는 용어를 쓰지 말아야 한다.

• 1나노미터는 10^{-9}m, 즉 10억분의 1미터이다.

나를 지도했던 교수님은 기본 입자라는 말 대신 '기본적인 것'이라고 불러야 한다고 제안하기도 했다. 그러나 누구도 '기본적인 것'이라는 표현은 사용하지 않고, 나도 생소한 용어로 독자 여러분을 괴롭히고 싶지 않다. 물리학자들이 말하는 입자는 사실상 파동함수라는 수학적인 대상을 의미한다. 파동함수는 정확히 입자도 파동도 아니며, 둘의 성질을 모두 가지고 있다.

파동함수 자체는 그것에 부합되는 관측할 수 있는 양이 없지만, 파동함수의 절댓값으로 물리적으로 관측 가능한 대상의 측정 확률을 계산할 수 있다. 양자이론에서는 이 정도가 우리가 할 수 있는 최선이다. 특별한 환경을 제외하고 단일 측정 결과를 예측할 방법은 없다.

양자이론으로 현미경의 분해능을 개선할 수 있는 이유는 입자가 (또는 그것이) 더 무겁고 더 빠르게 움직일수록 파장은 더 짧다는 것을 알려주기 때문이다. 그러므로 빛 대신 전자빔을 사용하는 전자현미경은 광학현미경보다 훨씬 높은 분해능에 도달할 수 있다. 전기장과 자기장을 이용해 전자를 움직이게 하는 현미경으로는 원자 크기 수준의 구조까지 판독할 수 있다. 원칙적으로 전자의 속도를 높이면 현미경의 분해능을 마음대로 증가시킬 수 있다. 이런 이유로 현대 물리학은 계속해서 더 큰 입자 가속기를 지으려고 추진하고, 입자 가속기에 힘입어 현대 물리학은 전진하는 것이다. 충돌 에너지가 더 높으면 결국 더 작은 세계를 탐색한다는 의미가 된다.

거울과 렌즈를 사용하는 빛 현미경과는 달리, 입자 가속기는 전기적으로 대전된 입자들의 빔을 전기장과 자기장으로 가속시키고 초점을 맞춘다. 그러나 입자의 속도를 높이면, 측정 행위에서 정보를 추출하기가 어려워진다. 탐색을 목적으로 사용되는 입자들이 탐색 과정 자체를 변형시키기 때문이다. 양파 슬라이스 위에 쪼이는 가시광선은 기껏해야 양파를 아주 약간 데우는 정도 외에는 영향을 미치지 않는다. 그러나 목표물에 고속으로 쏘아진 전자빔은 그 에너지로 목표물을 파괴할 수 있다. 그렇다면 아주 짧은 거리에서 나타나는 현상의 정보는 잔해에 파묻히게 된다. 결국 고에너지 물리학이란 충돌 잔해에서 정보를 추출하는 학문이다.•

가속기로 도달할 수 있는 분해능은 충돌하는 입자들의 총 에너지에 반비례한다. 에너지 1GeV(10^9eV 또는 10^{-3}TeV로, 양성자의 질량과 비슷하다)로 구현하는 분해능이 대략 1펨토미터(10^{-15}미터, 양성자의 크기와 비슷하다)정도라고 기억하자. 에너지의 규모를 높이면 측정 거리 규모는 줄어들고, 그 역도 성립한다. LHC는 최대 충돌 에너지가 약 10TeV에 도달하도록 설계되었다. 이는 10^{-19}미터에 해당하는데, 인간이 자연법칙을 테스트한 가장 짧은 거리이기도 하다(지금까지는 그렇다).

이론물리학자들의 임무는 입자가 충돌한 결과를 정확하게 설명하는 방정식을 찾는 것이다. 계산이 실험으로 얻은 데이터와 일치할 때, 이론은 신뢰를 얻는다. 이론물리학자들이 입자 충돌을 더 잘 이해하면 실험물리학자들은 검출기를 더 효율적으로 설계할 수 있다. 실험물리학자들이 가속기 기술을 더 많이 이해하면 이론물리학자들은 더 좋은 데이터를 얻는다.

• 가장 높은 에너지에서는 목표물을 향해 입자를 쏘지 않고 두 입자 빔을 충돌시킨다. 이렇게 하면 더 깨끗한 신호를 얻을 수 있고 전체 충돌 에너지도 높일 수 있다.

이 전략은 엄청난 성공을 거두었고, 입자물리학의 표준모형이라는 성과를 얻었다. 표준모형은 현재 물질의 기본 구성단위에 관해 우리가 알고 있는 최선의 지식이다.

표준모형

표준모형은 '게이지 대칭gauge symmetry'이라 불리는 원칙을 바탕으로 한다. 이 원칙에 따르면, 모든 입자는 '내부 공간internal space'에서 방향성을 갖는다. 이것은 마치 나침반의 바늘과 비슷하지만, 한 가지 다른 점은 그 바늘이 우리가 볼 수 있는 어느 곳도 가리키지 않는다는 것이다.

"그 내부 공간이란 게 뭔데요?" 이렇게 묻고 싶은 독자도 있을 것이다. 좋은 질문이다. 내가 드릴 수 있는 최선의 답은 내부 공간이 '유용하다'는 것이다. 내부 공간이란 관측된 입자의 행동을 정량화하기 위해 발명한 것으로, 예측하는 데 쓸모 있는 수학적 도구다.

"좋아요. 그런데 그게 진짜 있는 겁니까?" 그러면 이런 궁금증이 생기겠지만, 이 질문의 답은 누구에게 묻느냐에 따라 달라질 수 있다. 내 동료 중에는 실제로 우리 이론의 수학이, 이를테면 그 내부 공간 같은 것이 진짜 존재한다고 믿는 사람도 있다. 나는 개인적으로 수학 자체가 실재하는지 아닌지는 열린 문제로 남겨 두고, 그저 수학이 실체를 설명한다고 말하는 쪽이다. 수학이 현실과 어떻게 연결되는지는 여전히 미스터리고, 이는 과학자가 등장하기 한참 전부터 철학자들을 괴롭혀온 문제다. 오늘날의 우리가 과거 철학자들보다 딱히 현명한 것도 아니다. 미스터리는 못 풀어도 수학을 활용할 수는 있다는 것은 다행스러운 일이다.

이렇게 유용한 내부 공간 안에서 입자들은 저마다 방향을 가지고 있다. 게이지 대칭은 자연법칙에게 우리가 공간 표시에 사용하는 라벨에 의존하지 말라고 요구한다. 마치 나침반을 돌려서 바늘이 북쪽이 아닌 북서쪽을 향할 수 있는 것처럼 말이다. 이런 식의 변화를 통해 북쪽 입자는 다른 입자들과 조합하여, 이를테면 북서쪽 입자가 될 수 있다. 실제로 전자에서 이런 일이 일어난다. 내부 공간의 변환으로 전자를 전자와 중성미자의 혼합으로 바꿀 수 있다. 만약 이 변환이 대칭 변환이면, 입자를 혼합해도 물리학 법칙이 바뀌어서는 안 된다. 그러므로 대칭 요건은 우리가 서술할 수 있는 가능한 자연법칙에 제약을 가한다. 기본 논리는 불교의 탱화에 색칠하는 것과 비슷하다. 디자인의 대칭을 고려해 색을 채우려고 하면, 대칭을 무시했을 때보다 선택할 수 있는 경우의 수가 적어진다.

자연법칙에 대하여 대칭 요건을 만족시키기는 쉽지 않다. 내부 공간의 회전이 순간순간 이곳저곳에서 달라질 수 있으므로 문제는 더욱 어려워진다. 그리고 그 결과가 입자가 따르는 법칙에 영향을 미쳐서는 안 된다. 대칭을 따르는 입자 간의 상호작용은 다른 입자들의 중재를 받아야 하며, 이 다른 입자들의 특성은 작용하는 대칭 종류에 의해 결정된다. 이렇게 중재하는 입자들을 '대칭의 게이지 보손'이라고 부른다.

앞서 수학적인 내용을 압축해서 간결하게 정리하다 보니 독자 여러분에게는 그것이 어떻게 작동하는지 어렴풋한 인상만 남을 것 같다. 결론은 이렇다. 특정 대칭을 유지하는(특정 대칭이 작용하는) 이론을 만들고자 할 때, 그 대칭을 따르는 입자 간의 특정 상호작용이 필연적으로 발생한다. 뿐만 아니라 대칭 요건에 의해 자동적으로 등장할 힘을 매개하는 게이지 보손도 추가된다. 표준모형의 바탕에 있는 대칭이 이러한 게이지 대칭이다.

놀랍게도 표준모형은 전적으로 이런 대칭 원칙을 따라 작동한다. 표준모형은 전자기력을 강한 핵력(전기적 반발력에 맞서 원자핵을 결합시키는 힘) 및 약한 핵력(핵붕괴를 일으키는 힘)과 결합시킨다. 이 세 가지 상호작용을 따르는 세 가지 게이지 대칭이 있고, 모든 입자는 대칭이 작용하는 방식에 따라 분류된다. (우리가 입자보다 이론을 더 중요하게 여긴다고 독자 여러분께 말했지만, 어쨌든 실제로 측정하는 것은 입자이므로, '부록 A'와 '그림 6'에서 표준모형의 입자를 요약 정리했다.)

표준모형은 추상 수학으로 이룬 매우 정교한 구조이며, 게이지 대칭이 포함된 양자장이론이다. 이런 식으로 말하면 내가 무척이나 교육을 많이 받은 사람처럼 보일 것 같다고 늘 생각한다. 하지만 사람들은 이해를 못 하면 의심하는 경향이 있다. 우리는 어떻게 이 모든 것이 단순히 25개의 입자들로 만들어졌다고 그렇게 확신할 수 있는 것일까? 그 입자 대부분은 볼 수도 없는데?

그 답은 아주 간단하다. 우리는 실험 결과를 계산하는 데 수학을 사용하고, 계산 결과는 관측 결과를 정확히 설명한다. 그러면 그 이론이 제대로 작동한다는 것을 알 수 있다. 실제로 '이론이 작동한다'라고 말할 때는 그런 의미로 말하는 것이다. 그렇다. 이론은 추상적이다. 우리가 입자 자체를 보는 대신 검출기의 눈금을 읽어야 한다는 건 사소한 불편일 뿐이다. 단 한 가지 중요한 사실은 수학이 올바른 결과를 내놓는다는 것이다.

표준모형이 양자장이론의 한 유형이라는 말은 현실보다 더 으스스하게 들린다. 장field은 공간 안의 모든 위치, 시간 안의 모든 순간에 값을 매겨놓은 어떤 것이다. 예를 들어 휴대폰의 신호 강도로도 장을 정의할 수 있다. 하나의 장을 양자장이라고 부를 때는 그 장이 입자의 존재를 설명하는 것이며, 앞에서 보았듯이 입자는 양자적인 어떤 것이다. 양

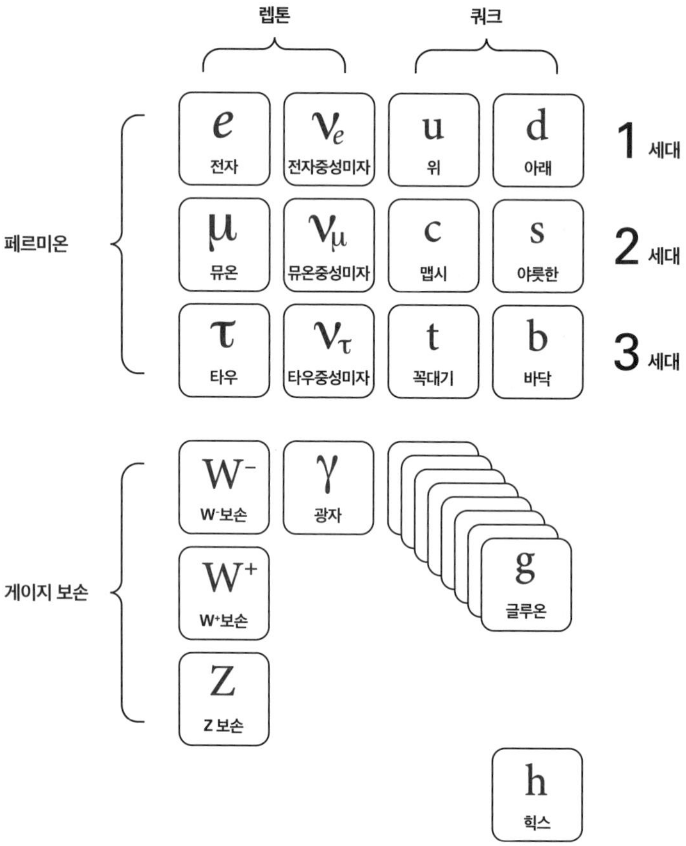

그림 6 입자물리학의 표준모형

자장 그 자체는 어떤 입자를 주어진 장소에서 주어진 순간에 찾을 확률이 얼마나 되는지를 알려준다. 그리고 양자장이론의 방정식은 그 확률을 계산하는 방법을 알려준다.

게이지 대칭뿐 아니라 표준모형도 아인슈타인이 특수상대성이론에서 발견한 대칭을 이용한다. 아인슈타인에 따르면 4차원의 시공간은 3차원의 공간에 시간 차원이 결합된 것이고, 이때 공간과 시간은 동일하게 다루어져야 한다. 그러므로 자연법칙은 (1) 측정하는 장소와 시간에 독립적이어야 하고, (2) 공간 회전에 의해 변해서는 안 되며, (3) 공간과 시간 사이의 일반화된 회전에 의해서도 변해서는 안 된다.

시공간 회전이라고 하면 뭔가 위험한 얘기처럼 들리지만 그저 속도의 변화일 뿐이다. 특수상대성이론을 다루는 대중 과학책에는 서로를 쌩쌩 지나치는 우주선과 위성 얘기로 가득하다. 이런 것들은 정말이지 군더더기에 불과하다. 특수상대성이론은 위에서 설명한 세 개의 대칭에서 나온 것이다. 우주선을 탄 쌍둥이나 우주선에 실은 레이저 시계는 부수적인 것이다. 또 모든 관찰자에게 질량 없는 입자(예를 들면 빛을 나르는 입자인 광자)의 속도는 동일하게 측정되고, 이 세상 그 무엇도 이 속도를 넘어설 수 없다. 다시 말해서 빛보다 빠르게 움직이는 것은 아무것도 없다.•

• 이 책의 목적을 이해하기 위해서는 이 정도만 알아도 충분하다. 그러나 특수상대성이론에 관해서 할 얘기가 이것으로 전부일 리는 없다. 특수상대성이론에 대해 더 알고 싶은 분들은 채드 오젤의 『개에게 상대성이론을 가르치는 법 *How to Teach Relativity to Your Dog*』(Basic Books, 2012) 그리고 레너드 서스킨트와 아트 프리드먼이 쓴 『특수상대성이론과 고전장이론: 이론적 최소 *Special Relativity and Classical Field Theory: The Theoretical Minimum*』(Basic Books, 2017)를 권한다.

표준모형의 구조 대부분은 게이지 대칭과 특수상대성이론의 대칭에 의해 지배되지만, 아직도 대칭으로 설명할 수 없는 특성이 있다. 그런 특성 중 하나를 꼽자면, 페르미온들이 세 세대로 분류되는 것이다. 각 세대에는 비슷한 입자들이 속해 있고, 세대가 높아질수록 입자들의 질량은 상대적으로 무거워진다. (1세대는 가장 가벼운 페르미온이, 3세대에는 가장 무거운 페르미온이 있다. 2세대에는 그 중간이 있다.) 설명할 수 없는 또 다른 특성은 각각의 페르미온이 두 개의 버전으로 나타나며, 이 둘은 서로의 거울상이라는 점이다. 두 버전은 각각 '왼손잡이'와 '오른손잡이'라고 불린다. 중성미자는 예외로, 오른손잡이 중성미자는 아직 아무도 본 적이 없다. 표준모형의 문제점은 4장에서 더 얘기하겠다.

표준모형은 1960년대에 개발되기 시작하여 1970년대 말에 대부분 완성되었다. 표준모형에는 페르미온과 게이지 보손 말고 입자가 하나 더 있다. 바로 힉스 보손이다. 이 입자는 다른 기본 입자들에게 질량을 부여한다.[2] 힉스 보손이 없어도 표준모형은 아귀가 잘 맞는다. 다만 이 모형은 실체를 설명하지 못하는데, 그렇게 되면 입자들이 전부 다 질량 없는 입자가 되기 때문이다. 셸던 글래쇼는 힉스 입자를 가리켜 "표준모형의 수세식 화장실"이라는 매력적인 별명을 붙여주기도 했다. 힉스 입자는 아름다워서가 아니라 필요해서 발명된 것이다.[3]

1960년대 초 몇몇 연구자들이 독립적으로 제안한 힉스 보손은 기본 입자 중에서 발견된 마지막 입자였지만(2012년에 발견되었다), 예측된 시점을 기준으로 하면 마지막 입자는 아니다. 마지막으로 예측된 입자는 1973년에 예측된 꼭대기 쿼크와 바닥 쿼크이며, 이 입자들의 존재는 각각 1996년과 1977년에 실험으로 확인되었다. 1990년대 말에는 중성미자의 질량이 실험을 통해 확인되면서 추가되었다(중성미자 이론은 1950년대로 거슬러 올라간다). 그러나 1973년 이후로 표준모형을 대체할 새로운 성공적인 예측은 나오지 않았다.

• • •

'우리는 무엇으로 만들어졌는가?'라는 문제의 답으로 현재로서는 표준모형이 최선이다. 그러나 표준모형은 중력을 설명하지 못한다. 가속기 실험을 위해 입자물리학자들이 예측을 내놓을 때 중력을 설명할 필요가 없기 때문이다. 낱알의 기본 입자들은 질량이 아주 작고, 입자 간에 작용하는 중력도 작다. 중력은 먼 거리에서는 지배적인 힘이지만, 입자 충돌로 탐색하는 짧은 거리에서는 무시해도 좋을 만큼, 사실상 측정이 불가능할 만큼 작은 힘이다. 게다가 다른 모든 힘은 결합해서 중성이 될 수 있는데, 중력만은 그렇지 않다. 크기가 큰 물체에 작용할 때 다른 힘들은 중성이 되어 눈에 띄지 않지만, 중력은 힘의 세기가 더해지고 두드러진다.

중력이 다른 상호작용과 구분되는 이유는 우리가 가진 현재 이론에서 양자적 특성을 갖지 않는 유일한 (기본) 상호작용이기 때문이다. 중력은 양자화되지 않은 힘이다(이러한 성질을 '고전적'이라고 부른다). 그래서 어떤 문제가 생기는지는 7장에서 확인하겠지만, 일단 지금은 중력에 대해 우리가 무엇을 알고 있는지, 그걸 어떻게 알게 되었는지를 얘기해 볼까 한다.

입자물리학자들이 더 거대한 충돌기를 지어서 더 짧은 거리를 들여다보려고 하는 동안, 천체물리학자들은 더 거대한 망원경을 만들어 더 먼 거리를 들여다보려 한다.[4] 최초의 망원경은 최초의 현미경과 비슷한 시기에 개발되었지만, 망원경과 현미경의 설계는 급속도로 세분화되고 전문화되었다. 광학기기 분야에서도 이론과 실험은 함께 손을 잡고 서로를 발전시켰다.

멀리 있는 별들에서 우리에게 도달하는 빛은 아주 적은 양이기 때문에 천체물리학자들은 망원경의 구경을 넓히거나 더 큰 거울을 달아 최대한 많은 빛을 수집하려 했다. 그러나 망원경의 크기가 커져 들고 다닐 수 없게 되면서 이런 방법은 곧 한계에 도달했다. 그러다 19세기 중반에 사진건판이 개발되면서 게임의 양상은 완전히 바뀌었다. 이제 천체물리학자들은 노출 시간을 늘려 빛을 모을 수 있었다. 그러나 지구가 계속 움직이기 때문에 노출 시간을 늘리면 상이 번졌고, 망원경에 이를 방지하는 메커니즘을 포함시켜야 했다. 그러려면 관측 대상의 움직임을 알아야 했다. 그래서 천체물리학자들이 밤하늘에 대해서 더 많이 알게 될수록 천체를 관찰하는 기술이 점점 발전했다.

오늘날의 천체물리학자들은 별 이미지를 포착하는 데 사진건판 대신 전하 결합 소자charge coupled device, CCD를 사용한다. CCD는 디지털카메라의 심장부라 할 수 있는 부품이다. 현대식 망원경들은 단 하나의 광자를 감지할 수 있을 만큼 민감도가 높고, 노출 시간은 수백만 초에 달한다(환산하면 일주일 이상의 시간이다).[5] 그리고 지금도 계속 거대해지고 있다. 현재 사용하는 망원경은 거대한 거울을 움직이는 강력한 기계 장치가 있으며, 중력과 온도 변화에 의한 변형을 방지하기 위해 소형 모터 수천 개로 구성되어 있다. 극도로 정확하게 시간을 재서 먼 거리에 있는 여러 대의 망원경을 슈퍼컴퓨터로 동시에 작동시키면 한층 거대한 망원경을 만드는 효과를 거둘 수도 있다. 이미지를 흐리게 하는 대기 요동을 제어하기 위해, 천체물리학자들은 대기 효과에 대응해 컴퓨터 프로그램으로 망원경을 보정하는 '적응 광학adaptive optics' 기술을 사용하거나 위성에 망원경을 실어 우주 공간으로 쏘아 올려 대기로 인한 왜곡을 완전히 피하기도 한다.

우리는 가시광선을 중심으로 파장이 긴 적외선, 마이크로파, 라디오 스펙트럼, 그리고 짧은 파장 쪽으로는 X선에서 감마선 대역까지 영역을 확장시켰다. 우주를 연구하기 위한 메신저로 빛만 이용하는 것이 아니다. 다른 입자들, 이를테면 중성미자, 전자, 양성자도 그것들이 떠나온 곳의 이야기를 전해주고, 지구로 오는 동안 무슨 일이 있었는지를 말해준다. 천체물리학자들이 가장 최근에 이룩한 업적은 중력파를 최초로 직접 검출한 것이다. 중력파는 시공간 자체에 생긴 요동으로 블랙홀들의 병합 같은 파괴적인 사건에서 발생하며, 자신이 만들어진 사건의 정보를 담고 있다.

여러 방법을 통해, 천체물리학자들은 과거로 돌아가 우주의 나이가 30만 년이던 시절까지 거슬러 갈 수도 있고, 100억 광년 너머까지 손을 뻗을 수도 있다. 천체물리학의 데이터는 입자 충돌 물리학에서 보이는 것과는 완전히 다르다. 그러나 이론물리학자들의 임무는 똑같다. 측정 결과를 설명하는 것이다.

조화모형

천체물리학자들이 측정한 결과에 대해 현재 우리가 가진 최선의 설명은 이른바 '우주론적 조화모형cosmological con-cordance model'이라고 부르는 것이다.[6] 이 모형은 일반상대성이론의 수학을 사용하는데, 이 모형에 따르면 우리는 세 개의 공간 차원과 하나의 시간 차원 안에서 살고 있으며 이 시공간은 휘어 있다.

나도 안다. 휘어진 4차원의 시공간을 상상하기란 어렵다. 그게 여러분에게만 어려운 것은 아니다. 다행히 우리에게 익숙한 2차원 표면이 좋은 비유가 될 수 있다. 특수상대성이론은 평평한 종잇장 같은 시공간을 다룬다. 이와는 대조적으로 일반상대성이론의 시공간에는 언덕과 계곡도 있다.

이 비유를 좀 더 사용해보자. 만일 여러분이 고도 표시가 없는 산악지형 지도를 들여다보고 있다면, 구불구불한 도로가 왜 구불구불해야 하는지 이해하기 어려울 것이다. 그러나 그 도로가 산에 난 도로라는 것을 알면 이해할 수 있다. 그런 지형에서는 구불구불한 도로가 최선이다. 지금 우리는 시공간의 곡률을 볼 수 없는데, 이는 마치 등고선이 없는 지도를 보는 것과 비슷하다. 시공간의 곡면을 볼 수 있다면, 행성이 태양 주위를 왜 그런 궤도로 도는지 완벽하게 이해할 것이다. 그렇게 도는 것이 최선이기 때문이다.

일반상대성이론은 특수상대성이론과 동일한 대칭 기반을 가진다. 차이점이라면 일반상대성이론의 시공간은 호응성이 있다는 것이다. 일반상대성이론의 시공간은 에너지와 물질에 반응해 휜다. 그 결과 에너지와 물질의 운동은 곡면에 의해 좌우된다.

그러나 이 곡면은 공간에 따라서만 달라지는 게 아니다. 시간에 따라서도 달라진다. 그러므로 일반상대성이론이 우리에게 알려준 가장 중요한 점은 우주가 영원불변하는 것이 아니라는 사실이다. 우주는 물질에 대한 반응으로 팽창하고, 팽창함으로써 물질의 분포는 희박해진다.

우주가 팽창하고 있다는 것은 과거에는 물질이 더 빽빽하게 뭉쳐져 있었다는 의미가 된다. 초기 우주는 밀도가 매우 높은, 거의 균질한 입자 국물particle soup로 채워져 있었다. 이 국물은 무척 뜨거웠는데, 이는 개별 입자의 평균 충돌 에너지가 높았다는 뜻이다. 만일 입자 국물의 온도가 대략 10^{17}켈빈을 넘는다면, 입자의 평균 충돌 에너지는 현재 LHC에서 시험 중인 에너지를 넘어서게 된다.[7] 우리는 그보다 더 높은 온도에서, 그러니까 더 어린 우주에서 물질이 어떻게 행동하는지를 설명할 믿을 만한 지식이 없다. 물론 추론할 수는 있는데, 이에 대해서는 5장과 9장에서 얘기할 것이다. 지금은 조화모형이 설명할 수 있는 상태에 초점을 맞춰보기로 한다.

일반상대성이론은 우주의 팽창을 우주 안에 있는 에너지 및 물질의 유형과 관련짓는 방정식을 제공한다. 우주론자들은 물질과 에너지의 조합을 다양하게 시도하며, 우주 안에 무엇이 있는지 알아내고 관측 결과를 가장 잘 설명하는 조합을 발견할 수 있다(컴퓨터를 활용하는 방법도 있다). 새로운 관측 결과가 나올 때마다 그들은 이런 작업을 수행한다. 그리고 맙소사, 뭔가 놀라운 것을 발견해냈다!

가장 충격적인 발견은 현재 우주에서 가장 지배적인 중력의 발원지가 우리가 이전에 한 번도 보지 못했던 것이라는 사실이다. 그것은 알려지지 않은 형태의 에너지로(그래서 '암흑에너지dark energy'라고 한다) 우주 전체의 물질-에너지 총량 가운데 무려 68.3퍼센트를 차지한다. 암흑에너지의 미시적인 하위 구조는 아직 알 수 없지만, 그 효과는 알 수 있다. 암흑에너지는 우주의 팽창 속도를 가속시킨다. 데이터를 통해 우주의 팽창 속도가 가속되고 있음을 확인할 수 있으므로, 암흑에너지가 그렇게나 많이 필요한 것이다. 그러나 암흑에너지의 분포는 매우 희박하기 때문에 암흑에너지를 쉽게 측정할 수 없다. 암흑에너지의 유효 효과는 먼 거리에 걸쳐, 우주의 팽창 가속도를 통해서만 파악할 수 있다.

가장 단순한 유형의 암흑에너지는 우주상수다. 우주상수는 하위 구조가 없고, 공간과 시간에 대해 일정하다. 조화모형에서는 우주상수를 암흑에너지로 사용하지만, 그보다 복잡한 무언가일 수도 있다.

우주를 채우는 남은 31.7퍼센트는 물질이다. 더욱 놀라운 것은 이 물질의 대부분도 우리에게 익숙한 물질이 아니라는 것이다. 전체 물질의 85퍼센트(물질-에너지 총량 중 26.8퍼센트)는 소위 '암흑물질dark matter'이라고 불리는 것이다. 암흑물질에 대해 우리가 아는 단 한 가지 사실은 암흑물질이 자기 자신, 그리고 다른 물질과 상호작용하는 경우가 거의 없다는 것이다. 특히 빛과의 상호작용이 전혀 일어나지 않아 '암흑'물질이라는 이름을 얻었다. 초대칭 입자들 가운데 일부는 암흑물질이 가져야 할 특성을 가진 것이 있지만, 이것이 옳은 설명인지 아직은 모른다.

남은 15퍼센트의 물질(전체 물질-에너지 총량의 4.9퍼센트)은 안정적인 표준모형 입자들, 그러니까 우리를 구성하는 물질과 비슷한 물질들이다(그림7 참고).

일단 우주를 채우고 있는 에너지와 물질 유형을 알면 우주의 과거를

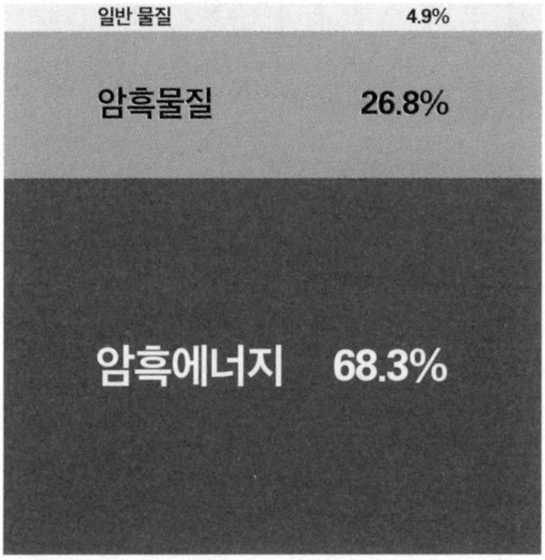

그림 7 원형 도표를 싫어하는 사람들을 위한 우주 에너지 구성 도해

재구성할 수 있다. 초기 우주에서는 (우주상수 형태의) 암흑에너지가 물질과 비교해 무시할 수 있을 만큼 적었다. 우주가 팽창하면 물질의 밀도는 감소하는 반면 우주상수는('상수'라서) 일정하게 유지되기 때문이다. 오늘날 상대적으로 암흑에너지의 양이 더 많고 비율이 대략 2:1 정도라면, 초기 우주에서 물질의 밀도가 우주상수의 에너지 밀도보다 훨씬 더 컸을 것이다.

그러므로 10^{17}켈빈이면, 물질 전체와 암흑에너지로 구성된 국물 상태에서 시작한다. 시공간은 처음부터 물질에 반응해 팽창한다. 이로써 국물은 식기 시작하고, 최초의 원자핵을 형성하며, 가벼운 원자들이 만들어진다. 처음엔 입자 국물이 워낙 빽빽해서 빛도 그 안에 갇히고 만다. 그러나 원자들이 형성되면 빛은 방해를 받지 않고 움직일 수 있다.

암흑물질은 빛과 상호작용을 하지 않기 때문에 일반 물질보다 더 빠르게 식는다. 따라서 초기 우주에서 암흑물질이 자신의 중력에 의해 뭉쳐지기 시작한다. 이렇게 암흑물질이 뭉쳐지지 않았다면 은하는 지금 우리가 보는 방식대로 형성되지 않았을 것이다. 일반 물질이 뭉쳐지는 속도를 높이려면, 이미 뭉쳐진 암흑물질의 중력으로 인한 당기는 작용이 필요하기 때문이다. 일반 물질이 충분히 뭉쳐져야 별의 핵이 더 큰 원자핵을 형성할 수 있다.

수십억 년에 걸쳐 중력이 작용하면서 은하가 생성되고, 항성계가 형성되고, 별이 빛나기 시작했다. 이 시점까지 우주는 계속 팽창했지만, 이제는 팽창 속도가 느려지고 있다. 그러나 은하가 완전히 형성될 무렵 암흑에너지가 역할을 넘겨받고 우주의 팽창 속도는 다시금 가속을 받는다. 우리는 지금 바로 이 시기를 살고 있다. 앞으로 물질의 밀도는 더욱 희박해질 것이다. 만일 암흑에너지가 우주상수라면, 암흑에너지는 계속 우세해질 것이고, 우주의 팽창은 가속될 것이다. 영원히.

초기 우주 시절, 입자 국물을 최초로 탈출한 빛의 파장은 우주의 팽창과 함께 계속 길어지고 있지만, 그 빛은 오늘날에도 여전히 우리 주위를 맴돌고 있다. 파장은 현재 수 밀리미터로, 가시광선 영역을 한참 지나 마이크로파 대역에 이르렀다. 이 우주배경복사Cosmic Microwave Background, CMB는 측정이 가능하며, 우주론자들이 가장 소중하게 여기는 정보의 근원이다.

우주배경복사의 평균 온도는 약 2.7켈빈이다. 절대영도를 기준으로 그리 크지 않은 값이다. 그런데 평균 온도에 아주 작은 편차가 있다. 절대온도의 약 0.003퍼센트 편차다. 이 편차는 초기 우주에서 평균보다 약간 더 뜨거웠거나 차가웠던 지점에서 나온 것이다. 우주배경복사 온도의 요동은 뜨거운 국물 안의 요동에 관한 정보를 담고 있으며, 이것이 나중에 은하가 되는 씨앗이었던 셈이다.

이런 지식으로 무장한 우리는, 앞서 설명한 것과 같이 우주배경복사를 사용해 우주의 역사를 추론할 수 있다. 그 밖의 데이터들은 관측된 은하의 분포, 우주 팽창에 관한 다양한 측정, 풍부한 화학 원소, 중력 렌즈 현상에서 얻을 수 있다.[8]

조화모형은 ΛCDM이라고 불리기도 한다. 이때 Λ(그리스 알파벳 대문자 람다)는 우주상수를 뜻하는 기호이고 CDM은 '차가운 암흑물질Cold Dark Matter'의 약자다. 표준모형과 조화모형은 물리학의 기반을 이루고 있다.[9]

"이제부터는 어려워질 겁니다"

나는 '초대칭과 기본 상호작용의 통합Supersymmetry and Unification of Fundamental Interactions' 학회에 종종 참석했다. 1993년부터 이 학회는 매년 세미나를 열었고, 전성기 때는 500명 이상의 참석자가 모였다. 발표자들은 해마다 모여서 자연스러움, 통합, 암흑물질 후보의 가능성 등 초대칭의 장점을 열심히 주장했다. 그리고 해마다 초대칭 입자의 탐색은 부정적인 결과를 내놓았고, 모형은 증거 부족을 수용하기 위해 해마다 업데이트되었다.

오늘날까지도 LHC에서는 초대칭 입자의 증거가 나오지 않고 있다. 이론물리학자들 사이의 분위기는 싸늘해졌다. "아직 절망할 때는 아닙니다……. 하지만 이미 절망의 시간이 온 것인지도 모릅니다." 이탈리아의 물리학자 귀도 알타렐리는 2011년에 이렇게 말했다.[10] 케임브리지 대학교의 벤 앨러낵은 2015년의 LHC 데이터 분석 결과에 대하여 "나 같은 초대칭이론 물리학자들에게는 좀 우울한 결과"라는 반응을 보였다.[11] CERN의 이론물리학자인 조너선 엘리스는 LHC가 힉스 보손 외에 아무것도 발견하지 못할 가능성을 "진짜 별 다섯 개짜리 재앙"이라고 말했다.[12] 이 상황에 대한 공식 명칭은 '악몽의 시나리오'다.[13] 우리는 악몽 속에서 살고 있다.

나는 2006년 이후로 학회에 참석하지 않았다. 너무 우울해서다. 이 학회에서 초대칭을 연구하는 키스 올리브를 알게 되었다. 키스는 미네소타 대학교 물리학과 교수이고, 윌리엄 파인 이론물리연구소의 소장이다. 나는 키스에게 전화를 걸어 LHC에서 초대칭이 보이지 않은 것에 대해 어떻게 생각하는지를 묻는다.

"우리는 작은 조각의 형태로 데이터를 얻었습니다." 키스는 설명한다. "그리고 그 한계는 더 막강해졌고요. 몇 개월에 한 번씩 새 데이터의 분석 자료를 얻을 때마다 상황은 조금씩 나빠졌습니다. 더 낮은 에너지에서 초대칭이 보이길 기대했던 건 분명 사실이에요. 아무튼 심각한 문제예요. 내 안의 뭔가는 여전히 초대칭이 자연의 일부여야 한다고 말하고 있어요. 당신 말대로 근거는 전혀 없지만요. 에너지가 충분히 높지 않았던 걸까요? 아무도 모를 일입니다. 우린 그저 그럴 거라고 생각했고요."

키스는 내 앞 세대고, 표준모형의 개발 과정에서 대칭과 통합이 성공을 거둔 것을 목격했다. 나는 그런 경험이 없다. 왜 아름다움을 좋은 안내자라고 생각해야 하는 건지 그 이유도 모른다. 키스 안의 뭔가가 키스에게 무엇이 자연의 일부고 무엇이 아닌지를 가르쳐준다는 말인가? 난 못 믿겠다.

"왜 초대칭이 자연의 일부여야만 하는데요?"

"결국은 대칭의 힘이죠." 키스가 대답한다. "그게 아직도 우리의 눈길을 잡아끌고 있습니다. 난 여전히 낮은 에너지에서 접근할 수 있을 거라고 봅니다. 만일 힉스 질량이 115~120GeV 정도로 밝혀지고 초대칭이 발견되지 않았다면, 그게 훨씬 더 괴로운 상황이었을 거예요. 힉스 질량의 값이 상한에 근접해 있다는 건 조금은 희망적입니다. 초대칭 입자들은 더 무거워야 하고, 그래서 LHC에서 보이지 않는 거라고 하면 납득이 가잖아요."

힉스 보손은 만들어지자마자 붕괴하므로, 힉스 보손의 존재는 검출기에 도착한 입자 붕괴의 산물을 통해 추론해야 한다. 힉스가 어떻게 붕괴했는지는 그 질량에 의해 좌우된다. 만일 무거운 힉스가 만들어졌다면, 여기서 나오는 신호는 발견하기 더 쉬웠을 것이다. LHC가 탐색을 시작하기 전부터 힉스 질량은 아래쪽, 위쪽 모두에서 제약을 받는다고 볼 수 있다.

LHC는 결국 힉스 보손의 질량을 125GeV로 확인했다. 지금까지 한 번도 넘어본 적 없는 상한 범위에 살짝 걸친 값이었다. 무거운 힉스는 무거운 초대칭 입자들을 허용하므로, 초대칭에 관해서는 힉스가 무거울수록 좋다. 그러나 초대칭 입자가 지금까지 발견된 적이 없다는 것은 결국 초대칭 입자가 대단히 무겁다는 것을 의미하고, 이는 측정된 힉스의 질량이 초대칭 모형의 매개변수들의 미세 조정을 통해서만 도달될 수 있음을 의미하는 것이다.

"그래서 지금은 어떤 미세 조정이 있다는 걸 알게 됐죠." 키스가 말했다. "그럼 그 미세 조정은 얼마나 심각한가? 그건 그 자체로 대단히 주관적인 사안이 되는 겁니다."

• • •

물리학자들은 아주 큰 숫자들이 필요한 수의 일치를 선호하지 않는다. 아주 큰 수의 역수는 아주 작은 수이고 한 수를 다른 수로 변환시킬 수 있으므로, 아주 작은 수도 좋아하지 않는다. 일반적으로 물리학자들은 1에서 많이 벗어난 수는 좋아하지 않는다.

그러나 물리학자들이 걱정하는 건 이런 단위 없는 수뿐이다. 단위 없는 수는 '무차원dimensionless수'라고 하는데, 단위가 있는 '차원 있는dimensionful' 수의 반대다. 물리학자들이 무차원수를 걱정하는 이유는 차원 있는 수의 값은 기본적으로 단위의 선택에 따라 좌우되므로 별 의미가 없기 때문이다. 차원 있는 수는 사실상 단위만 적절히 선택하면 1로 만들 수 있다. 예를 들어 빛의 속도는 광년/년이라는 단위를 붙이면 1이 된다. 물리학자들이 조바심을 내는 수는 단위 없는 수뿐이다. 힉스 보손 대 전자의 질량비도 이에 해당하는데, 이 값은 대략 25만:1이다.

앞서 얘기했지만, 힉스 보손의 질량과 관련한 난제는 질량 자체가 작다는 것이 아니다. 질량도 관련 단위에 의존적이라 무의미하기 때문이다. 힉스의 질량은 1.25×10^{-21}그램으로 꽤 작아보인다. 하지만 그렇지 않다. 작은 것은 힉스 질량 자체가 아니라, 힉스 질량과 그 질량에 대한 양자적 보정에서 나온 (질량과 관련된) 에너지의 비율이다. 앞선 허술한 설명에 대해서는 독자 여러분의 양해를 구한다.

자연스러움 논쟁은 물리학자들이 1에 가까워질 수 있는 모든 무차원수를 좋아한다는 데에서 시작되었다. 그러나 그 수가 꼭 1이어야 할 필요는 없어서 얼마나 큰 수까지 용인될 수 있는가를 놓고 따져볼 수도 있다. 우리는 이미 수많은 방정식에서 무차원수들을 다루었고, 이 수들은 반드시 1에 가까울 필요 없는 인수들을 끌어올 수 있다. 예를 들어 공간 차원 수에 따라 달라지는 어떤 값을 2π의 지수로 올리면 곧바로 100 이상의 값으로 치솟는다(특히 3차원 이상의 공간을 가질 경우). 모형을 조금 더 복잡하게 만든다면 그보다 더 큰 수를 얻을 수도 있을 것이다.

따라서 미세 조정이 얼마만큼 되어야 과한 것인가 하는 문제는 얼마나 더 큰 인수를 결합시킬 것인지 그 관용의 정도에 달려 있다. 현재 LHC의 결과는 힉스 질량을 정확하게 얻기 위해 미세 조정이 필요하다. 그러므로 초대칭이 얼마나 심각한 처지에 직면해 있는가에 대한 평가는 주관적일 수밖에 없다. 미세 조정이 얼마나 필요한지는 정확하게 계산할 수 있게 될지도 모른다. 그러나 이론물리학자들이 기꺼이 수용할 수 있는 미세 조정이 어느 정도인지는 계산할 수 없다.

• • •

"초대칭이 생겨난 대표적인 이유 중 하나가 미세 조정을 피하는 것입니다." 키스가 말한다. "이런 식으로 생각해보죠. 만일 표준모형을 넘어서는 어떤 이론이 있고 [양자적] 보정을 전부 기록한다면, 이 수준의 정확도로 미세 조정하는 걸 달가워할 사람은 아무도 없을 거예요."

"미세 조정이 어때서요?"

"매력이 없잖아요!" 그는 웃는다. "자연스러움은 일종의 기준입니다. 당신이 매력적이라고 느낀다면 그게 매력의 정의예요. 그 매력이 우리를 끌어당기는 거죠. 우리는 그쪽으로 끌려가는 것이고요.

결국 우리가 진실이라고 알고 있는 건 표준모형이 유일해요. 모든 사람을 불편하게 만드는 사실이죠. 단순히 암흑물질을 설명하거나 [왜 우주에 반물질보다 물질이 더 많이 있는지를] 설명하기 위해서도 표준모형 너머의 뭔가가 필요합니다. 정말로 거기에 뭔가가 있어야 한다고요. 그게 무작위적이고 완전히 일관성이 없는 것이라고 상상하기는 어렵죠. 나는 대칭을 더하거나, 아니면 통합해야 한다고 생각하고 있어요."

나는 키스에게 어떤 실험 전략을 추구해야 하냐고 묻지만, 그는 딱 부러지는 조언을 해주지 않는다.

"할 만한 것 중에 쉬운 건 이미 다 했어요." 그는 말한다. "이제부터는 어려워질 겁니다. 네, 어려워질 거예요. 이론물리학이 시작되던 1950년대에는 훨씬 더 쉬웠어요. 수 GeV짜리 장비를 제작해서 입자들을 충돌시키는 것도 어렵지 않았고요. 그때는 도처에서 새로운 것들이 막 발견되었거든요. 이전까지는 전혀 알려지지 않았던 새로운 물리학이었죠. 온갖 기이한 것들을 전부 얻을 수 있었죠. 그래서 그것들의 이름이 '야릇한' 입자인 겁니다! 해마다 발견되는 입자의 수는 경이로웠습니다. 그로부터 온갖 종류의 이론적 발전이 이어졌고요. 이제는…… 실험의 안내 없이는 어려워요. 그렇다면 우리가 예쁘다고 생각하는 것들을 바탕으로 연구할 수밖에 없죠."

간단히 말해서

- 일반적으로 실험과 이론은 함께 발전한다.
- 현재 우리가 가장 기본적인 자연법칙이라고 믿는 것은 대칭 원리의 기반에 세워져 있다.
- 새로운 데이터가 희박해지면, 이론물리학자들은 이론을 평가하기 위해 아름다움에 관한 지각에 의존한다.
- 아름다움은 과학적인 기준은 아니지만 경험에 바탕을 둔 기준일 수 있다.

4장

무너진 기반

나는 니마 알카니-하메드와 대화하며,
자연이 자연스럽지 않고 우리가 발견하는 모든 것이
굉장하다는 사실을 이해하려 노력한다.
또한 누구도 내 생각 따위 눈곱만치도
신경 쓰지 않는다는 사실을 받아들이려 애쓴다.

“구할 수만 있다면, 굉장한 직장이죠”

택시로 닐스보어연구소에 도착하니, 건물 앞에서 한 무리의 학생들이 사진을 찍고 있다. 건물 정면 위쪽에 연구소 이름과 설립연도인 ‘1920’이라는 숫자가 새겨져 있다. 약 100년 전 이곳 코펜하겐에 물리학자들이 모여 현대의 모든 전자 장치의 근간이 되는 이론인 원자물리학과 양자역학의 기초를 개발했다. 마이크로칩, LED, 디지털카메라와 레이저는 하이젠베르크와 슈뢰딩거가 이곳에 와서 보어와 물리학을 토론하던 중 탄생시킨 방정식 덕분에 이 세상에 나온 것이다. 이 역사적인 공간은 기념 사진을 찍기에 딱 좋은 장소다.

닫힌 문 앞에 서서 겨울비를 맞는다. 건물은 1920년대에 지었지만, 전자 잠금장치는 최첨단이다. 옆 건물의 안내 데스크를 찾을 때까지 조금 헤맨다. 데스크를 지키던 젊은 덴마크 여성은 내 이름이 방문자 명단에 없다며 방문 목적이 뭐냐고 묻는다.

“니마 알카니-하메드를 만나러 왔습니다.” 문득 누군가를 인터뷰하기 위해 비행기에 올라타는 게 얼마나 어색한 일인지 생각한다. 그러나 니마도 이 연구소의 방문자 신세고(누구를 만나러 왔는지는 모른다), 그도 방문자 목록에 없다.

닐스보어연구소의 자매 연구소이자 2007년에 스톡홀름으로 이전한 노르디타(북유럽 이론핵물리학연구소)에서 왔다고 간단히 자기소개를 하지만, 반쯤 거짓말을 한 셈이다. 근무 계약은 끝나가고 있지만 연구소 웹사이트에는 아직 내 사진이 걸려 있으니까. 그녀가 나에게 카드키를 건네준다.

너무 일찍 도착해서 복도 끝 도서관을 찾아간다. 낯익은 책들이 나를 반긴다. 나무 마룻바닥이 삐걱거려서, 혹시라도 세상을 바꿀 아이디어를 떠올리고 있을 누군가를 방해할까 싶어 걸음을 멈춘다. 과학의 향기가 풍긴다. 그러니까 커피 냄새 말이다. 어디선가 제2차 세계대전 때 이 건물에 폭탄을 설치했다는 이야기를 들었다. 이 자료를 나치에게 넘기느니 폭파시키는 게 낫다는 이유였다. 전쟁이 끝난 뒤에 폭탄들을 다 제거했는지 아닌지는 아무도 모른다. 나는 조심조심 걷는다.

커피를 마시기로 마음먹었을 때, 니마가 도착한다. 1990년대 말 그의 논문을 읽고 처음 그를 알게 되었는데, 이후로 니마의 경력은 별처럼 찬란히 빛났다. 27세이던 1999년에 그는 버클리 대학교 물리학과 교수가 되었다. 2002년에는 하버드 대학교로 이직했고, 2008년부터는 프린스턴 대학교에 재직했으며, 2009년에 미국 예술과학아카데미의 회원으로 선출되었다. 그는 수많은 상을 받았고, 2012년 '입자물리학의 중요한 문제들에 대한 독창적인 접근법'으로 제1회 브레이크스루상도 수상했다. 그 문제들은 여전히 중요하다. 니마는 걸출한 학자다.

니마는 이 연구소에 머무는 동안 그가 사용하는 사무실을 보여준다.

나는 소파에 털썩 주저앉아, 이젠 뭘 해야 하나 잠시 고민에 빠진다. 아무래도 녹음기의 녹음 버튼을 누르는 게 좋을 것 같다. 니마는 마치 큐사인을 기다리기라도 했던 것처럼 이야기를 시작한다.

LHC의 최근 결과들을 고려할 때, 아름다움과 자연스러움에 관한 문제가 머릿속에 가득 떠오른다며 그는 운을 뗀다.

"자연스러움과 아름다움에 대한 일반적 논의가 심각하게 잘못 전달되고 있어요." 니마가 말한다. "예술과 과학 사이의 아름다움의 융합은, 뭐 책을 파는 데는 도움이 될지도 모르겠어요." 그는 그것이 만족스럽지 않다고 말한다. "어느 냉철한 비전문가가 있는데, 그 사람의 물리학 지식이 브라이언 그린의 『엘러건트 유니버스』를 통해서 쌓은 게 전부라면(물론 브라이언만 꼭 집어 말하는 건 아닙니다만) 그 비전문가는 물리학자들이 모든 걸 엉망진창으로 만든다고 생각할 겁니다. 불행한 일이죠. 점잖고 정직한 물리학자들이 만드는 현실과는 크게 동떨어진 생각이니까요.

가끔은 현실적으로 실험이 불가능하다는 인상을 쉽게 받을 수 있어요. 현실적으로 실험이 가능하다고 해도 굉장히 오래 걸릴 수 있고, 어쩌면 평생을 지켜봐도 실험 [결과를] 보지 못하고 죽을 수도 있습니다. 실험하기 전에는 무슨 일이든 상관없는 겁니다. 온갖 종류의 이야기들을 만들어낼 수 있고요. 그러다 아주 가끔, 아마 50년에 한 번 정도, 실험이 완성되면 그동안의 잡동사니들을 다 부숴버리는 거죠. 이렇게 좋은 일자리가 또 어디 있겠어요? 구할 수만 있으면 말이죠. 그냥 앉아서 맘대로 헛소리를 늘어놓아도 누가 확인할 일이 없는 겁니다. 내가 받은 인상은 그래요."

노르디타에서의 계약이 끝나면, 나는 스톡홀름을 떠나 독일로 간다. 새 연구원 자리는 아직 찾지 못했고, 곧 백수가 된다. 이런 일이 처음은 아니다. 지금까지 15년 동안 나는 단기 계약직 신세로 여기저기를 전전했고, 나를 붙들어주는 건 물리학이 이 세상을 이해할 최선의 방안이라는 확신뿐이었다. 그것은 일종의 강박관념이지 직업이라고 보기는 어렵다. 그러나 내 처지가 일반적인 물리학자의 현실이고, 니마가 예외다. 물리학자 대부분은 좋은 직업을 가졌다고 비난받는 일이 없다.

내 생각 따위는 아랑곳없이 니마가 말을 잇는다. "그러니까 실험은 없고 그냥 앉아서 아름다움과 우아함과 수학적 사랑스러움에 관해 얘기하는 겁니다. 사회학적인 헛소리들이죠. 하지만 이렇게 생각한다면 완전히 틀린 거에요. 그 생각이 틀린 이유는 좀 흥미롭습니다. 바로 그 이유로 고에너지 물리학을 연구하는 우리가 다른 과학 분야 종사자들과 다른 것이고요."

그는 계속 설명한다. "다른 과학 분야에서 아이디어의 옳고 그름을 확인하려면 새로운 실험이 필요합니다. 그러나 우리가 속한 분야는 예전 실험이 가하는 제약도 엄청나요. 이 제약은 어찌나 강력한지 새로 시도할 수 있는 것들을 대부분 배제하죠. 정직한 물리학자라면, 좋은 아이디어까지 포함해서 아이디어 중 99.99퍼센트는 배제할 겁니다. 새로운 실험에 의해서가 아니라 이미 완성된 예전 실험과 일치하지 않기 때문에 말이죠. 그래서 이 분야가 그토록 어려운 것이고, 새로운 실험을 하기 전에 옳고 그름에 대한 내적 개념이 생기는 겁니다. 냉철한 비전문가의 생각과는 정반대로, 물리학자들이 일을 망치고 있다는 생각 자체가 잘못된 거예요. 참으로 괴로운 일이죠."

'감히 내 앞에서 괴로움을 논하다니.' 나는 속으로 생각하며 고개를 끄덕인다.

문제 만들기

표준모형은 엄청난 성공을 거두었지만, 물리학자들에게는 많은 사랑을 받지 못한다. 미치오 카쿠는 표준모형을 "용케도 꾸며낸 추한 것"이라고, 스티븐 호킹은 "임시방편으로 만들어진 추한 것"이라고 했다. 매트 스트라슬러는 표준모형이 "추하고 지나치게 화려하다"라고, 브라이언 그린은 표준모형이 "너무 유연하다"라고 말했다. 폴 데이비스에 따르면, 표준모형이 "마무리되지 않은 분위기"를 풍기는 데 그 이유는 "약전자기력과 강한 핵력을 함께 대충 엮어맨 방법"이 "추한 특성"이기 때문이다.[1] 표준모형을 진심으로 좋아하는 사람이 정말로 있다면 작심하고 찾아내야 할 지경이다.

표준모형이 이렇게 추한 이유는 무엇일까? 표준모형의 치명적인 결함은 수많은 매개변수parameter다. 매개변수란 더 이상 설명할 방법이 없는 수를 말한다. 이 매개변수 중 대부분은 1과 전혀 가깝지 않다. 힉스 질량이라는 골칫거리에 대해서는 이미 앞서 논의했다. 그러나 그런 성가신 수는 훨씬 더 많다. 다른 기본 입자들의 질량도 그렇고, 이 질량과 힉스 질량의 비율도 그렇다. (우리가 오직 무차원수만 염려하고 있다는 걸 기억하자.) 이 비율은 전자의 경우 0.000004008이고, 꼭대기 쿼크는 대략 1.384다. 왜 질량 비율이 이런 값인지는 누구도 설명하지 못한다.

이런 질량 비율도 완전히 무작위인 것 같지는 않다. 물리학자들은 그 바탕에 뭔가 설명이 있을 거라고 믿고 있다. 예를 들어 중성미자는 세 가지 종류가 있는데 이들 모두 대단히 가벼워서 세 중성미자의 질량의 합이 힉스 질량의 10^{-11}배 정도다. 페르미온 세대 입자들의 질량은 이와는 대략 열 배 차이가 난다. 그리고 전자, 뮤온, 타우 입자의 질량 사이에는 기묘한 관계가 성립하며, 이 관계는 '고이데의 공식'으로 정리된다.[2] 그러니까 입자들의 질량의 합을 질량의 제곱근의 합의 제곱으로 나누면, 그 값은 소수점 아래 다섯 번째 자리까지 취할 때 2/3가 된다. 도대체 왜? 다른 입자에서도 정확도는 조금 떨어지지만 이와 비슷한 관계가 성립하는 것을 발견했다. 이런 기묘한 관계를 보노라면, 우리가 뭔가 심오한 설명을 놓치고 있는 게 아닌가 하는 생각이 든다.

질량 사이의 관계 말고 '섞임 행렬mixing matrix'이라는 것도 있다. 입자들 중에는 이동할 때 다른 입자로 변하는, 즉 '진동하는' 것이 있다. 이런 일이 일어날 확률을 섞임 행렬로 묶을 수 있다.[3] 이때 행렬 안의 수들은 완전히 무작위적인 것 같지는 않지만, 지금까지도 설명을 찾지 못하고 있다. 어떤 입자들은 다른 입자들과 거의 균등하게 섞이지만, 또 어떤 입자들은 섞일 수 있음에도 많이 섞이지 않는다. 도대체 왜? 우리는 모른다.

표준모형의 다음 문제는 너무 강한 대칭이 있다는 것이다! 문제의 대칭을 'CP 대칭'이라고 한다. CP 대칭 변환은 입자의 전기 전하를 반대 바꾸고(C는 전하charge의 C다), 그 거울상으로(P는 반전성parity의 P다) 바꾸는 조합이다. 이 변환을 하면 약한 핵력의 방정식이 바뀐다. 다시 말해 약전자기력은 이 대칭을 따르지 않는 것이다. 양자전기역학은 이 대칭을 어길 수 없다. 강력(강한 핵력 또는 강한 상호작용)은 이론상으로는 CP 대칭을 어길 수 있지만, 알 수 없는 이유로 어기지 않는다. 만일 강력이 이 대칭을 어긴다면, 예를 들어 중성자의 전기 전하 분포에 영향을 미치거나 하는 일이 발생할 텐데, 이런 일은 지금까지 목격되지 않았다.

강력의 CP 대칭 깨짐의 강도는 세타(θ) 매개변수에 의해 측정된다. 현재의 데이터에 따르면, 이 매개변수는 1보다 아주 작다. 그야말로 불쾌하리만치 작다.

소위 '강한 상호작용의 CP 문제strong CP problem'을 해결하기 위해 제안된 메커니즘은 세타 매개변수를 동적 매개변수로 만들고, 그것의 퍼텐셜을 최소로 낮추는 것이다. 그러면 이 값은 작은 값으로 고정된다.[4] 이 해법은 새로운 큰 수나 작은 수가 필요하지 않아 자연스럽다. 그러나 스티븐 와인버그와 프랭크 윌첵이 독립적으로 알아낸 바에 따르면, 동적인 세타는 입자 하나를 동반해야 한다. 이 입자에 윌첵은 '액시온axion'이라는 이름을 붙여주었다. (세탁 세제의 이름을 붙인 최초이자 바라건대 마지막 입자다.) 그러나 액시온은 아직 발견되지 않았고 강한 상호작용의 CP 문제는 미해결 상태다.

그러나 표준모형을 볼 때 우리를 불편하게 하는 것은 숫자만이 아니다. 설명할 수 없는 세 세대의 페르미온들과 세 개의 게이지 대칭도 있다. 약전자기 상호작용과 강한 상호작용이 합쳐져 대통일이론을 이루거나 그보다 멋진 초대칭적 대통합supersymmetric grand unification이 이루어진다면 훨씬 더 멋지지 않을까? (여기에 대해서는 7장에서 다룰 것이다.)

우주론적 조화모형에도 불만이 많다. 여기에도 설명할 수 없는 수가 있다. 왜 암흑에너지의 양은 그만큼인가? 왜 암흑물질은 일반 물질의 다섯 배가량 존재하는가? 그리고 암흑물질과 암흑에너지는 도대체 무엇인가? 조화모형에서는 단순히 암흑물질과 암흑에너지의 전체 행동만을 설명하지만, 이들의 미시적 특성은 아무런 역할도 하지 않는다. 아니, 암흑물질과 암흑에너지가 미시적 특성을 가지고 있기는 한가? 이것들이 다른 무언가로 만들어져 있는 것일까? 만일 그렇다면, 그것은 무엇인가? (여기에 대해서는 9장에서 이야기하겠다.)

그다음으로 조화모형과 표준모형을 결합하면서 생기는 문제들이 있다. 기본 입자들 사이의 중력은 다른 상호작용과 비교하면 극단적으로 약하다. 예를 들어 전자와 양성자 사이의 전기력과 중력의 비율은 대략 10^{-40}이다. 이 역시 아직 설명되지 않은 작은 수인데, 이것을 '계층 문제hierarchy problem'라고 부른다.

최악의 문제는 일반상대성이론이 표준모형과의 결합을 꾸준히 거부하고 있다는 것이다. 물리학자들이 지난 80년 동안 양자화된 중력, 즉 '양자중력' 이론을 개발하려고 그토록 애를 쓴 이유다. 가장 이상적인 그림은 양자중력을 다른 모든 상호작용과 결합시켜 만물의 이론을 만드는 것이다. (이 내용은 8장에서 다루겠다.)

마지막으로, 이 모든 문제가 해결된다고 해도, 우리는 여전히 양자역학에 관해 불평할 것이다. (이는 6장의 주제이기도 하다.)

• • •

이 문제들이 밝혀지는 데에는 최소 20년이 걸렸고, 해결 근처에라도 접근한 것은 단 하나도 없다. 진척이 없는 이유 가운데 하나는 새로운 실험을 고안하는 것(그리고 자금을 대는 것)이 점점 더 어려워지고 있다는 데 있다. 쉬운 실험은 이미 다 해버렸으니까. 이러한 성장 둔화는 연구 분야가 성숙하면서 충분히 예상할 수 있는 부분이다.

앞서 본 것처럼 새로운 실험이 없을 때에도 이론물리학자들이 풀 퍼즐은 고갈되는 법이 없다. 실제로 동료 대부분은 순수하게 이론적 바탕 위에서도 이런 문제들을 해결할 수 있다고 믿는다. 단지 아직 해내지 못했을 뿐이다. 이론의 발전 속도는 느리고, 같은 이유로 새로운 실험도 등장하기 어려운 실정이다. 쉬운 것들은 이미 다 해버렸으니까.

현대 이론에서는 문제를 하나 풀 때마다 이미 해결한 문제를 다시 문제화하지 않고서는 뭐든 바꾸기가 어렵다. 우리가 현재 가지고 있는 자연의 기본 법칙들은 과거 업적의 필연적 결과인 것처럼 보인다. 이렇게 기존 이론에서 탈출할 수 없는 특성을 흔히 '엄격성rigidity'이라고 부른다. 이러한 상황은 기본 이론을 발견하는 데 필요한 것을 우리가 이미 다 알고 있을지도 모른다는 희망을 북돋는 것일지 모른다. 우리가 더 똑똑해지기만 하면 충분히 찾을 수 있을 거라는 희망도.

이 상황을 바라보는 한 가지 방법은, 엄격성은 어떤 이론이 우리의 관측에 고유하게 들어맞는 데 가까워졌다는 신호이므로 바람직하다고 보는 것이다. 이 상황을 바라보는 또 다른 방법은, 엄격성을 우리가 막다른 길에 다다랐으며, 오래전에 해결된 문제들을 다시 논의하고 이전에 한 번도 가보지 않은 길을 찾아야 한다는 신호로 받아들이는 것이다.

• • •

"더 간단히 말하자면요." 니마가 앞서 얘기한 요점을 다시 정리한다. "우리가 상대성이론과 양자역학을 동시에 손에 쥐고 있다는 것 자체가 어마어마한 제약입니다. 사람들이 이건 잘 이해하지 못하는 것 같아요. 상대성이론과 양자역학은 놀랄 만큼(그야말로 엄청나게!) 우리가 할 수 있는 일을 제약합니다. 엄격성과 필연성은 단연코 가장 중요한 것입니다. 그걸 뭐라고 부르든 상관없지만, 나에게 그것은 아름다움의 대리인이에요."

"우리는 왜 대칭을 출발점으로 잡은 것일까요? 왜 양자장인가요? 왜 휘어진 시공간인가요?" 나는 흔한 수학적 가정들을 몇 가지 예로 들어 묻는다.

우리가 추상을 사용하는 이유는 추상이 잘 작동하고 자연을 설명해준다는 걸 알기 때문이다. 순수한 수학적 관점에서 추상은 분명 필연적인 존재는 아니다. 만일 그랬다면 논리만 가지고 추상을 유도할 수 있었을 것이다. 그러나 우리는 수학이 자연을 진정으로 설명하고 있다고 증명할 수 없다. 절대로. 그나마 가능성 있는 유일한 진실은 수학적 구조와 실체 사이의 관계가 아니라 수학적 구조 그 자체에 관한 것이기 때문이다. 엄격성이 유의미한 기준이 될 때는 우리가 추론을 이끌어낼 가설의 뼈대를 확정시킬 때뿐이다.

중력을 예로 들어보자. 일단 우리가 휘어진 시공간 안에서 살고 있다는 생각을 받아들이면, 중력은 불가피한 것이 된다. 그렇다고 중력이 우리가 왜 애초에 휘어진 시공간에서 살게 되었는지를 설명해주는 것은 아니다. 단지 중력이 지금 이 상황에서 잘 맞는다는 것을 발견했을 뿐이며, 우리가 테스트한 결과 잘 작동한다는 것을 알고 있을 뿐이다.

"네, 당신 말이 맞습니다." 니마가 말한다. "엄격성의 논의는 결국 우리가 진실로 받아들인 무언가의 맥락 안에 존재해야만 합니다. 우리가 그걸 알고 있기 때문은 아니고요. 물론 우리는 모르죠." 그는 끈이론의 기원에 관한 즉흥 강의를 하다가, 갑자기 커피를 가지러 사라진다.

나는 그에게 동의하지 않을 수 없다. 양자화된 중력은 기술적으로 대단히 어려운 문제다. 양자중력이론에서는 특수상대성이론의 대칭을 유지하기가 극도로 어렵다. 대칭을 유지할 방법을 하나라도 발견한다면 그게 유일한 방법일 거라 믿을 정도다.

다시 말하지만, 이런 얘기들은 물리학보다 인간에 대해 더 많은 것을 말해주는 것 같다.

"왜 사람들은 계속 초대칭에 주목하는 걸까요?" 니마가 돌아오자 내가 묻는다.

그는 커피를 홀짝이며 대답한다. "만일 초대칭이 [LHC로 테스트한 에너지에서] 멀지 않은 곳에 있다면, 초대칭이 바로 다음에 나올 것들에 대단히 엄격한 제약을 가할 겁니다. 이 부분이 흥미로운 대목인 거죠. 만일 [페르미온의] 4세대가 있다면, 그걸로는 아무것도 알 수 없어요. 그러니까 어떤 발전은 지적인 막다른 길이 될 수 있어요."

"이론물리학자들이 지적인 막다른 길이 될 만한 것을 들여다보지 않기로 선택하는 게 과연 바람직할까요? 그들이 좋아하지 않는다는 것 말고, 그런 생각이 문제가 될 수 있을까요?"

"당신이 뭘 좋아하는지 싫어하는지 누가 신경이나 쓴답니까?" 니마가 말한다. "자연은 신경 쓰지 않아요. 우리 모두 여기에 동의하고요. 초대칭이 그렇게 주목받는 이유는 단지 사회적인 이유가 아니었어요. 결정적인 건 [초대칭으로] 다른 곳에서는 해결할 수 없었던 문제들을 해결할 수 있었다는 거죠. 자연이 이런 문제들을 신경 쓰는지 아닌지는 다른 문제입니다. 초대칭이 아니어도 이런 자연스러움의 문제는 여전히 존재해요. 그런 문제는 이전에도 서너 번 등장했고, 그때마다 해답을 찾는 것으로 결론을 맺었죠."

숫자의 이름이 없는 곳

오늘날 우리는 어떤 이론에 아주 크거나 아주 작은 수가 없으면 그 이론을 자연스럽다고 한다. 부자연스러운 수가 포함된 이론은 기본 이론이 아니라고 믿는다. 그 이론은 기반에 금이 간 것이고, 파고 들어야 할 대상이다.

'자연법칙은 자연스러워야 한다'는 생각에는 오랜 역사가 있다. 처음엔 미적 기준으로 출발했지만, 이제는 '기술적 자연스러움'으로서 수학적으로 공식화되었다. 미적 기준의 지위가 수학적 처방으로 상승하면서 '자연스러움'이 논의되던 비과학적 근원은 망각되었다.

자연스러움이 처음으로 존재감을 드러낸 사례는 별들이 고정된 것처럼 보인다는 근거로 태양중심설을 거부한 사건이다. 만일 지구가 태양 주위를 돈다면 별들의 겉보기 위치는 지구의 경로에 따라 1년을 주기로 바뀌어야 한다. 별들의 위치가 변화하는 정도를 수치화한 것이 '시차'인데, 이 시차는 별들 사이의 거리에 의해 결정된다. 별이 더 멀리에 있을수록 위치상의 변화는 작다. 기차를 타고 가면서 창밖 풍경을 바라본다면 이와 비슷한 효과를 볼 수 있다. 기차 근처의 나무들은 멀리 보이는 도시의 스카이라인보다 훨씬 빠르게 움직인다.

당시 천문학자들은 별들이 모든 우주를 품고 있는 천구에 고정되어 있다고 생각했다. 이 경우, 만일 우리가 구의 중심에 있지 않으면 별들의 상대적인 위치는 매년 바뀌어야 한다. 우리의 위치가 바뀌므로 어떨 때는 구의 이쪽보다 저쪽에 더 가까이 있게 될 것이기 때문이다. 이런 변화를 관측하지 못했던 천문학자들은 지구가 우주의 중심에 있다는 결론을 내렸다.

실제로 별들은 1년 동안의 경로에 따라 위치를 조금씩 바꾸지만, 그 변화가 너무 작아서 19세기까지 그 변화를 측정할 수가 없었다. 그때까지 천문학자들이 생각할 수 있는 최선은 관측할 수 있는 시차가 없으므로 지구가 1년 동안 움직이지 않거나 아니면 별들이 아주 멀리 있어야 한다고 추정하는 것이었다. 별들이 태양이나 다른 행성들보다도 훨씬 더 멀리 있는 경우에는 측정할 수 없을 만큼 시차가 작다고 본 것이다. 이 같은 가설을 선택하면 태양을 중심에 둘 수 있지만, 천문학자들은 이 선택지를 폐기했다. 태양중심설을 받아들이려면 설명할 수 없을 만큼 큰 수들이 필요했다.

16세기에 니콜라우스 코페르니쿠스는 행성들의 운동이 단순해진다는 근거로 강력한 태양 중심 모델을 만들었다. 그러나 시차 문제는 여전히 남아 있었다. 별들이 태양계의 다른 행성들에서 훨씬 멀리 떨어져 있어야 하는 것만 문제가 아니었다. 코페르니쿠스와 그의 동시대 학자들은 별들의 크기를 잘못 계산하고 있었다.

먼 곳으로부터 날아와 둥근 조리개, 예를 들면 눈이나 망원경의 조리개를 통과한 빛은 사방으로 번져서 폭이 넓어진다. 이런 현상을 19세기까지는 이해하지 못했다. 이미지의 왜곡 때문에 코페르니쿠스 시대의 천문학자들은 실제보다 별의 크기가 더 크다는 잘못된 가정을 세웠다. 태양 중심 모델에서 고정된 별들은 아주 멀리 있어야 하지만 여전히 망원경 안에서는 크게 보였고, 그 말은 별들이 태양보다 훨씬 커야 한다는 의미였다.

튀코 브라헤는 이렇게 큰 숫자들이 이상하다고 생각했고, 지구가 태양 주위를 돈다는 생각을 부인했다. 그는 자신이 직접 만든 모델을 제안했는데, 이 모델에서는 태양이 지구 주위를 돌고 지구를 제외한 다른 행성들은 태양 주위를 돈다. 1602년에 그는 다음과 같은 근거로 태양중심설을 반박했다.

> 이러한 사안에서는 적당한 비율을 유지하여 물체가 무한에 도달하지 않게 하고, 만물의 대칭과 눈에 보이는 것들이 크기와 거리에 대하여 없어지지 않도록 해야 한다. 이러한 대칭을 유지해야 하는 까닭은 우주의 창조자이신 신께서 혼란과 무질서가 아닌 적절한 질서를 사랑하기 때문이다.[5]

이 "적당한 비율"과 "적절한 질서"라는 개념이 바로 오늘날의 자연스러움 기준이다.

오늘날 우리는 별들이 태양과 크기가 비슷하다는 것을 알고 있으며, 우리와 별들 사이가 엄청나게 멀다는 것이 특별히 부자연스럽게 느껴지지 않는다. 태양계와 은하 내 다른 별들과의 거리는 우리은하와 다른 은하들 사이의 거리와 마찬가지로 우주가 팽창하는 동안 물질이 자체 중력의 당김으로 인해 뭉쳐진 방식에 의해 결정된다. 이 거리는 어떤 이론의 기본적인 매개변수가 아니며 동적으로 발생하는 양이다.

그러나 큰 수에 대한 설명이 필요하다는 생각은 여전히 영향력이 있다.[6] 1937년에 폴 디랙은 빛이 수소원자의 반지름을 가로지르는 시간으로 우주의 나이를 나누면, 그 값이 대략 6×10^{39}임을 발견했다. 이는 양성자와 전자 사이의 전기력과 중력의 비율인 2.3×10^{39}과 비슷하다. 물론 정확히 같지는 않지만 대단히 가까운 값이라 디랙은 이 수들 사이에 어떤 공통된 기원이 있을 거라고 추정했다. 이 수들은 그냥 연관되어 있을 뿐 아니라, "자연에서 나타나는 두 개의 매우 큰 무차원수는 단순한 수학적 관계로 연결되어 있으며, 관계식의 계수들은 1로 간주되는 양量의 차수를 갖는다".[7]

이것이 '디랙의 큰 수 가설'이다.

디랙은 이 숫자 게임에서 상수가 아닌 것을 상수로 사용했다. 바로 우주의 나이이다. 그가 가정한 등식을 유지하려면, 다른 자연의 상수들도 시간에 따라 변해야 한다. 그 결과 관측과 맞지 않은 가설들을 만들어내는 구조물들이 우주 안에 산더미처럼 형성된다.[8]

디랙의 큰 수 가설은 디랙이 특별히 선택했던 수에는 적용할 수 있지만, 오늘날 자연의 기본 관계라고 간주되지는 않는다. 그러나 큰 수들에 대해 뭔가 설명이 필요하다는, 적어도 몇몇 수가 같은 기원을 공유하는 게 더 바람직할 거라는 디랙의 아이디어는 지금도 널리 사용되고 있다. 사실 물리학자들은 눈에 띄게 크거나 작은 수의 등장이 지금껏 설명되지 않은 새로운 효과의 존재를 보여주는 것이라 생각했다. 그리고 미세 조정은 뭔가 점검이 필요하다는 강력한 신호라는 그들의 믿음에 힘을 실어주었다.

자연스러움에 관한 논리는 지지부진 이어지는 TV 드라마의 줄거리를 예측하는 것과 비슷하다. 우리의 영웅은, 즉 '자연스러움'은 곤경에 처하더라도 분명히 살아남을 것이며, 이 암울한 상황을 뒤집을 만한 무슨 일이 반드시 일어나야만 한다.

예를 들면, 고전 전기역학에서 전자 질량이 작은 것은 부자연스럽다. 전자가 나르는 전기장의 에너지가 전자 질량에 거대한 (사실상 무한대의) 기여를 하기 때문이다. 이 전기장에 의한 '자체 에너지'를 제거하려면 수학의 미세 조정이 필요하고, 그래서 추해진다. 그러니까 우리의 영웅, 자연스러움이 불타는 집 안에 갇힌 꼴이다. 만일 우리의 계산이 정확하다면 자연스러움은 죽음을 맞이할 것이다.

그러나 이 계산은 정확하지 않다. 양자효과를 무시했기 때문이다. 양자효과를 포함시키면 전자는 가상입자 쌍에 에워싸인다. 가상입자는 절대 직접적으로 관측되지 않지만, 꾸준히 생성과 소멸을 반복한다. 이 가상입자들이 양자화되지 않은 이론, 즉 고전이론의 자체 에너지 문제를 치유하는 데 간접적으로 기여한다. 따라서 전자 질량이 작은 문제는 양자전기역학에서는 '자연스러운' 것이다.[9] 영웅은 불타는 지붕에서 뛰어내려 안전하게 쓰레기통으로 뛰어내려 상처 하나 없이 탈출한다.

입자 물리에는 수의 우연의 일치를 가늠하는 수학적 공식이 있는데, 이를 '기술적technical 자연스러움'이라고 한다.[10] 놀랍게도 표준모형은 힉스 질량만 빼고 전체가 기술적으로 자연스럽다. 강한 핵력으로 묶인 합성 입자들까지 포함해서, 모든 질량이 기술적으로 자연스럽다. 그런데 단 하나 예외가 있다. 세 개의 중간자(중성 파이온과 대전된 두 파이온)들의 질량이 근접한 값을 갖는 것이 좀 미심쩍다. 대전된 파이온과 중성 파이온 질량의 제곱 값의 차를 구하고, 이 값을 질량의 제곱으로 나누면, 부자연스럽게 작은 결과값이 나온다. 우리의 영웅은 다시 곤경에 처한다. 등 뒤는 벽으로 막혀 있고 악당이 머리에 겨눈 총부리를 마주한 채.

이때도 계산의 예측이 정확하지 않다는 사실이 밝혀진다. 곤궁에 처한 영웅의 구세주는 특정 에너지 너머에 'ρ(로rho) 중간자'라는 입자의 형태로 새로운 물리학이 나타난다는 것이다. 이 ρ 중간자와 함께 나타나는 새로운 대칭으로 파이온의 질량이 왜 근접한 값을 갖는지 설명할 수 있다. 이 설명은 기술적으로 자연스럽고, 미세 조정을 필요로 하지 않는다. 총은 불발되고, 영웅은 탈출한다.

그러나 전자의 자체 에너지와 ρ 중간자에 대한 양자 보정은 예측이 아니었다. 그것은 사후 추정이었고, 뒤늦은 깨달음이라고 부를 만한 그런 것들이었다(즉 재방송을 본 것이다). 자연스러움을 바탕으로 성공을 거둔 예측으로는 네 번째로 발견된 쿼크인 맵시 쿼크에 관한 것이 유일하다. 맵시 쿼크의 존재는 1970년에 특정 입자의 상호작용 확률이 부자연스럽게 작은 이유를 설명하기 위해 제안되었다.[11] 맵시 쿼크가 포함되면서 상호작용은 일어날 수 없게 되었고, 따로 미세 조정할 필요 없이 상호작용이 관측되지 않는 이유가 자연스럽게 설명되었다.

요약하자면, 자연스러움은 표준모형에 의해 높이 평가되었고 하나의 예측을 성공시키는 기록을 남겼다. 프린스턴 고등연구소의 나탄 자이베르크는 이 사실을 바탕으로 "자연스러움의 개념은 지난 200여 년간 물리학의 기준이었다"라고 주장한다.[12] 그 결과, 자연스러움의 반대인 미세 조정은 우리를 오싹하게 만드는 존재가 되었다. 하버드 대학교의 리사 랜들은 "미세 조정은 우리의 수치스러운 무지를 반영하는 표지"라고 말했다.[13] 입자물리학자인 하워드 배어는 나에게 이렇게 말했다. "미세 조정이란 우리가 지켜봐야 하는 이론의 병폐일 뿐이고, 일종의 기준으로 이론을 어떻게 고칠 것인지, 그래서 우리가 알지 못하는 거대한 것, 최전선의 문제로 나아가는 옳은 길을 어떻게 찾아나갈 것인지를 알게 해주는 수단에 불과합니다."[14]

우주상수는 자연스럽지 않다. 그러나 우주상수는 중력과 관계있는 것이어서 입자물리학자들은 여기에 특별히 신경 쓰지 않았다. 이제 우리는 힉스 질량도 자연스럽지 않다는 사실을 알게 되었고, 이 문제는 입자물리학자들의 코앞에 닥쳐 있다.

누구도 장미 화원을 약속하지 않았다

"나는 자연스러움의 변호인은 아닙니다." 니마가 말한다. "자연스러움은 원리도 아니고 법칙도 아니에요. 그냥 안내자로 간주되는 것이죠. 가끔은 좋은 안내자일 때도 있었고, 또 가끔은 나쁜 안내자였어요. 모든 가능성에 열린 마음을 갖고 있어야 합니다. 어떤 사람들은 자연스러움이 순수한 철학이라고 말하지만, 단언하건대 그건 철학이 아니에요. 자연스러움은 우리에게 많은 걸 베풀어주었습니다."

그는 자연스러움을 대변하는 여러 사례를 설명하고, 반대하는 의견도

조심스럽게 언급한 후 결론을 내린다. "자연스러움은 LHC 편에 선 논거도 아니었고, 그렇게 되어서도 안 됩니다. LHC의 명예를 위해 말하는데, 이 논거는 사실 이론물리학자들에게서 나온 겁니다. 그들이 그렇게 말했으니 자연스러움이 옳다고 생각하는 게 어리석은 건 아니었죠. 자연스러움이 성공을 거두었으니까요."

자연스러움의 성공에도 불구하고, 니마는 10년 전 '갈린 초대칭split susy'이라는 새로운 아이디어를 지지하며 자연스러운 아름다움을 저버린 적이 있었다고 한다. 초대칭의 일종인 갈린 초대칭은 초대칭 입자들의 질량이 자연스럽게 무거워서 LHC가 도달할 수 있는 영역 밖에 존재한다고 주장한다. 그렇다면 왜 초대칭 입자가 발견되지 않았는지 설명된다. 그러나 갈린 초대칭에서는 관측된 힉스 질량을 바로잡기 위해 미세 조정을 해야 한다.

니마는 갈린 초대칭의 미세 조정에 대한 동료들의 반응을 회상한다. "학회장에 있던 사람들이 나에게 고함을 지르더군요. 그런 일을 당했던 적은 한 번도 없었어요."

오늘날의 미적 기준을 맞추지 못하면 그런 일을 당하는 건가. 나는 속으로 생각한다.

"LHC 때문에 자연스러움에 관한 관점이 바뀌신 건가요?"

"음, 사실 흥미롭죠. 요즘 많이 도는 이야기가 있어요. LHC 이전의 이론물리학자들은 초대칭이 반드시 나타날 거라고 굳게 믿었어요. 하지만 큰 타격을 입었죠. 내 생각에 전문적인 이론가들은, 그러니까 내가 이 분야 최고라고 믿는 사람들은, 이미 LEP 시대가 끝나갈 때부터 걱정했어요. 그 걱정은 [어떻게 하면 기존 데이터와의 충돌을] 피할 수 있을까 하는 염려로 바뀌었습니다. 그건 성가신 작은 문제들이었죠. 꽤 많은 사람이 LHC에 초대칭이 나타날 거라는 확신을 전혀 갖지 못했어요. 그리고 [LEP가 마지막 가동을 끝냈던] 2000년 이후 질적으로 변한 건 아무것도 없습니다. 어떤 허점은 해결됐지만, 질적으로는 변한 게 없어요.

왜 사람들이 여전히 그걸 붙들고 있느냐고 물어보셨죠? 사실 대단히 흥미로운 얘기입니다. 가장 뛰어난 학자들은 지금 일어나고 있는 일에 대해 상당히 좋은 아이디어를 가지고 있어요. 그들도 냉담하게 앉아서 LHC에서 글루이노(글루온의 초대칭 입자—옮긴이 주)가 쏟아져 나오기만 기다린 건 아니었습니다.[15] 그들도 데이터에 상당히 침착한 반응을 보였죠."

하지만 '가장 뛰어난 학자들' 중 누구도 입을 열어 LHC에서 초대칭 입자 또는 암흑물질 입자를 볼 가능성이 크다는 소문을 두고 헛소리라고 말하지 않았다. 아름다움의 논거를 믿는 과학자와 값비싼 실험의 전망에 대해 고의로 호도하는 과학자 중에, 과연 누가 더 나쁜 사람들인지 잘 모르겠다.

니마는 이야기한다. "초대칭이 있을 거라 확신했던 사람들은 이제는 초대칭이 없다고 믿습니다. 그들은 절망, 걱정, 두려움에 대해 말하고 있어요. 그런 사람들 때문에 화가 치밀어요. 그건 터무니없는 자아도취입니다. 도대체 그 사람들의 보잘것없는 삶을 누가 신경 쓴단 말입니까? 본인 말고 말이죠."

그가 대놓고 나에게 말하는 것은 아니지만, 그런 것일 수도 있겠다는 생각이 든다. 어쩌면 나는 학계에 환멸을 느끼고 떠날 구실을 찾으러 여기에 온 것인지도 모른다. 이 모든 공허한 결과를 보며 더 이상 남아 있을 이유를 찾을 수가 없었다. 그리고 내가 궁리해낸 변명에 기가 막혔다. 과학적 방법을 잘못 사용했다고 과학계를 비난하다니.

"자연에 대해 우리가 배우는 것들은 전부 놀랍습니다." 니마의 목소리에 나는 현실로 돌아온다. "새 입자를 찾으면 더 많은 단서를 얻게 됩니다. 입자가 없다고 해도 여전히 단서는 있어요. 우리가 이런 식의 표현을 사용하는 건 우리 시대의 자아도취를 보여줍니다. 더 좋은 시절이었다면 점잖은 사람들한테 이런 표현을 쓰는 게 허용되지 않았겠죠. 누가 남의 기분을 신경이나 쓰겠습니까? 이 일에 인생의 40년을 바친다 한들 그 누가 신경이나 쓰겠느냐고요? 누구도 장미 화원을 약속하지 않았습니다. 이건 리스크가 높은 사업이에요. 확실한 걸 원한다면 다른 일에 인생을 투자해야죠. 사람들은 엉뚱한 나무를 보고 짖어대는 데 수백 년을 허비했어요. 그게 우리 인생입니다."

몇 시간째 얘기 중이지만 니마의 에너지는 무한대인 것 같고, 이제는 거의 '부자연스러워' 보일 지경이다. 그의 입에서 나오는 말이 생각의 속도를 못 쫓아가면서 서로 뒤엉킨다. 그는 의자에서 들썩거리고 좌우로 몸을 튼다. 가끔은 벌떡 일어서서 칠판에 뭐라고 쓰기도 한다. 그를 바라보고 있자니 점점 늙어가는 기분이다.

"만일 그들이 절망을 느낀다는 이유로 앞으로 할 일의 계획이 변경된다면, 그거야말로 실망스러운 노릇입니다." 그가 말했다. "그건 정말 터무니없는 일이에요. 자연스러움이 정말로 오류인가를 알아내는 것은 매우 중요하니까요."

입자물리학자들은, 당연히, 벌써 새로운 충돌기 건설을 위해 로비를 벌이는 중이다. 니마가 좋아하는 중국의 원형 충돌기는 충돌 에너지가 약 100TeV까지 도달하는데, 현재 논의 중인 충돌기는 이것 말고 더 있다.[16] 일본에서 관심을 보인 국제 선형 충돌기International Linear Collider 제작도 좋은 반응을 얻고 있다. 그리고 CERN에서 둘레가 100킬로미터이고 중국 충돌기와 맞먹는 에너지에 도달하는 슈퍼 LHC 제작을 계획하고 있다. 이런 장치들이 완성되면 결국 초대칭을 발견할지도 모른다.

"초대칭은 천천히 끓이는 바닷가재 이야기나 다름없습니다." 니마는 초대칭의 과거를 회상하며 말한다. "그건 LEP 1에서 발견했어야 했어요. 1990년대에 이미 발견했어야 했다고요. 프로젝트에 참여한 이론물리학자들은 내가 진짜로 존경하는 분들인데, LEP에서 초대칭이 나타날 거라고 기대했습니다. 나도 마찬가지고요.

초대칭은 보이지 않았습니다. 사람들은 그걸 문제가 아닌 기회로 보았어요. 그들은 이렇게 생각했죠. '좋아, 이건 결국 이론에 특별한 구조가 있을 거라고 알려주는 거야.' 1990년대에는 정말로 완벽하고 합리적인 가능성이 있었어요. 그와 동시에 한계도 커졌고, 초대칭은 계속 보이지 않았죠. 그러다 1990년대에 LEP에서 측정된 게이지 결합은, 표준모형에는 충족되지 않지만 초대칭에는 맞다는 것을 확인할 만큼 충분한 정확도로 측정되었습니다."

• • •

게이지이론에서 가장 중요한 매개변수는 '결합상수coupling constant'다. 이 상수는 상호작용의 강도를 결정한다. 표준모형에는 결합상수가 세 개 있는데, 그중 둘은 약전자기 상호작용에 관한 것이고, 하나는 강한 상호작용에 관한 것이다. 이 상수들은 시간과 공간에 대하여 불변이지만, 그 값은 측정 방법의 해상도에 좌우된다. 이것은 앞서 언급한 이론 공간 흐름의 한 예다.

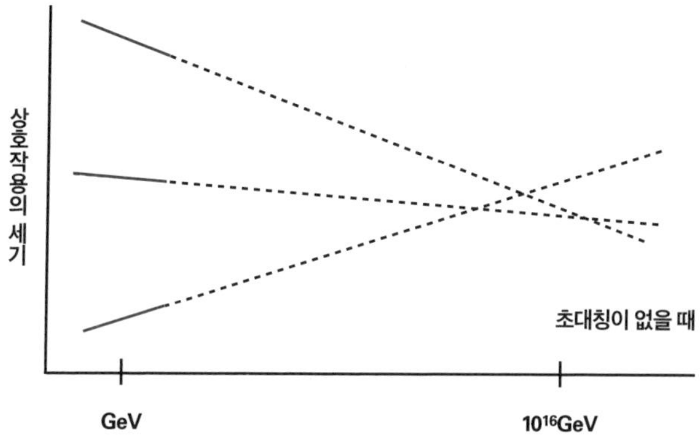

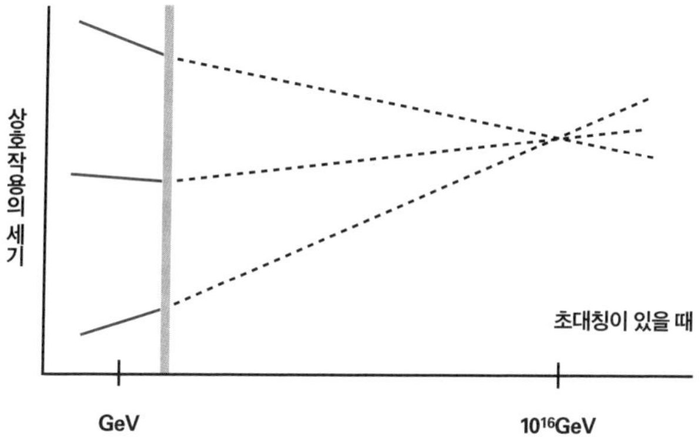

그림 8 고에너지로 측정된 상황(실선)으로부터 알려진 상호작용의 세기까지의 도식적 외삽법(점선). 초대칭이 있는 경우, 초대칭 입자들이 충돌기에서 곧 나타날 것이라 가정할 때(회색 막대 근처의 에너지에서) 곡선은 한 점에서 만난다. 통합 에너지를 지나면, 힘의 개별 강도는 의미를 잃는다.

짧은 거리를 탐색하려면 높은 에너지가 필요하기 때문에, 낮은 해상도는 낮은 에너지에, 높은 해상도는 높은 에너지에 해당된다. 그래서 고에너지 물리학에서는 이론공간 안의 흐름을 해상도가 아닌 에너지의 변화로 생각하는 것이 일반적이다. 물리학자들의 표현을 빌자면, 결합상수는 에너지와 함께 '달린다run'고 할 수 있으며, 상수들의 달리기는 계산으로 표현될 수 있다.

표준모형에 대하여 이 계산을 수행하면, 곡선들은 현재 도달할 수 있는 에너지에서의 측정과 부합한다. 고에너지에 대한 외삽법extra-polation(어떤 함수의 값이 변수의 특정 영역 내에서만 알려져 있을 때 영역 밖의 값을 추정하는 방법—옮긴이 주)을 적용했을 때, 힘의 강도는 세 개의 다른 점에서 만난다(그림 8 위). 여기에 초대칭을 추가하면 이 선들은 한 점에서 만나는데(낮은 에너지 값 측정의 정확도가 허용하는 한까지), 이를 '게이지 결합 일치gauge-coupling unification'라고 부른다(그림 8 아래). 만일 이 세상에 기본적으로 단 하나의 게이지 대칭이 있다면 기본적으로 단 하나의 결합상수가 존재하고, 세 개의 다른 결합들은 결국 한 점으로 수렴한다. 고에너지에서 초대칭이 상수들을 한 점에서 만나게 한다는 점이 초대칭을 추구하는 가장 강한 동기 중 하나였다. 게이지 결합 일치는 필요한가? 아니다. 이것은 예쁜가? 분명 그렇다.

• • •

"초대칭에 대한 흥미가 정점에 이른 것은 아마도 1991년과 1992년이었던 것 같아요." 니마가 말한다. "이후로 흥미는 점점 감소했습니다.

LEP 2에서도 초대칭이 보이지 않았을 때는, 학계의 수많은 사람이 이건 문제가 있다고, 그게 더 일찍 보였어야 한다고 말했죠. 초대칭 입자가 나타나지 않는다면, 왜 게이지 결합 일치가 작동하는 걸까요? 암흑물질은 어떻고요. 왜 그게 작동하는 걸까요?"

"글쎄요. 그게 작동하는 건지 아닌지 우리는 모르죠." 내가 말한다.

"물론입니다. 물론 그래요." 니마도 동의한다.

"확실한 건 아니고, 후보 정도는 되지 않을까요?"

"좋습니다." 그가 말한다. "그럼 왜 후보가 되는 것 같을까요? 왜 그것이 작동을 원하는 것처럼 보이는 걸까요?"

나는 입을 다문다. 그 모든 것이 의미 없는 우연의 일치라고 믿기 어렵다. 초대칭은 자연스러운 통합을 향한 탐사를 계속해나가고, 멋지게 작동하고, 편안하게 들어맞는다. 이 모든 게 집단적 사고를 하는 물리학자들의 희망사항일 수는 없다. 바보인 내가 맞거나, 아니면 각종 상을 수상한 수천 명의 사람이 맞거나 둘 중 하나다. 내가 이길 가능성은 없다.

"왜 사람들이 여전히 그걸 붙들고 있느냐 하는 질문으로 다시 돌아가면." 니마가 침묵을 깨고 말한다. "먼저 초대칭에 대한 흥미는 곤두박질쳤습니다. 그런데도 초대칭 연구자들이 여전히 있단 말이죠. 학계에는 수많은 병폐가 있는데, 그중 하나가 했던 걸 계속하려 한다는 겁니다. 어찌 된 일인지는 몰라도 사람들이 전부 박사학위 연구를 '해석적 연속'으로 계속한다는 것이 밝혀졌죠.• 한 가지 좋은 점은 실험물리학자들은

• 업계 사람들의 농담이다. 실수 평면에서 정의되는 함수는, 어떤 특정한 좋은 성질을 요구함으로써 복소평면으로 계속 확장될 수 있다. 이런 확장을 함수의 '해석적 연속analytic continuation'이라고 한다. 니마의 말은 이미 하고 있던 일을 계속한다는 의미다.

상관하지 않는다는 겁니다."

"글쎄요. 그래도 실험물리학자들에게 어디를 봐야 하는지 알려주려면, 이론물리학자들이 필요하잖아요."

"맞습니다." 그가 말한다.

나는 우리가 옳은 길에 올라섰다고 합의했다는 게 기쁘다. 모든 것이 좋다. 이제 다시 사업을 구상하고, 차세대 충돌기를 제작하고, 힉스 입자에 대해 알아내보자. 우리에겐 도움을 줄 철학자 따위 필요 없다.

프랑크푸르트로 돌아오는 비행기 안에서, 한 발 떨어져 니마의 열정을 바라보니 그가 왜 영향력 있는 사람이 되었는지 알 수 있었다. 나와 달리 그는 자신이 하는 일을 믿었다.

이중광자 설사가 시작되다

2015년 12월 15일이다. 전 세계에 있는 수천 명의 동료들처럼, 나도 CERN에서 송출하는 영상을 실시간으로 보고 있다. 오늘 LHC의 가장 큰 실험인 CMS와 ATLAS의 공동 연구자들이 2차 가동에서 얻은 첫 번째 결과를 발표할 것이다. 이번 측정 결과는 이전의 어떤 실험보다도 짧은 거리를 탐사한 결과다.

CMS팀의 짐 올슨이 연단에 올랐다. 그는 검출기 설계와 협동 작업의 분석 방법을 설명했다. 앞으로 빨리감기를 할 수 있으면 좋겠다. 오늘은 표준모형에 미세한 금이 간 최초의 날이 될 수도 있다. 나는 냉장고에 붙일 사진이 아니라 데이터를 보고 싶다!

첫 번째 가동 중 표준모형의 예측에서 어떤 작은 편차가 보였다. 이런 편차는 대부분 우연히 나타난 것이고, 무작위적 요동의 결과일 수도 있다. 따라서 과학자들은 우리가 현재 가진 최상의 이론에서 생기는 모든 요동에 대한 신뢰도를 측정하고, 이 편차가 단순한 우연의 일치일 확률을 정량화한다. 첫 번째 가동에서 보인 데이터의 돌출 신호들이 우연일 확률은 100분의 1 정도였다. 이런 요동은 늘 나타났다 사라진다. 이 정도로 흥분할 일은 아니다.

올슨은 CMS팀의 결과를 설명했다. 첫 번째 가동에서 보인 모든 요동이 사실상 유의미하게 감소했다. 다시 말해 그 요동은 무작위적인 잡음이라는 것이 확실하다. 두 팀은 협력하여 최근 몇 년 동안 인기 있던 아이디어의 조짐을 찾아 2차 가동 데이터를 분석했다. 그리고 아무것도 찾지 못했다. 덧차원, 초대칭 입자, 미니 블랙홀, 4세대 페르미온. 이 모든 것의 증거는 없었다. 언론이 주목하고 있었지만, 발표 내용은 공허한 결과의 나열이었다. 지금쯤 고든 케인은 무슨 생각을 하고 있을까.

그러나 거의 막바지에 올슨이 표준모형의 새로운 편차를 공개했다. 한 건의 붕괴에서 일어난 너무나도 많은 이벤트 가운데, 두 개의 광자를 남긴 이벤트가 있었다. '이중광자 변칙diphoton anomaly'이라고 명명된 이 현상은 기존 예측 중 어떤 것과도 맞지 않았다. 이 현상은 표준모형과 양립할 수 없다. 우리가 아는 모든 이론과도 양립할 수 없다. 여기까지 발표하고 올슨은 ATLAS 협력팀의 마루미 카도에게 발언권을 넘겼다.

카도의 발표 내용도 거의 같았다. 요동은 희미해졌지만, ATLAS 역시 있어서는 안 되는 과도한 이중광자를 관측했다. 이 두 실험 팀이 독립적으로 이것을 봤기 때문에 요동이 단순한 우연의 일치일 가능성은 상당히 낮았다. 두 결과를 합치면, 이중광자 잉여가 무작위적인 요동일 확률은 1만분의 3이라는 결론이 나온다. 이 정도면 입자물리학자들이 새로운 발견이라고 판단하는 확실함의 기준과는 거리가 멀었다. 확실하다고 믿을 수 있는 확률은 대략 350만분의 1이다. 그러나 이 발견이 지금보다 조금 더 기본적인 자연법칙으로 향하는 첫걸음일 수는 있겠다는 생각이 들었다. 우리는 이것이 과연 무엇일지 토론했다.

다음날, 출판전 논문 공개 서버 arXiv.org에 이중광자 변칙에 관한 새로운 논문이 열 편 등재되었다.

간단히 말해서

- 이론물리학자들은 지금까지 찾아낸 자연법칙에 불만이 많다. 특히 그들은 부자연스러운 수를 싫어한다.
- 자연스러움은 최소 16세기부터 이론 개발의 안내자로 사용되었다. 자연스러움은 가끔은 잘 작동하고, 가끔은 그렇지 않다.
- 자연스러움은 수학적 기준이 아니라 수학적으로 공식화된 미적 요건이다. 자연스러움의 사용은 성공 사례가 부족하기 때문에, 실험을 바탕으로 해도 정당화하기는 어렵다.

5장

이상적인 이론

나는 과학의 끝이 어디인지 찾아나서지만
이론물리학자들의 상상력은 끝이 없다는 것을 알게 된다.
오스틴으로 날아가 스티븐 와인버그의 일장연설을 들으며
우리가 단지 지루함을 벗어나기 위해
얼마나 많은 일을 하는지 깨닫는다.

날 놀라게 해봐, 너무 많이는 말고

바흐와 비틀즈가 공통점이 얼마나 많은지 알게 된다면 아마 놀랄 것이다.

1975년에 버클리 대학교의 물리학자 리처드 보스와 존 클라크는 전자 장치의 잡음을 연구했다.[1] 그러면서 재미삼아 자신들의 연구를 다양한 종류의 음악에 적용했다. 놀랍게도 그들은 서양 음악, 동양 음악, 블루스, 재즈, 클래식 등 다양한 장르의 음악이 공통적으로 가진 패턴을 발견했다. 소리의 크기와 음의 높낮이는 음악의 종류에 따라 다르지만, 전체적인 변화량은 공통적으로 진동수의 역수, 즉 '$1/f$ 스펙트럼'이라고 하는 양에 비례해서 감소했다. 다시 말해 변화의 길이가 긴 경우는 드물지만, 특별히 선호하는 길이는 없으며 어떠한 길이든 가질 수 있다는 것이다.

음절의 길이나 비트가 음악의 종류를 결정한다는 예상과는 대조적으로, $1/f$ 스펙트럼은 (이론적으로) 일반적인 시간 척도가 없다. 따라서 음악 안의 소리 패턴은 전체 시간 척도에 걸쳐 자기 유사성 또는 '상관관계'를 갖는다. 백색잡음은 일정한 스펙트럼을 가지며 요동 사이의 상관관계가 없다. 이에 반해 음의 높낮이가 근접한 음으로 무작위적으로 이어지는 멜로디에는 강한 상관관계가 존재하며, $1/f^2$ 스펙트럼을 갖는다. 보스와 클라크는 그 사이 어딘가에 바흐, 비틀즈, 그리고 라디오에서 나오는 다른 모든 음악이 있다는 사실을 발견했다.[2]

이 내용을 직관적으로 보면, 좋은 음악은 예측 가능과 예측 불가능 사이 어딘가에 존재함을 의미한다. 우리는 라디오를 켜면서 좋은 음악을 듣고 놀라기를 바라지만, 너무 많이 놀라는 것은 바라지 않는다. 당연한 일이지만 대중음악은 단순한 작곡법에 따라 만들어지고, 화음이 반복될 때 쉽게 흥얼거릴 수 있는 노래가 된다.

이러한 관찰은 인간 삶의 다른 분야에도 적용될 수 있다. 미술, 문학, 과학에서도 우리는 놀라기를 원하지만, 너무 많이는 아니다. 소리 패턴보다 정량화하기 어렵지만, 과학 논문도 옛것과 새것 사이에서 균형을 맞춰야 한다. 참신함은 좋지만, 그로 인해 대중에게 너무 과한 반응을 기대한다면 마냥 좋지만은 않다. 진짜 팝스타들은 과학계의 스타들과 마찬가지로 그 경계에 사는 사람들이다. 우리는 그들의 작품을 보고 이마를 치며 "맙소사, 왜 난 그 생각을 못 했지?"라고 중얼거린다.

예술과 달리 과학적 발상은 그 자체로 끝이 아니다. 과학적 발상은 자연을 서술하는 마지막 수단이다. 과학에서 새로운 데이터는 변화를 불러올 수 있다. 그러나 새 데이터가 없으면 과거의 히트작을 뻔한 스타일로 다시 만들어낸다. 물리학의 새 이론들은 새 팝송들처럼 익숙한 주제 위에서 변주된다.

• • •

오늘날 이론물리학의 인기 주제는 단순성, 자연스러움, 우아함이다. 이 용어들은 엄밀히 말해 한 번도 정확히 정의된 적이 없고, 나 역시 이 용어들을 정의하려고 하지 않겠다. 여기에서는 이 용어들이 어떻게 사용되는지만 설명하겠다.

단순성

단순성이란 일을 덜 한다는 뜻이다. 아인슈타인이 관찰했듯이, 이론은 "최대한 단순해야 하고, 더 이상 단순해서는 안 된다". 단순성이란 요구 조건 자체는 이론 개발에 사용될 수 없다. 현재 우리 우주를 서술하는 이론들보다 더 단순한 이론이 많기 때문이다. 먼저 거기에 우주가 있어야 할 이유가 아예 없고, 우주가 물질을 품고 있어야 할 이유도 없다. 좀 덜 허무한 예를 들자면, 2차원 안에서 중력의 양자화는 훨씬 단순하다. 다만 우리가 그런 우주에서 살고 있지 않을 뿐이다.

단순성은 한낱 상대적인 가치일 뿐이다. 우리는 다른 이론'보다' 단순한 이론을 원할 수 있지만, 단순성만을 바탕으로 이론을 세우는 작업에 착수하지 않는다.

같은 결과를 내놓는 두 이론 가운데 과학자들이 궁극적으로는 단순한 이론을 선택하리라는 것은 거의 동어반복적인 진실이다. 왜 인생을 쓸데없이 일부러 어렵게 만들고 싶겠는가? 역사적으로 볼 때 단순성이

다른 가치, 이를테면 행성 원운동의 아름다움 같은 가치와 충돌할 경우 선택에 갈등이 있던 사례는 있다. 그러나 게으름이 항상 이긴다. 적어도 지금까지는 그렇다.

'거의' 동어반복적이라고 말한 이유는 단순성이 정확성과 끊임없이 경쟁하기 때문이다. 매개변수들이 추가되고 그로 인해 단순성이 떨어지면 일반적으로 데이터에 더 잘 들어맞고, 우리는 통계적 방법들을 사용해 데이터에 더 잘 들어맞게 만든 새 변수들이 적합한 것인지 계산할 수 있다. 여기에 사용되는 방법들의 장단점을 논할 수도 있지만, 지금은 단순성과 충돌할 수 있는 이론 확장은 '현상학phenomenology' 분야에서 다루고 있다고 언급하는 정도로 넘어가겠다.[3]

객관적으로 단순성을 가늠하는 방법은 '계산 복잡도computational complexity'를 확인하는 것이다. 계산 복잡도는 계산을 실행하는 컴퓨터 프로그램의 길이로 측정된다. 컴퓨터 코드로 변환될 수 있는 이론이라면 원칙적으로 모두 계산 복잡도를 정량화할 수 있으며, 물리학에서 현재 사용되는 이론도 여기에 포함된다. 그러나 우리는 컴퓨터가 아니고, 계산 복잡도를 실질적인 측정 도구로 사용하지 않는다. 그 대신 단순성에 관한 인간의 아이디어는 얼마나 쉽게 응용될 수 있느냐에 더 중점을 둔다. 이는 아이디어를 이해하고, 마음속에 기억하고, 논문이 세상에 나올 때까지 밀어붙이는 인간의 능력과 밀접한 관련이 있다.

새롭게 추정되는 자연법칙을 단순하게 만들기 위해, 이론물리학자들은 가정의 개수를 최소화하려 노력한다. 이는 매개변수의 개수, 장field의 개수, 더 일반적으로 이론에 포함되는 공리axiom의 개수를 줄이면 가능하다. 이를 위한 가장 보편적인 방법은 지금으로서는 대칭을 통합하고 추가하는 것이다.

기본 이론에 설명할 수 없는 변수들이 포함되어서는 안 된다는 것은 아인슈타인의 꿈 중 하나이기도 했다.

> 자연이 결정하는 법칙에는 합리적으로 완벽하게 결정된(즉 이론을 완전히 무너뜨리지 않는 이상 바뀌지 않는) 상수만 포함되고, 자연은 그런 법칙만 결정하도록 구성되어 있다.[4]

오늘날에도 이 꿈은 연구를 이끄는 주요 동력이다. 그러나 더 기본적인 이론은 반드시 더 단순해야 하는가? 우리는 그 답을 모른다. 더 기본적인 이론이 더 단순해야 한다는, 적어도 우리가 인지하는 수준까지 단순해야 한다는 가정은 희망사항일 뿐이며, 이를 기대할 만한 이유는 사실상 없다.

자연스러움

단순성은 가정의 개수를 따지지만, 자연스러움은 가정의 종류를 따진다. 다시 말해 '자연스러운' 이론은 입맛에 맞는 가정들만 골라 쓰면 안 된다고 요구함으로써 인위적인 요소를 배제한다.

기술적 자연스러움은 양자장이론에만 적용된다는 점에서 일반적인 자연스러움과 구분된다. 그러나 두 자연스러움은 기본적인 공통점이 있다. 우연히 일어났을 것 같지 않은 가정은 피해야 한다는 것이다.

자연스러움의 기준이 무용지물이 되지 않으려면 추가적인 가정들이 필요하다. 이 가정들은 설명할 수 없는 선택을 요구하고, 그로 인해 다시금 입맛에 맞는 가정들만 고르는 상황이 발생한다. 문제는 어떤 일이 우연히 일어나는 경우의 수는 무한하기 때문에, 우연을 언급하는 것 자체가 이미 선택을 요구한다는 것이다.

이런 경우를 생각해보자. 평범한 주사위를 던질 때 1부터 6 사이의 수가 나올 확률은 똑같이 1/6이다. 그러나 모양이 특이한 주사위라면 각각의 수가 나올 확률은 달라질 수 있다. 특이한 모양의 주사위는 다른 '확률분포'를 가지고 있다고 말한다. 확률분포란 각각의 결과가 일어날 확률을 서술하는 함수고, 결과 확률 전체의 합이 1이기만 하면 어떠한 함수든 가능하다.

추가 조건 없이 어떤 사건이 무작위적이라고 말할 때는 일반적으로 이 사건이 균등한 확률분포를 갖는다는 의미다. 즉 평범한 주사위처럼 각각의 결과의 확률이 모두 같은 분포라는 뜻이다. 하지만 하나의 이론에 포함된 매개변수의 확률분포가 왜 균일해야 하는가? 우리는 관측 내용을 서술하는 단 하나의 변수 집합만 가지고 있다. 그러니까 누군가 우리에게 주사위를 딱 한 번 던졌을 때의 결과를 알려준 것과 마찬가지다. 그것만으로는 주사위가 어떻게 생겼는지 알 수 없다. 평범한 주사위 같은 균일한 확률분포는 아름다워 보일지도 모른다. 그러나 바로 그런 인간의 선택이 자연스러움이 배제하고자 하는 인위적 요소다.•

최악의 문제는 설령 입맛에 맞는 확률분포를 고른다 해도 자연스러

• 부록 B에서 이 내용을 기술적으로 설명하겠다.

움의 기준이 여전히 무의미하다는 것이다. 우리가 생각해낼 수 있는 모든 이론을 자연스러움의 기준이 곧바로 부자연스러운 것으로 만들어버리기 때문이다. 그 이유는 자연스러움의 요건이 현재로서는 단 한 가지 종류의 가정, 즉 무차원수에만 선택적으로 적용되기 때문이다. 그러나 우리는 이론을 개발하는 과정에서 '단순히' 관측 결과를 설명한다는 이유로 수많은 가정을 선택해 사용한다. 우리는 이 문제를 이야기하지 않는다.

한 가지 사례는 진공의 안정성이다. 진공 안정성의 가정은 우주가 자발적으로 무너지거나 그 안의 모든 것을 산산조각 내지 않는다는 일반적인 확신이다. 충분히 합리적인 확신이기도 하다. 그러나 우주가 무너지고 모든 게 산산조각이 날 수 있는 '나쁜' 이론도 수없이 많다. 이런 이론들은 수학적으로 틀리기 때문에 나쁜 것이 아니다. 이런 이론들이 나쁜 이유는 우리가 보는 것을 서술하지 않기 때문이다. 진공의 안정성은 자연을 서술할 목적으로 선택된 가정이지만, 그럼에도 그것이 '입맛에 맞는 선택'이고 '부자연스럽다'라고 불평하는 사람은 아무도 없다. 가정 중에는 어떤 가능성이 있기 때문이 아니라 단순히 그것이 작동하고 있기 때문에 선택받는 경우가 대다수다. 우리가 이런 가정들을 '단지 그런 이유로' 받아들이고 있다면, 왜 변수의 선택은 받아들이지 않는 것인가?

어쩌면 여러분은 이렇게 말할지도 모르겠다. "글쎄요. 어디서든 출발해야 하잖아요. 먼저 매개변수를 설명하고 복잡한 가정들은 나중에 얘기하는 게 좋지 않을까요."

나는 이렇게 대답하겠다. 우리가 왜 이런 가정들을 사용하는지 그 타당성을 입증하려는 시도는 논리적인 헛소리에 불과하다. 만일 수학 아닌 다른 수단으로 가정을 선택하는 관례를 인정하지 않는다면, 물리학 이론에서 허용되는 유일한 요건은 수학적 일관성뿐이다. 그 결과, 논리적으로 일관된 모든 공리 집합은 똑같이 좋은 것이고, 이러한 것은 무수히 많다. 그러나 자연을 서술하기에는 완전히 무용지물이다. 우리는 그저 일관된 이론들을 나열하려는 게 아니라 관측 결과를 설명하고 싶은 것이다. 관측 내용을 설명하기 위해서는 필연적으로 예측과 관측 결과를 비교해 이론에 쓸모 있는 가정들을 골라야 한다. 이런 일은 우리가 자연스러움 같은 이상적인 개념에 사로잡히기 전에 했던 일이다.

왜인지는 몰라도 1과 가까운 숫자는 바람직하다는 생각도 따지고 보면 수학에 기초를 둔 것이 아니다. 사람들이 잘 모르는 수학의 분야들을 조금만 공부하면, 입맛에 맞는 모든 크기와 형태의 수들을 만날 수 있다. 한 가지 놀라운 예를 들면, '괴물 군monster group'이라는 참으로 적절한 이름을 가진 수가 있다. 이 수는 808,017,424,794,512,875,886,459,904,961,710,757,005,754,368,000,000,000이다.

자릿수를 헤아리는 번거로움을 원치 않는 독자를 위해 대신 헤아려 드리자면 이 수는 대략 10^{54}에 가깝다. 다행스럽게도 오늘날의 물리학에서 이 정도 크기의 수를 다뤄야 하는 일은 없다. 만일 그랬다면 누군가 이미 괴물 군을 사용하려 시도했을 것이다.

그러니까 기분이 좋아지는 바람직한 수에 대한 우리의 사랑을 수학 탓으로 돌릴 수는 없다.

내 말을 오해하지 마시기 바란다. 나도 우리가 만드는 가정들에 대해 더 나은 설명을 찾는 것이 대체로 바람직하다는 데 동의한다. 다만 어떤 문제들은 길가에 버려지는데, 어떤 수들만 특별히 설명이 필요하다는 생각에 이의를 제기하려는 것이다.

자연스러움이 언제나 무용지물은 아니라는 말도 덧붙이겠다. 우리가 확률분포를 제대로 안다면, 예를 들어 우주에서 별의 분포라던가 매질 요동의 분포를 안다면 자연스러움 기준을 적용할 수 있다. 그러면 별과 별 사이 거리가 어느 정도면 '자연스러운지', 또 어떤 사건이 '일어날 법한' 사건인지를 알 수 있다. 표준모형처럼 검증을 통해 자연스러운 변수를 가진 것으로 판명되는 그런 이론이 있다면, 그 규칙성을 추론하고 이를 바탕으로 예측하는 것은 합리적이다. 그 예측이 실패하면, 우리는 이를 잊지 말고 앞으로 나아가야 한다.

학계에서 자연스러움이 우세하다는 것은, 결국 새로운 물리학이 '자연스럽게' 실험 범위 안에서 나타나야 한다는 근거가 없으면 그 실험의 당위성을 누구에게도 설득할 수 없다는 의미다. 그러나 자연스러움은 기본적으로 미학이기 때문에, 우리는 항상 새로운 논거를 고안해 숫자를 고친다. 그 결과 지난 수십 년간 앞으로 수행할 실험으로 측정할 수 있는 새로운 효과들을 예측했다. 그리고 그 실험에서 아무것도 찾지 못하면 예측은 그다음 실험 범위 안에 들어가도록 수정되었다.

우아함

우아함은 물리학의 기준들 가운데에서도 가장 규정하기 어렵다. 우아함은 흔히 단순성과 놀라움의 결합으로 설명되며, 이들이 합쳐질 때 새로운 지식을 깨닫게 된다. 우리가 '아하!' 하고 깨닫는 순간 우아함을 발견하는데, 바로 이때가 모든 것이 제자리를 찾아가는 통찰의 순간이다. 철학자 리하르트 다비트는 이 순간을 "모든 설명이 예상치 못하게 종결되는" 상황이라고 언급한 바 있다. 이전에는 서로 관련 없던 것들 사이에 뜻하지 않은 연결고리가 발견된 것이다. 그러나 이 단순함이 복잡함을 낳고, 미지의 영역에 대한 새로운 전망과 경제성을 벗어나는 풍부한 짜임새를 안겨 주기도 한다.

우아함은 뻔뻔하도록 주관적인 기준이고 막강한 영향력을 갖고 있지만, 이 기준을 이론 개발에 사용할 수 있도록 공식화하려는 시도는 지금까지 아무도 한 적이 없다. 리하르트 다비트가 이론 평가를 위한 방법을 제안하면서 우아함을 '예상치 못한 설명의 종결'로 설명한 것이 그나마 최초의 시도였다. 그러나 설명의 종결이라는 내용도 일관성에 관한 요구 조건이므로, 결국은 품질 요건에 해당한다. 그리고 종결이 '예상치 못한' 것이어야 한다는 내용에 대해서라면, 이는 수학으로 유도하기 전 수학적 결과를 예상하는 인간의 능력에 관한 명제다. 따라서 다시 주관적인 기준으로 돌아간다.

그렇다면 아름다움이란 앞에서 말한 단순성, 자연스러움, 그리고 약간의 예상치 못함을 조합한 것이다. 우리는 이 규칙에 따라 게임을 한다. 결국 아무도 너무 많이 놀라고 싶지는 않은 것이다.

• • •

동료들이 왜 그렇게 아름다움에 의존하는지를 따져볼수록 터무니없어 보일 뿐이다. 나는 수학적 견고성을 포기해야 했는데 그 이유는 그것이 선험적인 진리 선택에 달려 있기 때문이다. 선험적인 진리 선택 그 자체도 견고한 것은 아니어서, 아이디어를 부조리한 것으로 만들어버린다. 게다가 단순성, 자연스러움, 우아함의 수학적 기반도 찾을 수 없고, 이 세 가지 기준은 결국 주관적이고 인간적인 가치로 회귀하고 말았다. 이런 기준을 사용하면서 우리는 과학의 경계를 넘고 있고, 나는 이런 상황이 두렵다.

나는 이론물리학자들이 집단 망상에 빠졌고, 비과학적인 절차를 깨달을 능력도 의지도 없다고 의심한다. 그 의심은 점점 커지고 있다. 내가 의심에서 벗어날 수 있도록 누군가 나를 설득해야 한다. 이 세 가지 기준이 작동하는 것을 경험한, 내가 못 본 것을 경험한 그런 사람과 대화해야 한다. 다행히 그런 적임자를 하나 알고 있다.

말 사육

이곳은 1월의 텍사스주 오스틴이다. 스티븐 와인버그와의 약속시간에 늦을까 봐 겁이 나서 한 시간 일찍 도착했다. 큰 컵에 담긴 커피가 당길 시간이다. 컵을 반쯤 비웠을 때, 젊은 남자가 나에게 같이 앉아도 되냐고 묻는다. 물론이죠, 나는 대답한다. 그는 커다란 책을 읽으며 노트 필기를 시작한다. 나는 곁눈질로 방정식을 힐긋 본다. 고전역학이다. 이론물리학 첫 학기의 시작.

학생 무리가 대화를 나누며 옆을 지나친다. 나는 학구적인 남학생에게 저 학생들이 어느 강의를 듣고 나온 건지 아냐고 묻는다. "아뇨, 미안합니다." 남학생도 여기 온 지 2주밖에 되지 않았다고 덧붙인다. "전공하고 싶은 분야는 결정했어요?" 내가 묻는다. 남학생은 나에게 브라이언 그린의 책을 읽고 끈이론이 무척 흥미로워졌다고 대답한다. 나는 끈이론이 가장 괜찮은 이론은 아니며, 물리학은 수학이 아니고, 올바른 이론을 찾는 데 논리만으로는 충분하지 않다고 말한다. 그러나 내 의견이 브라이언 그린을 이길 것 같지는 않다.

남학생에게 내 이메일 주소를 적어주고, 자리에서 일어나 창문 없는 복도를 따라 걷는다. 낡은 학회 포스터들과 세미나 공지를 지나 '교수 스티븐 와인버그'라고 쓰인 현판이 붙은 문을 발견한다. 안을 들여다보니 교수는 아직 도착하지 않았다. 와인버그의 비서가 나를 못 본 척해서, 나는 그냥 기다린다. 복도에서 발소리가 들린다.

"작가가 찾아와서 얘기하기로 했는데요." 와인버그는 주위를 둘러보지만, 그곳엔 나밖에 없다. "당신이 그 작가인가요?"

언제나 무능한 인간이 된 기분을 느낄 기회를 기를 쓰고 찾아다니는 나는 '네'라고 대답한다. 그러면서 속으로 '내가 지금 여기 있으면 안 되는데. 책상 앞에 앉아 논문을 읽으면서, 연구계획서 초안을 쓰거나 논문을 심사하고 검토서를 써야 하는데'라고 생각한다. 과학계는 치료할 필요도 없고 치료를 원하지도 않는데, 굳이 내가 과학계를 정신 분석하겠다고 나설 일이 아니었다. 내가 아닌 다른 무언가인 척해서도 안 되는 것이었다.

와인버그는 눈썹을 치켜뜨며 연구실을 가리킨다.

내 연구실 면적의 반밖에 되지 않는 그의 연구실을 관찰하면서, 노벨상 수상자가 되겠다는 나의 보잘것없는 야망은 곧바로 증발한다. 내 연구실엔 이곳 벽에 걸린 온갖 영예로운 직함이 없다. 책상에는 내가 집필한 책도 없다. 와인버그의 책상에는 대충 봐도 열두어 권 정도가 나란히 꽂혀 있는데.

그가 쓴 『중력과 우주론 *Gravitation and Cosmology*』은 내가 처음으로 사서 간직한 교과서다. 정말이지 충격적일 만큼 비싼 책이어서 어디다 잘못 두고 잃어버릴까 봐 일 년 내내 들고 다녔을 정도다. 그 책을 들고 체육관도 가고, 그 책을 깔고 밥도 먹고, 그 책을 안고 잠도 잤다. 심지어 펼쳐 읽어보기도 했다.

짙은 파란색의 밋밋한 표지에 금박으로 표제가 새겨진 책이었다. 언제나 먼지가 한 겹 정도는 기본적으로 쌓이는 책이다. 내 책장에 꽂힌 책들은 대부분 아인슈타인과 하이젠베르크와 동시대를 살았던 사람들이 쓴 책인데, 그 책의 저자는 그들과는 달리 아직도 살아 있다는 사실을 발견했을 때 내가 얼마나 기뻤을지 상상해보시라. 저자는 살아 있을 뿐 아니라 이후로도 양자장이론에 관한 책을 세 권이나 더 발표했다. 나는 그 책들도 품에 안고 잤다.

이제 80대 중반이 된 와인버그는 여전히 연구하고 여전히 책을 쓴다. 새 책이 조만간 출간될 예정이다. 왜 연구를 하면서 아름다움과 자연스러움에 기대야 하는지를 나에게 말해줄 수 있는 사람이 이 행성에 존재한다면, 바로 와인버그다. 나는 노트를 손에 꼭 쥐고, 작가처럼 보이기를 간절히 바라며 자리에 앉는다.

'그래, 드디어 그 빌어먹을 말 사육사 이야기를 할 수 있게 됐어.' 속으로 생각하며 녹음기를 켠다.

"그 말 사육사의 비유 말인데요. 그 비유는 이론을 세울 때 아름다움에 주목하는 것이 경험에 근거함을 암시하는 내용인 것 같은데요?"

"네, 그래요." 와인버그는 말했다. "아리스토텔레스가 살았던 그리스 시대로 돌아가보면……."

동료들은 나에게 와인버그는 함께 대화하는 사람이 아니라 일방적으로 연설하는 사람이라고 알려주었다. 이제야 그 말의 의미를 알겠다. 와인버그의 입에서 나오는 말을 그대로 인쇄하면 곧장 책으로 만들 수 있을 것 같다.

"아리스토텔레스가 살았던 그리스 시대로 돌아가보면, 당시 사람들은 올바른 것을 감지하는 정신적 감각이 내재해 있다고 느꼈던 것 같습니다. 예를 들어 파르메니데스는 자연에 대하여 깜짝 놀랄 만큼 단순한 이론을 가지고 있었습니다. 자연은 아무것도 변하지 않는다는 것이었지요. 그 이론은 사실 경험적으로 모순입니다. 그러나 그는 자신의 불변 이론과 주위의 자연현상을 결합시키려고 노력한 적이 없었어요. 파르메니데스는 자신의 이론이 단순함과 우아함을 바탕으로 나온 것이라 주장했는데, 내가 볼 땐 변화가 불변보다 덜 고상하다는 속물근성의 일종이에요.

우리는 파르메니데스보다 더 많은 걸 알게 되었습니다. 어떤 이론이 미학적 아이디어로 제안되더라도, 그 이론들은 어떤 식으로든 실제 경험에 직면해야 한다는 걸 배웠죠. 시간이 흐르면서 미적 감각으로 제안된 이론만 경험에 직면하는 게 아니라 우리의 미적 감각 자체도 경험에 의해 서서히 변화한다는 것도 배웠어요.

예를 들어, 자연에 대한 전체론적 견해라는 경이로운 개념, 인간의 삶에 영향을 미치는 가치들, 즉 사랑, 증오, 불화, 정의 등이 무생물 세계에도 적용될 수 있다는 개념, 이런 자연의 전체론적 그림을 보여주는 전형이 점성술일 텐데, 천국에서 일어나는 일들이 인간에게 일어나는 일과 직접적인 관련이 있다는 개념이죠. 인류는 이런 개념들을 대단히 아름답다고 생각했습니다. 모든 것의 통합 이론이었으니까요. 그러나 우리는 그것을 포기하라고 배웠습니다. 우리는 자연법칙에서 더 이상 인간의 가치를 찾지 않습니다. 아낙시만드로스가 그랬던 것처럼 '단지' 결론에 도달하기 위해 비활성 기본 입자나 핵반응 내 산란을 논하지 않아요.

우리의 미적 감각은 바뀌었습니다. 내가 쓴 책에서도 설명했듯이, 지금 우리가 추구하는 아름다움은 예술도 아니고 인테리어 장식도 아니고, 물론 말 사육도 아닙니다. 우리가 물리학 이론에서 찾는 아름다움은 바로 견고함의 아름다움입니다. 우리는 최대한의 범위 안에서 수학적 모순 같은 불가능성으로 이어지지 않으면서 변화할 수 없는 이론을 원해요.

일례로 기본 입자의 표준모형은 여섯 종류의 쿼크와 여섯 종류의 렙톤을 포함합니다.• 그러니까 그것들은 개수가 같습니다. 일대일대응이 되니까 아주 예쁘다고 말할 수도 있겠죠. 하지만 여기에서 정말로 예쁜 것은 만일 일대일대응이 없다면, 수학적 일관성도 사라진다는 것입니다. 방정식들은 '변칙anomaly' 문제를 갖게 되면서 일관성을 잃어요. 표준모형의 일반적인 형식 안에서는 같은 수의 쿼크와 렙톤이 있어야 합니다.

• 렙톤은 표준모형 페르미온 중 쿼크가 아닌 입자다.

우린 그게 아름답다는 것을 깨달았어요. 첫째, 그게 우리가 가진 설명에 대한 열망을 만족시키기 때문입니다. 우리는 여섯 종류의 쿼크가 존재한다는 것을 알고, 왜 렙톤도 여섯 종류가 존재하는지 이해할 수 있습니다. 게다가 우리가 필연적인 뭔가를 다루고 있다는 기분도 만족시켜 주죠. 우리가 가진 이론은 그 자신을 설명할 수 있는 이론입니다. 완전히는 아니지만요. 왜 그 개수가 4도, 12도, 다른 짝수도 아닌 6인지는 모르니까요. 어느 정도의 범위에서는 수학적 일관성 측면에서 그 자신을 잘 설명합니다. 이로써 우리가 이 세상에 대한 설명을 찾아 더 멀리 나갈 수 있으니 멋진 일이죠. 내 최신 책의 제목으로 사용하기에도 멋지고요(국내에는 『스티븐 와인버그의 세상을 설명하는 과학』으로 출간되었다—옮긴이 주)."[5]

그의 말을 요약하자면, 우리가 예전 사람들보다 훨씬 더 똑똑해진 이유는 막연하거나 상호모순적인 가설을 사용하지 못하도록 수학이 막아주기 때문이다. 그가 이야기하는 대로라면, 이론물리학자들은 과학계의 반신반인이고, 최종 이론의 꿈에 점점 가까워지고 있다. 아, 나도 정말이지 그 말을 믿고 싶다! 하지만 그럴 수가 없다. 그리고 내 믿음의 소멸이 나를 이곳으로 데려온 만큼, 나는 '자기 자신을 설명하는 이론'이라는 아이디어에 반기를 든다.

"수학적 일관성은 상당히 미약한 요구 조건으로 보입니다. 수학적 일관성을 갖추고 있으면서도 이 세상과는 아무 상관없는 것이 무수히 많잖아요."

"그래요, 그 말이 맞습니다." 와인버그가 말한다. "내가 생각하기에도 수학적 일관성은 가능성 있는 이론을 확인할 만큼 충분히 강력한 요건은 아니에요. 우리가 바랄 수 있는 최선의 이론은 내용이 풍부하고, 수많은 현상을 포함하고, 특히 생명 발현을 가능하게 하는, 그러면서도 수학적 일관성을 지닌 유일한 이론이라는 점에서 독창적인, 그런 이론입니다.

수학적 일관성만으로는 충분하지 않다는 당신 생각이 옳다고 확신합니다. 왜냐하면 수학적으로는 일관되지만 진짜 세상을 서술하지 않는 이론을 얼마든지 만들 수 있거든요. 이를테면 단 하나의 입자에 관한 이론 같은 거죠. 진공 공간에 앉아서 그 무엇과도 상호작용하지 않고, 아무 일도 일으키지 않는 입자에 관한 이론은 당연히 수학적으로 일관성을 갖춘 이론이겠죠. 하지만 그건 그렇게 재미있지 않습니다. 내용이 풍부하지도 않고요. 진짜 세상은 풍부한 내용과 수많은 현상, 수많은 역사를 허용하는, 그러면서도 수학적으로 일관된 단 하나의 이론에 의해 지배당하고 있을 겁니다. 이런 결론에 도달하려면 아직 멀었어요."

우리가 이 이론에 도달하는 데 성공한다고 상상해보자. 이론물리학자들이 이 세상 단 하나의, 우리를 비롯한 생명이 창조될 수 있는 궁극의 자연법칙을 입증했다고 말이다. 마침내 모든 게 이해된다. 별과 행성, 빛과 어둠, 삶과 죽음. 우리는 각각의 모든 우연의 이유를 알게 되고, 그것이 아무 차이도 없으며, 더 나아졌을 수도 더 나빠졌을 수도 없었다는 것을 알게 된다. 우리는 자연과 동등해지고, 우주를 바라보며 '이해한다'고 말할 수 있다.

무의미해 보이는 것에서 의미를 찾아보겠다는 것은 오래된 꿈이다. 이것은 단지 이해하고 말고 할 차원이 아니다. 이론물리학자들은 이러한 통찰로 무장하고 진실의 결정권자로 나설 것이다. 그들은 자연법칙의 타당성을 인정하는 데 확신을 갖고, 여전히 미스터리에 잠겨 있는 돌파구를 열어가면서 과학의 다른 분야에도 개입할 것이다. 그들은 세상을 바꿀 것이다. 그들은 영웅이 될 것이다. 마침내 힉스 보손의 질량도 계산할 것이다.

나도 그 매력은 안다. 그러나 유일한 자연법칙을 유도하겠다는 것은 꿈일 뿐이다. 그곳에 도달하기 위해 자연스러움을 안내자로 사용하는 것이 좋은 일이라고도 생각하지 않는다. 그렇다면 대안은 무엇인가? 와인버그는 자신이 "풍요로운 세상을 허용하는 수학적으로 일관된" 단 하나의 이론에 대한 희망을 품고 있다고 말한다. 하지만 관측과 충돌하지 않으면서 일관된 이론을 찾는 것은 간단하다. 예측하지 않는 이론을 사용하면 된다. 와인버그가 말하고자 하는 바가 이것일 리는 없다고 생각해서 나는 말한다. "그 이론이 원자물리학과 핵물리학에 필요한 변수들을 발생시킬 만큼 충분한 예측 능력이 있어야 할 텐데요."

"글쎄요." 와인버그는 어깨를 으쓱하며 말한다. "어쩌면 정확한 이론은 우주 초기 단계에서 어마어마하게 많은 빅뱅이 발생해 진화하는 걸 허용할지도 모르죠. 다양한 빅뱅이 동시에 일어나고, 자연의 상수는 각기 다르고, 우리는 그게 무엇인지 절대 예측할 수 없는 거죠. 그게 무엇이든 그것들은 단지 빅뱅의 상수일 뿐이거든요. 그것은 마치 최초의 원리를 가지고 지구와 태양 사이의 거리를 예측하려고 하는 것과 비슷합니다. 분명히 이 세상에는 수십 억 개의 행성이 있고, 그 행성은 각자의 별에서 각기 다양한 거리만큼 떨어져 있어요. 그 거리를 우리는 감히 예측하고 싶다고 바랄 수 없습니다. 그런 빅뱅이 무한대만큼 존재할 수도 있죠. 그리고 자연상수의 값은 우리가 사는 빅뱅 안에서 생긴 그대로이고요.

이건 아주 대략적인 추측입니다. 그중에 진실이 있기는 한 건지 우리는 알 수 없어요. 하지만 논리적으로 가능한 얘기입니다. 그것이 진실일 수 있는 물리학 이론도 존재해요."

끝없는 가능성

당신은 이 행성 위 70억 명의 인간 중 한 명이다. 태양은 은하 안 1000억여 개의 별 중 하나다. 우리은하는 우주 안의 대략 수천 억 개의 은하 중 하나다. 아마도 수많은 우주가 우리가 '다중우주multiverse'라 부르는 것을 이루고 있을지도 모른다. 뭔가 굉장한 얘기처럼 들리지 않는가? 이런 생각이 오늘날 물리학에서 논란이 되고 있다.

우주론자인 파울 슈타인하르트는 다중우주론을 "괴상하고, 부자연스럽고, 실험 가능성도 없는, 결국에는 과학과 사회에 위험한" 생각이라고 말했다.[6] 폴 데이비스에 따르면, 다중우주론은 "단순히 과학적 언어로 포장된 순진한 신학일 뿐"이다.[7] 조지 엘리스는 "다중우주 지지자들은…… 암묵적으로 '과학'이 의미하는 바를 다시 정의하고 있다"라고 경고했다.[8] 데이비드 그로스는 "그것에서 천사의 냄새가 풍긴다"라고 말했다.[9] 닐 투록에게 다중우주는 "궁극적인 파국"이다.[10] 그리고 존 호건은 "다중우주론은 이론이 아니다. 그것은 과학소설이고 신학이며, 증거에 구속을 당하지 않는 상상력의 산물"이라며 폄하했다.[11]

논란의 반대편에는 레너드 서스킨트가 선봉에 있다. 그는 "우주가 훨씬 더 크고, 풍부하고, 우리가 예상치 못한 다양한 것들로 가득 차 있다고 생각하면 정말이지 흥미진진하다"라고 말했다.[12] 버나드 카는 "다중우주 개념은 과학의 본질을 바라보는 새로운 관점을 제시하므로, 지적인 불편을 유발한다고 해도 딱히 놀라울 것은 없다"라고 했다.[13] 맥스 테그마크는 다중우주론의 반대자들이 "인간을 무대의 중심에서 제거하는 데 감정적인 편견을 가지고 있다"라고 주장했다.[14] 톰 시그프리드는 다중우주를 비난하는 사람들에게 "19세기 일부 과학자들과 철학자들이 원자의 존재를 부정했던 것과 같은 자세를 가지고 있다"라고 지적했다.[15] 어이쿠.

그래서, 뭐가 문제인가? 아인슈타인이 우리에게 가르쳐준 대로 이 세상에 빛보다 빨리 움직일 수 있는 것은 아무것도 없다. 이 말은 어떤 주어진 순간에 우리가 볼 수 있는 거리의 한계를 빛의 속도가 결정한다는 뜻이다. 이 한계를 '우주론적 지평선cosmological horizon'이라고 부른다. 빛이 아닌 다른 메신저들은 그보다 느리거나, 아니면 중력 같은 경우 빛과 같은 속도를 갖는다. 만일 뭔가가 굉장히 멀리 있어서 그것에게서 오는 빛이 아직 우리에게 도달하지 못했다면, 그것이 거기에 있는지 알 수가 없는 것이다.

빛보다 빠르게 공간을 통과해 날아갈 수 있는 것은 아무것도 없지만, 공간 그 자체는 그런 한계를 모른다. 다중우주에서 공간은 빛보다 빨리 확장할 수 있으며 실제로 그렇게 확장한다. 따라서 다중우주 안 어느 영역에서 출발한 빛은 절대로 우리에게 도달할 수 없다. 다중우주의 다른 모든 우주는 바로 그런 영역에 있고, 그런 까닭으로 우리와 단절된다. 영원토록 손닿지 않는 곳에 있는 것이다. 따라서 다른 우주들은 절대 측정될 수 없고, 과학의 영역에 속해 있지 않은 것이라고 다중우주론 반대자들은 말한다.

그에 대한 답으로 다중우주론 지지자들은, 어떤 이론이 관측 불가능한 요소들을 포함한다고 해서 이론의 예측 능력까지 부정할 필요는 없다고 지적한다. 양자역학이 탄생한 이래로 우리는 어떤 이론의 수학적 구조가 관측 가능한 대상에 직접적으로 부합하도록 요구할 수 없다는 걸 알고 있다. 예를 들어 파동함수는 그 자체를 측정할 수 없다. 우리가 측정할 수 있는 것은 파동함수에서 유도되는 확률분포뿐이다. 지금 이런 상황을 모두가 만족스러워하는 것은 아니다. 그러나 그와는 무관하게 양자역학이 대단히 성공적인 이론이라는 데에는 모두가 동의한다.

하나의 이론에 포함된 관측 불가능한 성분들을 물리학자들이 얼마나 기꺼이 받아들일 것인가는 이론에 대한 그들의 신뢰, 그 이론을 통해 더 심오한 통찰에 도달할 것이라는 그들의 기대에 달려 있다. 그러나 관측할 수 없는 요소를 포함하는 이론에 선례로 작용할 만한 비과학적인 사례는 존재하지 않는다.

대부분은 관측할 수 없지만, 다중우주 중 하나에 우리 것과 비슷한 자연법칙이 있을 확률을 연구함으로써 다중우주에서 예측을 추출하는 것은 가능할지도 모른다. 그렇다면 실질적으로 우리 우주의 기본 자연법칙을 유도하는 것은 불가능하겠지만, 어떤 법칙이 관측할 가능성이 가장 높은지는 결론을 내릴 수 있다. 다중우주론 지지자들의 주장에 따르면, 이것이 우리가 할 수 있는 최선이다. 이는 패러다임의 변화고, 애초에 하나의 명제가 과학적이라고 할 때 이 말이 가진 의미를 보는 관점의 변화이다. 다중우주를 믿지 않고 새로운 과학을 받아들이지 않는다면,

그런 사람은 한없이 뒤처지면서 남들의 발전도 가로막는, 땅속에 묻힐 준비가 된 화석 같은 존재라고 할 수 있다.

다중우주론 반대자들은 다중우주 안에서는 일어날 가능성이 있는 사례가 무한히 많아서 어떠한 확률로도 계산할 수 없고, 무한을 다른 무한과 의미 있게 비교하는 것은 불가능하다고 주장한다. 물론 무한끼리의 비교가 가능하지만, 이를 위해서는 무한대를 다룰 방법을 알려주는 수학적 구조, 즉 확률분포 또는 확률측도가 필요하다. 이 확률분포는 어디에서 오는가? 이를 알아내려면 또 다른 이론이 필요하고, 그러다 보면 애초에 관측할 수 없는 우주를 만들어내지 않는 이론을 찾는 편이 낫겠다는 생각이 들 것이다.

다중우주론 지지자들은 여기에 대해 이것은 조건부가 아니라고 대답한다. 만일 존재할 수 있는 모든 세상 가운데 최고의 세상에서 우리가 살고 있다면, 나머지 가능한 모든 세상은 어떻게 해야 하는가? 그 세상들을 그냥 무시할 수는 없다. 그들은 이것이 지어낸 얘기가 아니라고 말한다. 우리가 발견한 이론들이 우리에게 이런 얘기를 강제로 떠넘기고 있다. 우리가 그런 게 아니라 수학이 그런 것이다. 수학은 거짓말하지 않는다. 우리는 그저 객관적 태도를 유지하고, 좋은 과학자가 되려는 것이다. 만일 이런 통찰을 반대한다면, 단지 불편하다는 이유로 논리적 결론을 부정하고 이를 수용하지 않는 사람인 것이다.

논쟁은 이런 식으로 20년 동안 계속되었다.

• • •

우주가 우주론적 지평선 너머에서 끝나버린다고 믿을 이유도 없고, 내일이 와도 오늘 보이는 것보다 더 많은 은하는 없다는 사실을 알게되리라고 믿을 이유도 없다. 우리 주변과 비슷한 은하 분포가 어디까지 계속되는지는 아무도 모른다. 누구도 알 수 없다. 심지어 우주가 무한히 계속되는지, 아니면 현재 보이는 것보다는 훨씬 크겠지만 결국에는 제자리로 되돌아와서 유한하게 닫힌 우주를 형성하는지도 알지 못한다.

우리가 아는 우주의 연속성은 논란의 여지가 없고, 일반적으로 말하는 '다중우주'와는 의미가 다르다. 그 대신 다중우주는 우리 주위에서 관측되는 것과 전혀 비슷하지 않은 영역들을 포함한다. 다중우주에는 오늘날 이론물리학자들이 이론의 논리적 결과라 믿는 여러 가지 유형이 있다.

1. 영구 급팽창

초기 우주에 대해 우리가 알 수 있는 내용에는 제약이 있다. 그 이유는 현재 탐색할 수 있는 것보다 높은 온도와 밀도를 가진 물질에 대해 아는 것이 많지 않기 때문이다. 그러나 우리의 이론이(표준모형과 조화모형) 똑같은 방식으로 작동한다고 가정하면 외삽법으로 당시 상황을 추정할 수 있다. 물질의 성질을 추정해 초기 시간대로 더 거슬러 올라갈 수 있다면, 그와 함께 시공간의 성질도 외삽법으로 추정할 수 있다.

과거의 추정으로 현재 가장 널리 용인되는 설은 한때 우주가 빠른 속도로 팽창하는 시기가 있었다는 가설인데, 이를 '급팽창inflation'이라고 한다.

급팽창은 새로운 장field인 '인플라톤inflaton'에 의해 일어나는데, 인플라톤의 효과는 우주의 팽창 속도를 높이는 것이다. 인플라톤은 암흑에너지처럼 팽창을 가속시키지만 그 속도는 암흑에너지보다 훨씬 빠르다. 급팽창이 끝나면 인플라톤의 에너지는 표준모형 입자들과 암흑물질로 변환된다. 이 시점부터 우주의 역사는 4장에서 논의한 내용처럼 계속 흐른다.

급팽창은 증거라고 말할 만한 거리는 있지만 그다지 압도적인 증거라 볼 수 없다. 그런데도 물리학자들은 이 내용을 더 추정해서 '영구 급팽창'이라는 결과를 추론했다. 영구 급팽창설에 따르면, 우리의 고향 우주는 지금도 팽창 중이며 앞으로도 영원히 팽창할 훨씬 더 큰(사실상 무한히 큰) 공간 안의 작은 조각에 불과하다. 그러나 급팽창에는 양자 요동이 발생할 수 있으므로, 급팽창이 끝나는 지점에서 거품이 생길 수 있다. 이런 거품이 충분히 커지면 그 안에서 은하들이 형성될 수 있다. 우리 우주는 이런 거품 안에 포함되어 있다. 거품 바깥에서는 여전히 공간이 팽창하고 있으며, 무작위로 발생하는 양자 요동에 의해 다른 거품 우주들이 탄생된다. 영원히. 이런 거품이 다중우주를 이루는 것이다. 이 이론이 정확하다고 믿는다면, 다른 우주들도 우리 우주와 같아야 한다고 다중우주론 지지자들은 말한다.

영구 급팽창설은 급팽창 아이디어 자체와 맞먹을 만큼 오래된 것이다. 이 가설은 1983년 최초의 팽창 모형이 나왔을 때 뜻하지 않은 부작용으로 등장했다.[16] 그러나 1990년대 중반까지는 거의 주목받지 못했던 영구 급팽창은 끈이론가들이 이 설의 용도를 발견하면서 주목받기 시작했다. 오늘날 연구 중인 급팽창 모델들은 대부분 다중우주라는 결론을 내놓지만, 모두가 그런 것은 아니다.[17]

영구 급팽창의 다중우주에서는 무작위 양자요동에 의해 시작되는 무한

반복으로 인해 일어날 수 있는 일은 결국 모두 일어난다. 따라서 영구 급팽창은 어떤 식으로든 인류 역사가 자연법칙에 부합하는 방식으로 전개되는 우주가 존재함을 암시한다. 그 다중우주에 살고 있는 독자 중 누군가는 이런 얘기들을 이해할 수 있을지도 모르겠다.

2. 끈이론의 경관

끈이론가들은 표준모형과 일반상대성이론을 아우르는 만물의 이론을 찾고자 한다. 그러나 끈이론은 1980년대 말에 탄생한 이래로 표준모형이 다루는 입자, 장, 변수들을 예측하지 못한다는 사실이 분명해졌다. 그 대신 끈이론은 전체적인 가능성의 경관을 그려냈다. 이 경관 안에서 모든 점은 다른 입자와 다른 변수와 다른 자연법칙을 갖는 서로 다른 버전의 이론에 하나씩 대응한다.

끈이론을 최종 이론이라고 믿는다면, 끈이론의 예측 능력 부족은 큰 문제다. 다시 말해 왜 우리가 바로 지금 이런 우주를 관측하고 있는지를 끈이론이 설명할 수 없다는 뜻이다. 이런 이유로 이론물리학자들은 끈이론의 예측 능력 부족과 최종 이론의 지위를 함께 설명하기 위해, 경관 안에서 존재할 수 있는 우주는 우리 우주와 동일한 지위로 존재한다는 사실을 수용해야 했다. 그 결과, 우리는 다중우주 안에서 살게 되었다. 참 편리하게도 끈이론의 경관은 영구 급팽창과 병합되었다.

3. 다세계

다세계 해석은 양자역학의 변종이다(이 내용은 6장에서 자세히 다룬다). 다세계 해석에서는 양자역학에 따라 실현 가능성이 예측되는 결과 중 하나가 아니라, 모든 가능성이 각자 그 자신의 우주 안에서 실현된다. 양자역학의 측정이 단 하나의 특별한 결과만을 지목한다는 가정을 제거하면 이러한 실체에 도달한다. 이렇게 다시 한번 단순성의 열망이 수학에 대한 의존과 결합할 때 다중우주로 이어진다는 것을 볼 수 있다.

양자역학의 다세계는 경관 안의 다양한 우주와 구분된다. 다세계는 하나의 우주와 다른 우주의 입자 유형이 반드시 달라야 한다고 암시하지는 않기 때문이다. 그러나 다양한 다중우주들을 더 큰 우주로 결합시키는 것은 가능하다.[18]

4. 수학적 우주

수학적 우주는 최종 이론의 주장을 극단으로 몰고 간다. 우리 우주를 서술하는 이론들은 가능한 모든 수학 가운데 특정 수학을 선택하도록 요구한다. 따라서 궁극의 최종 이론에서는 어떠한 선택을 하더라도, 그 선택을 설명하는 다른 이론이 있어야 하므로 타당성을 확보하지 못한다. 단 하나의 최종 이론이 있다면, 그 이론은 존재하는 모든 수학을 다 포함해야 한다는 논리적 결과로 이어지고, 그 이론을 따르는 다중우주 가운데에는 -1의 제곱근이 당신과 나처럼 진짜로 존재하는 실수인 세상도 있다.

수학적으로 가능한 구조들은 모두 존재한다는 수학적 우주론은 2007년에 맥스 테그마크가 제안한 것이다.[19] 이는 다른 다중우주들을 모두 포함시킨다. 철학자들 사이에서는 이 생각이 꽤 인기가 좋지만, 물리학자들 대부분은 무시한다.

위의 목록을 보면 다중우주가 새로운 것이라는 인상을 줄 수 있지만,

여기에서 새로운 것이라면 그 실체를 믿는 물리학자들의 고집뿐이다. 모든 이론은 변수의 값을 정하거나 공리axiom를 선택하기 위해 관측 결과를 요구하므로, 관측 결과가 부족할 경우 이론들은 다중우주로 이어진다. 여러분은 이렇게 말할 것 같다. "흠, 이런 가능한 선택들은 모두 존재해야만 하지. 그 선택들이 다중우주를 만들어내는 것이고." 만일 무에서 모든 것을 설명할 수 있는 이론이 우리의 목표라면, 그 이론의 예측은 결국 모호해진다. 그렇게 다중우주는 피할 수 없는 귀결이 된다.

예를 들어 뉴턴은 중력상수 측정을 거부하고 그 대신 가능한 모든 중력상수가 존재하는 우주가 있다고 주장할 수도 있었다. 아인슈타인도 일반상대성이론의 방정식에 대하여 다중우주의 어딘가에 모든 풀이解가 존재한다고 주장할 수도 있었다. 여러분도 모든 이론이 존재하는 다중우주를 창조할 수 있다. 가정의 수를 줄이거나 관측 결과와의 관련성을 떨어뜨리기만 하면 된다.

다중우주가 인기를 얻은 이유는 일부 물리학자들이 관측을 서술하는 이론에 더 이상 만족하지 않았기 때문이다. 그들은 스스로를 능가하기 위해 가정을 너무 많이 제거했고, 그들이 무엇도 설명할 수 없기 때문에 우리가 다중우주에서 살고 있다는 결론을 내린 것이다.

아마도 나는 땅속에 묻힐 준비가 된 화석인가 보다.

과학의 목표는 자연을 관찰하고 서술하는 것이다. 그러나 어떤 이론은 예측이 세상에 나오기 전 오랫동안 배양기를 거칠 수도 있다. 솔직히 나는 다중우주가 수학적 가공품에 불과하다고 여기지만, 심각하게 받아들여 고민하다 보면 새로운 통찰을 이끌어낼 수 있으리라 생각한다. 그러면 문제는 이러한 접근법을 통해 새로운 통찰을 얼마나 많이 기대할 수 있느냐 하는 문제로 귀결되고, 내가 처음 이 여행을 나서게 했던 그 문제로 돌아간다. 관측 가능한 증거가 없는 이론을 어떻게 평가할 수 있단 말인가?

다중우주의 변종들이 모두 테스트가 불가능한 것은 아니다. 예를 들어, 영구 급팽창 이론에 따르면 우리 우주가 과거에 다른 우주와 충돌했을 수 있고, 그런 '거품 충돌'이 우주배경복사에 관측 가능한 흔적을 남길 수 있다. 하지만 아직 발견된 것은 없다. 그렇다고 다중우주가 배제되는 것은 아니지만, 그런 충돌이 있었다는 가설은 배제된다.

어떤 물리학자들은 다중우주의 변종 중 우리 우주 안에 작은 블랙홀들이 분포하도록 허용하는 것들이 있고, 그 영향을 곧 관측할 수 있다고 주장한다.[20] 그러나 실현되지 않는 다중우주 예측이란, 관측되지 않는 현상을 일어날 법하지 않은 일로 만들기 위한 확률분포가 필요하니 제대로 작동하는 확률분포를 찾아보겠다는 의미일 뿐이다. 우주론에 대한 이러한 접근법은 다른 모든 책을 내다버리면서 『전쟁과 평화』를 이해하려고 노력하는 것이나 마찬가지다. 그러나 물리학자들이 포기하지 않고 답을 찾기 위해 시도를 멈추지 않는 점은 칭찬받을 만하다.

기존의 예측들은 원칙적으로 다중우주가 실험적 테스트를 거칠 수 있다는 것을 보여주지만, 이 테스트는 대단히 구체적인 시나리오가 있어야만 적용될 수 있다. 다중우주 가설의 절대다수는 현재 테스트할 수 없고, 앞으로 영원히 현 상태를 유지할 것이다.

이리하여 과학의 바퀴를 돌리는 것이 금지된 일부 이론물리학자들은 자신들만의 방법으로 이론 평가를 추진해왔다. 바로 내기다. 우주론자 마틴 리즈는 다중우주가 옳다는 데 자신의 개를 걸었고, 안드레이 린데는 자신의 아내를, 그리고 스티븐 와인버그는 "다중우주에 대해 안드레이 린데와 마틴 리즈 개의 목숨을 걸 만큼 확신한다"라고 말했다.[21]

우주 포커

자연스러움이 강조되는 동안 다중우주는 인기를 쌓아왔고, 물리학자들은 다중우주를 자연스러움의 대안으로 홍보하고 있다. 수에 대한 자연스러운 설명을 찾지 못하면 자연스러운 논거도 없고, 결국 아무것도 없다. 변수를 그냥 선택하는 건 너무 추하다. 그러므로 변수가 자연스럽지 않으면 아무 값이나 취할 수 있는 것이고, 가능한 모든 변수값에 대하여 우주가 하나씩 존재하게 된다. 그러니까 우리가 LHC에서 초대칭 입자들을 보지 못한다면 우리는 다중우주에 살고 있다는 기이한 결론으로 이어진다.

한때는 모두가 공경했던 물리학이라는 학문이 어쩌다 이렇게 된 건지 나는 이해할 수가 없다. 과거 이론물리학자들은 관측된 것을 설명했다. 이제 그들은 그들이 보지 못한 것을 왜 설명할 수 없는지 설명하려고 애쓴다. 심지어 잘 설명하지도 못한다. 다중우주에서는 변수값을 설명하지 못한다. 기껏해야 그 '있을 법한 가능성'을 추산할 뿐이다. 무언가를 설명하지 않는 데에도 수많은 방법이 있다.

"우리가 다중우주에서 살고 있다면, 충분히 재미있는 이론이나 흥미로운 물리를 유발할 요건은 이런 공허한 것은 아니지 않을까요? 변수를 예측하지 않는 이론도 같은 일을 할 수 있을 텐데요." 나는 와인버그에게 묻는다.

"글쎄요. 무언가를 예측하기는 해야겠죠." 와인버그가 대답한다. "변수를 예측하지 않더라도 그 변수들 사이의 상관관계는 예측할 수 있죠. 아니면 어떤 다른 이론의 관점에서 변수를 예측할 수도 있어요. 이를테면 표준모형이랑 비슷하면서도 더 강력해서 사실상 전자의 질량이나 그런 것들을 정확히 알려주는 이론의 관점에서 말이죠. 그러면 '왜 그 이론이 정확한데요?'라는 질문에 대해, 당신은 이렇게 말할 수 있을 겁니다. '음, 거기까지가 우리가 가장 멀리 갈 수 있는 곳입니다. 그 너머로는 갈 수 없어요.'"

그가 말을 잇는다. "나는 좋은 이론이 가진 명료한 요건을 세울 때 신중한 태도를 취합니다. 그러나 '더 나은' 이론이 어때야 하는지는 분명히 말할 수 있어요. 표준모형보다 더 나은 이론은 쿼크와 렙톤이 여덟 개나 네 개가 아닌 여섯 개인 이유를 분명하고 명백하게 알려줄 겁니다. 표준모형에는 임의적인 면이 많아요. 더 나은 이론은 그런 것들이 덜 임의적인, 아니면 아예 임의적이지 않은 그런 이론일 겁니다.

그 방향으로 우리가 어디까지 갈 수 있는지는 모릅니다. 기본 입자물리학이 현 상태보다 더 개선될 수 있을지 나는 몰라요. 그냥 모릅니다. 실험할 수 있도록 노력하고, 또 계속 실험을 하는 것이 중요하겠죠. 거대한 장비를 건설하는 것도 중요하고……. 하지만 그게 어디에서 마무리될지는 나도 모릅니다. 그저 지금 상태로 멈추지 않기만을 바랄 뿐이에요. 지금 상태가 완전히 만족스럽지 않거든요."

"LHC의 최신 데이터를 보고 더 나은 이론에 대한 생각이 바뀌셨나요?" 내가 묻는다.

"아뇨, 바뀌지 않았습니다." 와인버그가 말한다. "실망이 무척 컸어요. 힉스 입자의 질량보다 여섯 배 더 큰 에너지에서 뭔가 새로운 물리학이 있을 수 있다는 힌트가 있었거든요.• 그렇다면 멋진 일이죠. 우리는 진짜로 LHC가 뭔가 새로운 것을 보여줄 거라 기대했어요. 표준모형을 계속 검증하는 게 아니라 암흑물질이나 초대칭이나 기본 물리학의 거대한 도약으로 이어질 만한 걸 보여줄 거라고 말입니다. 아직 그런 일은 일어나지 않았어요."

"제가 알기로 LHC에서 뭔가 새로운 것이 나와야 한다는 기대 중 꽤 많은 경우는 자연스러움의 주장을 바탕으로 한 것인데요. 힉스 질량이 자연스러우려면 이 범위 안에 새로운 물리학도 존재해야 한다는 것이었죠."

"LHC가 표준모형 이면의 것을 아무것도 보여주지 않았다는 사실이 결국 자연스러움의 문제들을 해결할 방법이 없음을 보여준다는 부정적인 주장이 있습니다. 저는 그런 결론은 진지하게 받아들이지 않습니다. 우리가 할 수 있는 것이라고는 특정 이론들을 배제하는 것뿐이고, 배제했을 때 뭔가를 성취했다고 말할 수 있을 만큼 매력적인 이론이 우리에게는 없어요. 초대칭이 아직 배제되지 않은 이유는 예측 내용이 너무 막연하기 때문이죠."

"만일 기본 이론이 존재한다면, 그게 자연스러워야 한다고 생각하세요?" 내가 묻는다.

"그럼요. 만일 그렇지 않다면 우리가 흥미를 못 느낄 테죠." 와인버그

• 이중광자 변칙에 관한 이야기다.

는 설명을 계속한다. "내가 자연스럽다고 하는 것은 일부 입자 이론물리학자들이 기존 이론을 제약하려 할 때 쓰는 자연스러움의 기술적 정의를 말하는 것은 아닙니다. 내가 말하는 자연스러움이란 예상치 못한 일치나 어마어마한 비比가 없음을 뜻합니다."

그는 잠시 멈췄다가 다시 이야기를 이어간다. "음, 성공적인 이론은 자연스러워야 한다는 말은 성급한 대답이었는지도 모르겠군요. 어떤 것들은 설명되지 않은 채로 남아 있을 테니까요. 수많은 우주가 있는 다중우주에서라면 그런 설명되지 않는 것들은 순수한 배경으로 남아 있겠죠. 마치 예전 천문학자들이 태양계를 설명하는 완성된 이론은 수성, 화성, 금성이 지금 그 자리에 있는 것을 자연스럽게 설명해줄 거라 생각했던 것과 비슷한 겁니다. 케플러는 플라톤 입체가 포함된 기하학적 그림을 바탕으로 이론을 세우려고 노력했죠.

우리는 그런 이론을 찾아서는 안 된다는 것을 잘 압니다. 행성과 태양 사이 거리에 자연스러움 같은 것은 없기 때문이에요. 행성들은 과거의 우연한 사건 때문에 그렇게 자리를 잡은 겁니다." 그러고는 이어서 말한다. "수성의 공전주기가 자전주기의 2/3이라는 사실이 있죠. 이 수는 태양이 수성에 작용하는 기조력 측면에서 설명될 수 있습니다.

그러니까 어떤 것들은 설명할 수 있습니다. 하지만 일반적으로 우리가 태양계에서 보는 건 과거의 우연한 사건들뿐이에요. 케플러나 그 이전에 클라우디우스 프톨레마이오스 같은 천문학자들이 바랐던 자연스러운 설명이라는 것을 포기해야 합니다. 그런 건 그냥 그 자체로 존재하는 거예요." 그는 잠시 말을 멈췄다가 덧붙인다. "하지만 전자의 질량에 대해서는 안 그랬으면 좋겠어요."

"기술적 정의는 일단 접어둔다면, 자연스러움이란 설명되지 않은 변수가 없다는 뜻인가요?" 내가 묻는다.

"설명을 간절히 바라는 것들이 있거든요." 와인버그가 말한다. "이를테면 2:1 비율이라던가, 아니면 다른 값도 아니고 딱 열다섯 배 작은 크기, 뭐 그런 것 말입니다. 그런 걸 보면 어떻게든 설명해야 한다는 생각이 들게 마련이에요. 자연스러움이란 어떤 이론이 그런 것들에 대해 설명하고 있다는 것을 뜻합니다. 단지 실험 결과와 맞추기 위해 억지로 넣는 그런 게 아니고요."

"자연스러움은 경험 가치이기도 한가요?"

"그럼요." 와인버그가 말한다. "자연스러운 설명이 있을 거라고 기대하게 되는 그런 것들이 있죠. 설명이 기대되지 않는 것들도 있고요."

그는 한 가지 예를 든다. "당신이 포커 게임을 하는데 세 번 연달아 로열 플러시를 들었다고 해봅시다. 당신은 이렇게 생각하겠죠. '딜러가 노리는 뭔가가 있어. 이건 설명이 필요해.' 반면 무작위로 고른 것 같은 카드가 들어오고 세 번 다 다른 패를 쥐었다면, 여기엔 특별할 게 없습니다. 그런 패들 중에는 이기는 패도 없고요. 그럼 설명할 게 아무것도 없다고 생각하겠죠. 그런 패에 대해서는 자연스러운 설명을 기대하지 않아요. 다른 패들과 나올 확률이 비슷비슷하니까요. 음, 로열 플러시가 나올 확률은 다른 패와 비슷하기도 하고 아니기도 합니다. 하지만 로열 플러시를 세 번 연속으로 잡았다면 그 로열 플러시는 설명을 갈망하는 뭔가가 있는 거예요."

와인버그의 게임에서 말하는 카드는 자연법칙, 또는 구체적으로 우리가 현재 사용하는 법칙 안의 변수들이다. 우리는 과거에도 지금도 이 게임을 한 번도 해본 적이 없다. 우리는 한 세트의 카드를 받았지만 그걸 왜 받았는지, 그걸 준 게 누군지 모른다. 우리가 자연법칙의 로열 플러시를 받을 운명이었는지, 아니면 그것 말고 다른 특별한 뭔가가 더 있는지도 알 수 없다. 우리는 게임 규칙을 모르고, 승산이 있는지 없는지도 모른다.

"그건 확률분포에 달린 거죠." 나는 내가 느끼는 딜레마를 설명하려 애쓴다. 자연법칙의 가능성과 관련된 명제들은 법칙의 가능성을 설명하는 또 다른 법칙이 필요하다. 그렇게 되면 단순성은 다중우주에 걸쳐 있는 변수들의 확률분포보다 고정된 하나의 변수를 가진 이론을 더 선호하게 된다.

"글쎄요." 와인버그가 입을 연다. "클로버 2, 다이아몬드 5, 하트 7, 하트 8, 하트 잭을 얻을 확률, 그 특정한 패를 얻을 확률은 스페이드 에이스, 킹, 퀸, 잭, 10을 얻을 확률과 정확히 같습니다. 그 둘은 같은 확률을 가지고 있어요."

확률분포를 포커 비유에 맞추기 위해 나는 말한다. "일단 딜러가 공정하다는 전제가 있다면요." 나는 이런 의인화가 불편하다. 이런 식으로 이야기하면, 우리가 신神이 운영하는 규칙을 추측해보겠다고 애쓰고 있다는 인상을 떨칠 수 없다. 그러면서 자연법칙이 공정하게 선택되었는지 확인하려 들고, 아마도 신께서 뭔가 실수를 한 것일 뿐 우리에겐 가벼운 질량의 글루이노가 있는 우주를 차지할 자격이 있다고 바라는, 그런 모양새인 것 같다.

"그래요." 와인버그는 대답하며 포커 비유를 계속한다. "포커의 다양한 패에는 인간이 부여한 가치가 있기 때문에(어떤 패는 이기고 어떤 패는

진다는 규칙 말이죠) 같이 게임하는 사람 중에 로열 플러시를 가진 사람이 있으면 그쪽으로 주의가 쏠려요. 그 사람이 평범한 패를 들고 있으면 전혀 관심을 두지 않고요. 사실 그 평범한 패도 로열 플러시만큼이나 나오기 어려운 조합이에요. '로열 플러시가 이기는 패'라고 하는 건 인간이 부여한 가치라서, 그 패가 우리의 관심을 끄는 겁니다."

맞다. 우연의 일치가 우리의 관심을 끄는 것은 그게 인간적인 속성이기 때문이다. 마치 게이지 결합이나 토스터에서 튀어나온 식빵에 새겨진 성모 마리아의 이미지 같은 것이다. 이런 인간의 속성이 왜 더 나은 이론을 개발하는 데 쓸모 있다는 건지 나는 이해가 가지 않는다.

"당신 생각에 동의하기 때문에 이런 예를 드는 겁니다." 혼란스러워하는 나에게 와인버그가 말한다. "만일 포커 규칙을 모른다면, 다른 패와 비교해 로열 플러시가 특별하다는 걸 모를 수 있겠죠. 포커 규칙을 알기 때문에 특별해 보이는 겁니다. 그건 경험 가치의 문제예요."

'하지만 우리는 우주 포커에 관한 경험 따위 갖고 있지 않다고요!' 나는 낙담한다. 이런 얘기가 도대체 과학과 무슨 상관이 있는지 이해가 가지 않는다. 우리는 우리가 관찰하는 자연법칙이 그럴 법한 것인지 아닌지 알 길이 없다. 확률분포도 없고 확률도 없다. 자연이 그럴 법하지 않다고 결정하려면 그걸 결정할 또 다른 이론이 필요한데, 그 다른 이론은 도대체 어디에서 나온단 말인가?[22] 와인버그는 현존하는 물리학자 중 내가 최고라고 여기는 사람이다. 그런 그도 나에게 답을 줄 수 없다면, 도대체 누가 답을 줄 수 있단 말인가? 나는 다시 묻는다. "그렇다면 이 변수의 확률분포에 대해서 우리가 알고 있는 것은 무엇일까요?"

"글쎄요, 그걸 계산할 이론이 필요하다는 거?"

정확한 말씀이다.

• • •

다중우주의 확률을 계산하려면 우리 우주에 존재하는 생명을 고려해야 한다. 뻔한 이야기처럼 들리지만, 존재할 수 있는 자연법칙 모두가 복잡한 구조를 창조할 수 있는 것은 아니므로, 정확한 법칙은 어떤 구체적인 조건을 만족시켜야 한다. 예를 들면 안정된 원자나 그와 비슷한 무언가가 생성되어야 한다는 것이다. 이런 조건을 '인류원리anthropic principle'라고 부른다.

인류원리는 일반적으로 정밀한 결론을 도출하지 않지만, 특정 이론의 맥락에서는 이론의 변수들이 가질 수 있는 값을 추정할 수 있게 하면서도 생명이 존재하는 관측 결과와 양립할 수 있다. 이는 마치 누군가 스타벅스 컵을 들고 지나가면 이 근처 어디에 스타벅스가 있겠다고 결론을 내리는 것과 비슷하다. 그다음에는 스타벅스가 1마일 반경 내에 있을 것이라고 추측할 수 있고, 정답일 확률을 높여 5마일 또는 아예 100마일 반경 내에 있다고 범위를 넓힐 수도 있다. 아주 정확하지 않지만, 그리고 놀랍도록 흥미롭지 않지만, 이런 추정은 환경에 대한 정보를 알려준다.

독자의 눈에는 인류원리가 어딘가 바보 같고 하찮은 진실 같겠지만, 인류원리는 특정 변수의 값 중 어떤 값을 배제하는 데 유용하게 쓰인다. 예를 들어 매일 아침 차를 몰고 일터로 가는 사람을 보면, 그 사람은 운전면허증을 가지고 있을 만큼 나이를 먹었다는 결론을 내릴 수 있다. 그 사람이 어쩌면 밥 먹듯이 법을 어기는 사람일 수도 있지만, 우주는 그런 식으로 행동할 수 없다.

인류원리나 미세 조정과 관련해 언급되는 '생명'에 관한 내용은 불필요한 말장난이다. 물리학자들의 연구는 스스로를 자각하는 의식을 지닌 존재와 큰 상관이 없다. 물리학자들은 생화학 발달의 필수 선제조건인 은하의 형성, 별의 탄생, 원자의 안정성에 대해 말한다. 그러나 물리학자들이 크기가 큰 분자들에 대해 논할 거라고는 기대하지 마시라. '생명'에 관한 얘기들은 쉽게 눈길을 끌지만, 그게 전부다.

인류원리가 성공적으로 사용된 첫 번째 예는 1954년 프레드 호일이 별의 내부에서 탄소가 형성되는 데 필요한 탄소 핵의 성질을 예측한 것이었는데, 이 성질은 예측대로 발견되었다.[23] 호일은 지구 위에 존재하는 생명체들의 핵심 원소가 탄소이므로, 별이 탄소를 생성할 수 있어야 한다는 사실을 바탕으로 이런 예측을 했다. 일부 역사학자들은 이것이 정말로 호일의 추론이 맞는지 의문을 제기하지만, 이 사례를 통해 인류원리의 주장이 쓸모 있는 결론으로 이어질 수 있다는 것을 확인할 수 있다.[24]

인류원리는 우리가 가진 이론들과 관측 내용의 일치를 강화시키는 제약으로 작용한다. 인류원리는 다중우주의 존재 여부와는 상관없이, 이론의 변수들이 가지는 값에 대한 설명(그런 설명이 존재한다면)과는 무관하게 옳다.

다중우주 지지자들이 인류원리를 들먹이는 이유는, 이것이 '유일한' 설명이며 우리가 보는 변수들의 선택에 있어 다른 근거는 없다는 그들의 주장 때문이다. 하지만 그들은 우리가 관찰하는 값이 생명을 가능케 하는 사실상 유일한 값이라는 것을(아니면 적어도 대단히 가능성이 크다는 것을) 입증해야 한다. 이는 대단히 논란의 여지가 큰 주장이다.

인류원리가 다중우주의 변수값을 설명한다는 전형적인 주장은 이런 식이다. '만일 변수 *x*가 조금 더 크거나 작으면 우리는 존재하지 못한다.' 이런 예는 몇 가지 있는데, 이를테면 강한 핵력의 세기도 이에 해당한다. 강한 핵력이 조금만 약해지면 큰 원자들은 결합된 상태로 있을 수 없고, 강한 핵력이 조금만 더 강해져도 별들은 너무 빨리 타버린다.[25] 이런 주장의 문제점은 24개의 변수 중 하나의 작은 변화만 보고, 다른 값의 조합을 무시한다는 것이다. 변수의 조합 중 생명 발현을 가능하게 하는 조합이 단 하나뿐이라는 결론을 내리려면 모든 변수를 독립적으로 수정하는 것을 고려해야 한다. 그러나 현재 이런 계산은 현실적으로 가능하지 않다.

지금 당장 모든 변수 공간을 훑어서 생명 발현을 가능하게 하는 변수 조합을 찾아낼 수 없다고 해도, 적어도 몇 가지는 시도해볼 수 있다. 이 시도를 통해 우리는 현재 생명이 있는 우주가 창조되는 변수 조합이 하나 이상 있을 거라 생각할 수 있다.

2006년에 발표된 논문 「약한 상호작용이 없는 우주A Universe Without Weak Interactions」에서 로니 하닉, 그래엄 크립스, 길라드 페레즈는 우리 우주의 기본 입자와는 완전히 다른 기본 입자들을 가지면서도 생명 발현을 위한 전제조건이 성립되는 우주를 제안했다.[26] 2013년에는 하버드 대학교의 에이브러햄 로엡이 초기 우주에 원시 형태의 생명이 존재했을 가능성이 있다고 주장했다.[27] 최근 프레드 애덤스와 에반 그로스는 현재 우리 이론에서 몇 개의 변수를 바꾸기만 해도 호일의 예측과는 다른 방식으로 별들이 탄소를 만들어내는 방법을 찾을 수 있다고 주장했

다. 이것은 단지 호일이 이미 알고 있던 관측 내용과 상충하는 다른 선택지였을 뿐이라는 것이다.[28]

세 가지 사례는 생명이 발현될 만큼 충분히 복잡한 화학이 우리가 경험하는 환경과 전혀 다른 환경에서 발생할 수 있고, 우리 우주가 특별하지 않다는 사실을 보여준다.[29] 그러나 인류원리는 어떤 변수의 효과가 다른 변수의 작용에 거의 독립적일 경우에도 여전히 작동한다. 다시 말해 생명의 전제조건을 허용하는 다른 조합이 있음을 알기 때문에 모든 변수값을 설명하는 인류원리를 사용할 수 없다고 해도, 어떤 변수들은 보편적인 효과를 가지므로 모든 경우에 동일한 값을 가질 필요가 있다는 것이다. 그 대표적인 예가 우주상수다.[30] 만일 우주상수가 너무 크면 우주 안에 담긴 모든 구조가 산산조각 나거나 별들이 형성될 기회를 얻기도 전에 다시 붕괴하고 만다(두 경우는 상수의 부호에 따라 결정된다).

제약이 아닌 확률을 도출하고자 한다면 모든 가능한 이론들의 확률분포가 필요하고, 그 확률분포는 이론 자체에서 도출될 수 없다. 확률분포를 이끌어내려면 추가적인 수학적 구조가 필요하기 때문이다. 즉 각각의 이론이 개연성이 있는지를 알려주는 메타이론(이론 체계 자체를 분석 대상으로 하는 이론—옮긴이 주)이 필요한 것이다. 이는 자연스러움에서 발생하는 문제와 동일하다. 인간의 선택을 제거하려고 해도 단지 그 선택을 다른 곳으로 옮겨놓을 뿐이다. 그리고 두 경우 모두에서, 단순한 고정 변수(이 경우에는 확률분포)만 허용하면 피할 수 있는 불필요한 가정을 추가해야 한다.

• • •

다중우주 기반의 예측으로 가장 유명한 것은 우주상수 예측인데, 이는 다른 누구도 아닌 스티븐 와인버그가 제안한 것이었다.[31] 우주상수 예측이 나온 것은 1997년으로, 끈이론학자들이 끈이론에서 다중우주라는 결과를 피할 수 없음을 막 깨달았던 시절이다. 와인버그의 논문은 과학계가 다중우주를 과학적 아이디어로 수용하도록 하는 데 상당한 기여를 했다.

"몇 년 전에 천문학과 소속인 폴 샤피로와 휴고 마텔과 함께 논문을 한 편 썼어요." 와인버그는 말한다. "우리는 특정 상수에 집중했습니다. 우주상수였는데, 최근 우주 팽창에 대한 우주상수의 효과를 통해 그 값이 측정되었어요.•

우리는 확률분포가 완벽하게 수평이라고 가정했습니다. 상수의 모든 값이 똑같은 확률을 갖는다고 말이죠. 그다음 생각했죠. '지금 우리가 보는 것은 생명의 진화를 허용하는 값을 가져야 하므로 편향되어야 한다. 그렇다면 편향된 확률분포는 무엇인가?' 그래서 확률 곡선을 계산했고, 질문을 던졌습니다. '최댓값은 어디 있는가? 가장 확률이 큰 값은 무엇인가?'" 가장 확률이 큰 값은 1년 후 측정된 우주상수와 상당히 가까운 것으로 판명되었다.[32]

와인버그가 설명을 이어간다. "여기에 기본 이론이 있는데, 그 이론이 어마어마한 수의 빅뱅을 예측하고, 그 빅뱅들이 가지각색의 암흑에너지

• 여기에서 말하는 '최근'이란 1998년을 말한다.

값과 평평하고(그러니까 값들을 서로 구분할 수 없는) 고유한 확률분포의 우주상수를 포함한다면, 그 우주 안에서 살고 있는 것들은 정확히 자기들이 보는 걸 보게 될 거라고 기대하는 거죠."

또는 다중우주가 내부 공간처럼 그저 수학적 도구일지도 모른다는 생각이 든다. 그게 정말로 실체인지 아닌지는 철학자에게 던져볼 질문이다.

나는 잠시 고민하지만, 어떻게 변수의 확률분포를 추측하는 것이 변수 자체를 추측하는 것보다 더 낫다는 것인지 수긍할 수 없다. 확률분포를 추측하는 건 계산이 포함되어 있어 논문으로 발표할 수 있지만, 변수 자체의 추측은 명백히 비과학적이라는 점만 빼고 말이다.

"30분 동안 떠들어댔더니 목소리가 잠기는 것 같군요." 스티븐 와인버그가 기침하며 말한다. "내가 하고 싶은 얘기는 전부 다 한 것 같습니다. 이제 정리할까요?"

이 시점에서 내가 할 수 있는 건 감사 인사를 남기고 자리에서 일어서는 것뿐이다.

불협화음을 해방시키다

나는 12음계 음악의 팬은 아니다. 그러나 12음계 음악을 많이 들어보지 않았다는 점도 솔직히 인정한다. 음악평론가 앤서니 토마시니는 그 어려운 일을 해냈다. 2007년 뉴욕타임스 지에 게시된 동영상에서 그는 12음계 음악의 창시자인 아르놀트 쇤베르크의 작품을 통해 '불협화음의 해방'을 이야기했다.[33] 쇤베르크의 혁신은 1920년대로 거슬러 올라가며, 1970년대의 전문 음악가들 사이에서 짧은 인기를 누렸지만 폭넓은 인기를 얻지 못했다.

"만일 여러분이 쇤베르크의 음악을 불협화음으로 여기고 가혹하고 부정적인 방식으로 평가하고 경멸한다면, 쇤베르크는 굉장히 화를 낼 겁니다." 토마시니는 말한다. "그는 자신의 음악에서 충만한 생명과 풍부함과 복잡성을 허용한다고 생각했습니다……. 예를 들어, 'op.19 피아노 소품집' 중 한 곡은 얼핏 들으면 매우 귀에 거슬리지만, 섬세하면서도 멋진 곡이죠." 그는 몇 소절을 연주하고, 다른 예를 든다. "다장조의 [이 주제는] 이런 식으로 화음을 이룰 수도 있습니다." 토마시니는 시연하고, 실망한 기색으로 말한다. "[쇤베르크가] 한 것과 비교하면 정말이지 지루하죠." 그는 다시 원래의 12음계로 돌아와 연주하고 감탄의 한숨을 쉬고는 다른 불협화음을 누른다. 내가 듣기엔 건반 위로 고양이가 걸어다니는 소리 같다.

그러나 12음계 음악을 충분히 자주 듣는다면 불협화음으로 들리지 않고, 그 음악이 '섬세'한 음악이며 기존 음악의 '해방'이라고 생각하게 될지도 모르겠다. 마치 토마시니처럼 말이다. 보스와 클라크가 보여준 것처럼 음악의 매력은 어느 정도 보편적이며, 스타일과는 무관하게 자주 듣다 보면 매력적으로 들리는 경향이 있다. 또 다른 연구자들은 성장 과정 동안 노출된 빈도에 따라 화음과 불협화음에 대한 반응이 부분적으로 형성된다는 사실을 발견했다.[34] 우리는 새로움을 가치 있게 여긴다. 새로운 아이디어를 팔아 생계를 유지하는 전문가들은 언제나 낯익은 것의 지루함을 무너뜨릴 기회를 수용한다.

과학에서도 마찬가지다. 우리가 느끼는 아름다움과 단순함은 어느 정도는 보편적이고, 그것에 관한 교육을 받으며 영향을 받는다. 음악과 마찬가지로 우리가 과학에서 예측 가능하면서도 놀랍다고 느끼는 것은 과학적 방법에 얼마나 익숙한지에 달려 있다. 우리는 연구를 통해 새로움을 포용하는 능력을 키운다.

사실 나도 다중우주에 관한 내용을 접할수록 더 재미를 느낀다. 다중우주가 우리 자신과 이 세상과의 관련성(또는 그 결핍)에 대한 인식에 놀랍도록 간단하면서도 지대한 변혁으로 작용하리라는 것도 알 것 같다. 어쩌면 테그마크가 옳고, 나는 그저 논리적 결론에 감정적인 편견을 갖고 있는지도 모르겠다. 다중우주는 충만한 생명과 풍요와 복잡성을 허용하는 진정으로 해방된 수학일지도 모른다.

게다가 노벨상 수상자가 뒤에서 힘을 실어준다면 나쁠 것 없겠지.

간단히 말해서

- 이론물리학자들은 이론을 평가하는 기준으로 단순성, 자연스러움, 우아함을 사용한다.
- 현재 자연스러움의 기준은 관측과 모순을 일으킨다. 많은 물리학자가 '자연스러운' 법칙의 유일한 대안이 다중우주라고 생각한다.
- 자연스러움과 다중우주는 이 세상을 관찰하는 우리, 즉 생명이 존재할 확률을 구체적으로 결정하는 메타이론이 있어야 하는데, 이로 인해 단순성과 충돌한다.
- 자연스러움과 다중우주는 관측 내용을 설명할 필요가 없기 때문에, 그것이 해결하고자 하는 문제가 무엇인지조차 명확하지 않다.
- 우리는 다중우주를 보편적으로 아름답다고 간주하지 않는다. 이는 아름다움의 인식이 변화할 수 있고 또 변화하고 있음을 보여준다. 다중우주의 인기는 아름다움 그 자체로 설명할 수 없다.

6장

양자역학의 이해할 수 없는 이해 가능성

나는 수학과 마술의 차이에 대해
심사숙고한다.

모든 것이 경이롭고 아무도 행복하지 않다

양자역학은 엄청난 성공을 거두었다. 양자역학은 원자 세계와 아원자 세계를 가장 높은 정확도로 설명한다. 우리는 양자역학을 위아래로, 안팎으로 샅샅이 테스트했고 어떤 흠도 발견하지 못했다. 양자역학은 지금까지도 옳았고, 지금도 옳으며, 앞으로도 옳을 것이다. 그러나 이런 사실에도, 혹은 이런 사실 때문에, 양자역학을 좋아하는 사람은 아무도 없다. 우리는 그저 그것을 사용해왔을 뿐이다.[1]

2015년 『네이처 피직스*Nature Physics*』 리뷰에서, 산두 포페스쿠는 양자역학의 공리가 "대단히 수학적"이고, "물리적으로 모호"하며, "다른 이론들에 비해 자연스럽지 않고 직관적이지 않으며 '물리'적이지도 않다"라고 말했다.[2] 그는 사람들의 일반적인 감정을 표현한 것이다. 양자컴퓨터 연구로 유명한 세스 로이드는 "양자역학이 직관에 어긋난다"라는 점에 동의했다.[3] 그리고 스티븐 와인버그는 양자역학 관련 저술에서 독자들에게 "양자역학의 아이디어들은 평범한 인간의 직관에 심오한 작별을 고한다"라고 경고했다.[4]

양자역학이 기술적으로 어려운 것은 아니다. 양자역학은 전혀 어렵지 않다. 우리는 양자역학에서 사용하는 방정식들의 단순한 풀이법을 알고 있다. 소름 끼치도록 풀기 어려운 일반상대성이론의 방정식들과는 완전히 다르다. 아니, 어려운 게 문제가 아니다. 양자역학이 옳다고 느껴지지 않는 게 문제다. 그게 불편하다.

양자역학은 파동함수에서 시작된다. 파동함수란 하나의 계를 서술하는 수학이다. 흔히 파동함수를 계의 상태라고 언급하지만(여기가 특히 기분 나쁜 부분이다), 우리가 고안할 수 있는 측정 방법 중 어떤 것으로도 직접 관측할 수 없다. 파동함수는 단순히 중재자일 뿐이다. 우리는 파동함수를 이용해 특정 가측치(사후적으로 실제로 관측하여 측정할 수 있는 수치—옮긴이 주)의 확률을 계산한다.

측정을 마친 후, 파동함수는 측정된 상태가 1의 확률을 갖도록 업데이트되어야 한다. 이 업데이트는 간혹 '붕괴' 또는 '축소'라고도 하는데, 즉각적으로 발생한다. 파동함수가 얼마나 멀리 퍼져 있는지와는 상관없이, 같은 순간 전체 파동함수에서 발생한다. 어떤 파동함수가 두 섬에 퍼져 있다고 해도, 한쪽 끝의 상태를 측정하면 다른 쪽 끝의 확률이 결정된다.

이것은 사고실험이 아니다. 실제로 일어났던 일이다.

2008년 여름, 안톤 차일링거 연구팀은 원거리 양자효과의 세계기록을 깨기 위해 카나리제도에 모였다.[5] 그들은 먼저 라팔마섬에서 레이저를 사용해 1만 9917개의 광자 쌍을 만들었다. 광자 쌍의 총 편광은 0이지만, 광자 각각의 편광 방향은 모른다. 차일링거 팀원들은 각 광자 쌍에서 하나의 광자만 144킬로미터 떨어진 테네리페섬에 설치한 수신기로 보냈다. 남은 광자는 라팔마섬에서 6킬로미터 길이의 코일 광섬유를 따라 회전시켰다. 그다음 물리학자들은 양 끝에서 편광을 측정했다.

광자 쌍의 총 편광을 알고 있으므로, 광자 하나의 편광을 측정하면 다른 광자의 편광을 알 수 있다. 그리고 두 검출기에서 측정된 편광 방향 사이의 각도에 따라 얼마나 많은 것을 알 수 있는지가 좌우된다(그림 9). 두 검출기에서 같은 방향의 편광이 측정된다면, 한 광자의 편광을 측정해 다른 광자의 편광 방향을 알 수 있다. 두 광자의 편광이 직교 방향이면, 한쪽을 측정한 결과를 통해 다른 쪽의 결과를 알 수 없다. 측정 결과가 0~90도 사이로 나오면 적은 양의 정보를 얻을 수 있고, 두 측정 결과가 일치할 확률은 우리가 얼마나 많은 정보를 얻을 수 있는지를 결정한다.

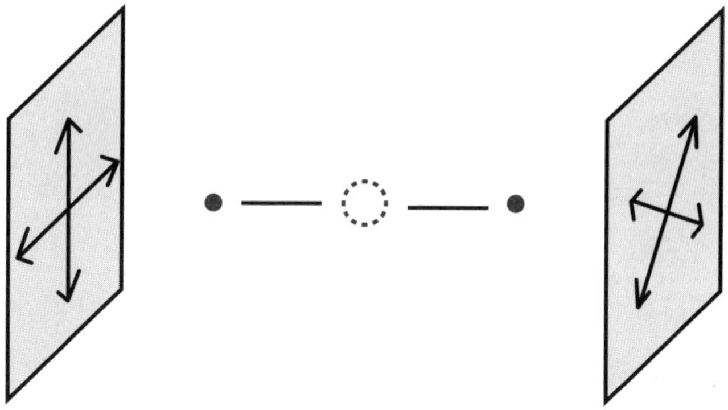

그림 9 본문에서 설명한 실험의 도해. 총 편광이 0인 초기 상태(점선 원)가 두 개의 입자로 붕괴하고, 두 입자의 편광을 합하면 0이다. 두 검출기(회색 사각형)에서 두 방향의 상대적인 각도로 편광을 측정한다.

입자들이 생성될 때 이미 편광 방향이 결정되었다고 가정하면, 양자역학 없이도 이 확률을 계산할 수 있다. 그러나 이 계산 결과는 측정과 일치하지 않는다. 어떤 각도에서는 편광 측정 결과가 기대한 것보다 자주 일치한다. 두 광자가 144킬로미터 떨어져 있는데도, 광자들은 함께 태어났다는 것만으로 설명할 수 없을 만큼 강하게 연결되는 것 같다. 정확한 결과를 얻는 경우는 양자역학으로 계산할 때뿐이다. 그렇다면 측정 전에 광자들이 어느 하나의 편광 상태를 갖는 게 아니라 두 편광 상태를 동시에 가지고 있었다는 결론을 내릴 수밖에 없다.

관측 결과를 정확히 서술하기 위해서는 관찰되지 않은 입자들이 동시에 두 가지 다른 상태에 있을 수 있다는 점을 인정해야 한다. 카나리 제도에서 수행된 차일링거의 실험은 이 사실을 알려준 첫 번째 실험도, 마지막 실험도 아니었다. 이 실험이 가장 먼 거리에서 일어난 실험으로 기록을 세웠지만(현재까지는 그렇다), 앞선 다른 실험들도 같은 내용을 보여주었다. 양자역학은 이상하지만 정확하다. 좋아하든 싫어하든, 우리는 양자역학에 붙잡혀 있다.

파동함수는 측정하면 붕괴한다는 사실이 특히 불편하다. 우리가 아는 과정 중에는 이렇게 즉각적인 것이 없기 때문이다. 다른 모든 이론에서는, 두 장소 사이가 연결되어 있다는 것은 무언가가 빛보다 느린 속도로 한 곳에서 다른 곳으로 이동해야 함을 의미한다. 이렇게 시간의 흐름에 따라 완만하게 확산하는 것을 '국소성locality'이라고 한다. 국소성은 우리의 일상 경험에 완벽하게 부합한다. 그러나 양자역학은 우리의 기대를 비틀어버린다. 얽힌 입자들은 국소적으로 연결되어 있지 않기 때문이다. 하나를 측정하면 그 즉시 다른 쪽의 상태를 알 수 있다. 아인슈타인

은 이것을 '원거리 유령 작용spooky action at a distance'이라고 불렀다.[6]

다시 말하지만, 양자역학의 비국소성은 미묘하다. 얽힌 입자들 사이에서 어떠한 정보도 교환되지 않기 때문이다. 편광 측정 결과를 예측할 수 없으므로, 입자 쌍을 이용해 한쪽 끝에서 다른 쪽으로 메시지를 보낼 방법은 없다. 비양자역학처럼 양자역학에서도 정보는 빛보다 빠른 속도로 전해질 수 없다. 모든 것은 수학적으로 일관적이다. 단지 기이해 보일 뿐이다.

양자역학이 불편한 또 다른 측면은 측정과 관련하여 양자역학의 공리가 거시 물체(검출기, 컴퓨터, 사람의 두뇌 등등)의 존재를 '가정'한다는 것인데, 이러한 전제가 환원주의에 타격을 가한다. 기본 이론은 거시계의 출현을 설명할 수 있어야지, 거시 물체의 존재를 공리로 가정해서는 안 된다.

양자장이론은 양자역학의 문제들을 고스란히 물려받았다. 따라서 표준모형은 마찬가지로 거시계를 설명하지 못한다.

거시계, 즉 비양자세계의 출현과 관련된 문제를 쉽게 이해할 수 있도록, 1935년에 에르빈 슈뢰딩거는 상자 안에 갇힌 고양이를 상상했다. 상자 안에는 독이 든 장치가 있는데, 원자가 붕괴하면 독이 퍼지고 고양이는 죽는다. 원자 붕괴는 양자적 과정이므로, 원자 반감기가 10분이라고 하면 10분 동안 원자가 붕괴될 확률은 50퍼센트다. 그러나 양자역학에 따르면 측정하기 전까지 원자는 붕괴된 것도 붕괴되지 않은 것도 아니다. 원자는 두 상태의 중첩 상태에 있다. 그렇다면 슈뢰딩거의 고양이는 어떤 상태일까? 고양이는 죽은 상태와 산 상태 모두이고, 우리가 상자를 여는 순간 죽거나 살거나 하는 것일까? 이건 좀 이상하다.

확실히 이상하다. 우리가 일상생활에서 양자적 행동을 절대 목격할 수 없는 데에는 충분한 이유가 있다. 거대한 물체들, 예컨대 고양이나 사람의 두뇌나 컴퓨터의 양자적 속성은 극단적으로 빠르게 사라진다. 이런 물체들은 따뜻하고 포근한 환경에 속해 있으며, 꾸준한 상호작용으로 계의 부분과 부분 사이의 양자 연결을 뒤죽박죽으로 만든다. 이러한 뒤죽박죽을 '결깨짐decoherence'이라고 부른다. 결깨짐은 양자 상태를 일반적인 확률분포로 재빨리 바꾸어놓는다. 측정 기구가 없을 때에도 그렇다. 그러므로 왜 우리가 거대한 물체들의 중첩 상태를 관측할 수 없는지는 결깨짐으로 설명할 수 있다. 고양이는 죽은 동시에 살아 있는 것이 아니다. 고양이가 죽을 확률은 50퍼센트라는 값으로 존재한다.

그러나 결깨짐은 측정 이후 관측 대상의 확률분포가 어떻게 1의 확률을 갖도록 업데이트되는 것인지 설명하지 못한다. 결깨짐은 수수께끼의 전부가 아닌 일부만 해결할 뿐이다.

지는 게임

아직 나는 스티븐 와인버그의 사무실에 있다. 그는 나에게 목소리 상태가 좋지 않으니 인터뷰를 짧게 끝낼 수 있겠냐고 묻는다. 그의 부탁을 무시하고 나는 말한다. "저는 양자역학에 대한 선생님의 의견을 듣고 싶습니다. 선생님은 직접 쓰신 책에서 양자역학을 완전히 망가뜨리지 않고서는 어떤 것도 바꾸기 어렵다고 하셨죠."

"그래요, 맞습니다." 와인버그가 말한다. "하지만 양자역학에 관한 정말로 만족스러운 이론은 없습니다."

그가 피곤한 얼굴로 책상 위의 책을 한 권 집는다. "내가 쓴 양자역학 교과서 2판의 내용을 읽어줄까요. 3.7절입니다. 초판에서는 다소 부정적인 내용으로 썼고, 숙고한 후에는 좀 더 부정적 입장이 되었어요. 내가 쓴 내용은 이렇습니다.

> 내가 내린 결론은 오늘날 심각한 결함이 없는 양자역학의 해석은 존재하지 않는다는 것이다. 모든 이가 이런 견해를 보편적으로 공유하지는 않는다. 사실 수많은 물리학자가 양자역학에 대한 스스로의 해석에 만족한다. 그러나 다양한 물리학자들이 다양한 해석에 만족하는 것이다. 나는 양자역학을 단지 좋은 근사approximation일 뿐으로 보고, 더 만족스러운 다른 이론을 발견할 가능성에 대하여 진지하게 고민해야 한다고 생각한다.

난 정말로 이렇게 생각해요. 그래서 더 만족스러운 다른 이론을 개발하려고 부단히 애를 썼지만 성공하지 못했습니다. 양자역학보다 더 나은 이론을 만들기란 매우 어렵죠. 그러나 양자역학은, 모순은 없지만, 우리가 혐오스럽다고 느끼는 여러 특징을 가지고 있어요. 확률이 포함되어서가 아니고, 확률의 종류가 문제인 겁니다."

그는 설명을 이어간다. "만일 어떤 이론을 찾았는데, 입자들이 이렇게 저렇게 움직이고 여기 아니면 다른 어디로 갈 확률이 구체적으로 존재한다고 설명하면, 그 이론은 그런대로 받아들일 수 있어요. 양자역학에서 마뜩잖은 부분은, 실험이라는 형태로 인간이 자연에 개입하려 할 때 인간이 얻는 확률을 계산하는 형식론입니다. 이론을 상정할 때 인간의 존재를 언급해서는 안 돼요. 우리는 실험 기구나 인간 같은 거시적 물체를 그 바탕에 깔린 이론의 언어로 이해하고 싶은 겁니다. 거시적 물체가 이론의 공리 차원에서 다뤄지는 걸 기대하는 사람은 없을 거예요."

• • •

물리학자들은 다양한 방법으로 양자역학의 수학을 재해석하면서 양자역학을 더욱 매력적인 이론으로 만들었다. 그들의 시도를 크게 두 가지로 분류하면, 파동함수를(일반적으로 ψ로 표기하고 '프사이'라고 읽는다) 실제로 존재하는 것으로 받아들이거나('프사이 존재론psi-ontic' 접근법), 파동함수를 단순히 세상에 관한 지식을 부호화하는 하나의 도구로 간주하는 것이다('프사이 인식론psi-epistemic' 접근법).

프사이 인식론은 질문 자체가 무의미하다고 선언하며 많은 답을 주지 않는다. 이 가운데 가장 잘 알려진 것이 코펜하겐 해석이고, 양자역학의 해석에서 가장 일반적으로 가르치는 내용이다. (앞에서 설명한 내용이기도 하다.) 코펜하겐 해석에 따르면, 양자역학은 블랙박스다. 그 안에 실험 장치들을 집어넣고 수학 버튼을 누르면 확률이 튀어나온다. 측정되기 전에 입자가 뭘 했는지는 우리가 물을 수 있는 문제가 아니다. 다시 말해, 데이비드 머민의 표현을 빌리면 "입 닥치고 계산하라"가 되는 것이다.[7] 이것은 실용적인 태도이지만, 코펜하겐 해석에서 붕괴는 양자역학을 "사용하기 불편한"(맥스 테그마크) 것으로 만드는 "추한 흉터"(레프 바이드만)로 널리 인식되고 있다.[8]

현대적인 프사이 인식론 해석은 큐비즘QBism이다. 여기에서 Q는 양자quantum의 Q이고 B는 확률을 계산하는 방법의 하나인 '베이지안 추론 Bayesian inference'의 B다. 큐비즘에서 파동함수는 실제 세상에 관한 관찰자의 정보를 수집하는 도구이고, 관찰자가 측정하면 업데이트된다. 이 해석은 다수의 관찰자(사람 또는 기계)가 다양한 정보를 가질 수 있다는 점을 강조한다. 상자는 여전히 블랙박스지만, 모두가 자신만의 블랙박스를 가지고 있다. 데이비드 머민은 이것을 "단연 가장 흥미로운 내용"이라며 반기지만, 션 캐롤에게는 그저 "거부 전략"일 뿐이다.[9]

반면 프사이 존재론 해석의 장점은 우리가 좋아했던 양자이론 이전 이론들과 개념적으로 가깝다는 것이다. 그러나 이 해석을 따르면 양자역학의 다른 문제들과 직면하게 된다는 단점이 있다.

파일럿파동 이론pilot wave theory(또는 드브로이-봄 이론)에 따르면, 비국소 유도장이란 것이 있는데, 이 유도장이 고전 입자로 남았을 입자를 경로로 이끈다. 이렇게 말하면 양자역학과는 완전히 다른 것처럼 들리겠지만, 구성과 해석이 다를 뿐 사실은 같은 이론이다.[10] 파일럿파동 이론은 코펜하겐 해석처럼 보편적으로 구성되지 않을뿐더러 유연하게 적용될 수도 없으므로 지금은 인기가 없다. 그러나 벨은 해석이 직관적이라는 점을 꼽으며 파일럿파동 이론이 "자연스럽고 단순하다"라고 평가했다.[11] 반면 존 폴킹혼은 "기회주의적 성격을 가진 매력 없는 이론"이라고 폄하했다.[12]

다세계 (또는 다중 역사) 해석은 파동함수가 절대 붕괴하지 않는다고 간주한다. 그 대신 파동함수는 갈라지거나 '쪼개져서' 평행우주로 진입하는데, 가능한 측정 결과 하나에 대하여 우주가 하나씩 생겨난다. 다세계 해석에서는 측정 문제가 발생하지 않고, 다만 우리는 왜 지금 이 특정 우주에서 살고 있는가 하는 문제만 다룬다. 스티븐 와인버그는 이토록 많은 우주를 "역겹다"고 느끼지만, 맥스 테그마크는 그 안에서 "아름다운" 논리를 찾았고 "단언컨대 가장 단순하고 가장 우아한 이론에는 평행우주가 기본으로 포함된다"고 믿는다.[13]

그다음으로 자발적 붕괴 모델이 있다. 이 모델에서 파동함수는 처음에 확산되고 갑자기 붕괴하는 것이 아니라, 꾸준히 조금씩 수축해서 애초에 널리 확산되지 않는다. 이 모델은 새로운 해석은 아니고 붕괴의 명쾌한 과정을 추가해 양자역학을 조금 수정한 것에 가깝다. 에이드리언 켄트는 양자역학의 "우아함은 물리적 연관성의 강력한 표지"라고 생각하는데, 붕괴가 "임시방편이고 실용적이지만" 그래도 "드브로이-봄 이론과 비교하면 그나마 덜 추하다"라고 말한다.[14]

양자역학의 주요 해석은 이 정도다. 양자역학의 해석은 이보다 더 많고, 각각의 해석은 동시에 몇 가지 다른 상태로 존재할 수 있다.

• • •

스티븐 와인버그가 책을 내려놓는다. 그의 표정을 읽어보려고 하지만, 아직도 앉아 있는 나를 어이없어하는 건지 성가시게 여기는 건지 판단이 서지 않는다. 눈썹을 치켜뜬 건 아까부터 눈치챘지만, 이제는 영원히 그 표정으로 굳어버린 것 같다.

와인버그의 『양자역학 강의*Lectures on Quantum Mechanics*』는 그가 쓴 교과서 중 최근의 것으로 2012년에 출간되었다. 이후 그는 양자역학의 기본을 탐구하거나 더 나은 이해 방법을 연구하는 논문을 몇 편 발표했다.

와인버그가 그 주제에 몰두하고 있다는 것은 분명하다. 나는 왜 그가 이 주제를 연구하기 시작했는지 궁금했다. 생각해볼 다른 문제들이 많은데, 무엇 때문에 굳이 이 문제를 파고드는 것일까?

"결깨짐은 확률분포를 남기잖아요. 결깨짐의 어떤 점이 불편한 건가요?" 내가 묻는다.

"관찰자가 포함된 외부 환경과 우리가 연구하는 계 사이의 상호작용 측면에서 보면 양자역학을 아주 잘 이해할 수 있죠." 그가 말한다.[15] "하지만 그 과정에서 양자역학적 계는 거시계와 상호작용을 하고, 이때 초기 파동함수의 다양한 가지들 사이에서 결깨짐이 발생합니다. 어떻게 그렇게 되는 것일까요? 이것 역시 양자역학으로 서술되어야 합니다. 엄밀히 말하자면 양자역학 자체에서는 결깨짐이 없어요."

그가 이어 말한다. "현재 이 문제를 다뤄보려는 시도가 있습니다. 결깨짐을 부인하고 인간도 다른 모든 것과 마찬가지로 완전히 양자역학적인 존재로 취급하는 거죠. 바로 다중 역사 접근법입니다. 이 다중 역사 접근법에서는, 순수한 파동함수에서 출발하면 그건 언제까지나 순수한 파동함수예요.[16] 시간이 흐를수록 파동함수는 수많은 항을 갖고, 각각의 항에는 관찰자의 설명이 포함되고, 각 항의 관찰자들은 그들이 뭔가 다른 것을 보고 있다고 생각합니다. 마치 한 관찰자가 [입자의] 스핀을 '위'로 보고 다른 관찰자는 스핀을 '아래'로 보는 것처럼 말이죠.

두 갈래 가지로 갈라진 우주의 역사를 받아들일 수 있다면, 이 다중 역사 접근을 통해 무한히 거듭되는, 상상을 초월하는 어마어마한 수의 역사를 얻게 됩니다."

와인버그는 결론을 내린다. "그게 그렇게 되는 거예요. 논리적으로 일관되지 않은 점도 전혀 없는 것 같습니다. 하지만 이 어마어마한 수의 역사를 상상하기란 대단히 역겹죠."

"왜 그게 역겨우세요?"

"모르겠어요. 그냥 그래요. 그 수는 우리가 통제할 수 없는 수예요. 물리학자들이 정부의 승인을 받아 실험하면서 볼 수 있는 그런 일이 아니니까요. 그런 일은 항상 일어납니다. 공기 분자 두 개가 충돌할 때도, 별의 광자가 대기에 날아와 부딪칠 때도 매 순간 무슨 일인가 일어나고, 우주의 역사는 끊임없이 갈라지죠.

역사가 끊임없이 갈라지는 게 불가능하다는 걸 증명할 수 있었으면 좋겠어요. 물론 증명할 수 없습니다. 난 그게 역겨워요. 그런 생각을 떠올린 사람들은 당연히 역겹지 않겠죠. 하지만 난 아무래도 역겹습니다. 양자역학에 대해서는 다양한 사람들이 다양한 해석을 하고 있어요. 모두 만족스러운 해석이지만 전부 다 다르죠."

"그 사람들은 모두 서로의 이론이 역겹다고 생각하고요." 내가 덧붙인다.

"맞아요. 나는 그 문제를 계속 다뤄왔습니다." 와인버그는 한숨을 쉰다. "이 분야의 위대한 철학자들조차도 서로 의견이 달라요. 닐스 보어는 측정이 양자역학으로부터 일탈을 초래한다고 생각했습니다. 순수한 양자역학적 개념 측면에서는 측정을 고려할 수 없다고 말이죠. 그러자 다른 사람들이 아니다, 측정은 가능하지만, 무슨 일이 일어나는지 알 수 있다는 생각은 버려야 하고, 다만 측정해서 얻을 수 있는 확률을 계산하는 규칙이 있다고만 말할 수 있다고 주장했죠. 그러더니만 결국에는 양자역학이 완벽하게 훌륭하고, 단지 무한 개의 역사를 얻을 뿐이라고 하더군요. 그게 [다세계] 접근법이에요…….

곤란한 점은 이 문제들을 해결할 필요가 없다는 겁니다. 나는 양자역학이 뭔지도 모르면서 계속 연구했어요. 내 책에 나오는 얘기를 하나 들려드리죠. 동료인 필립 칸델라스가 대학원생 제자의 경력이 완전히 망가졌다는 거예요. 뭐가 문제였느냐고 물었더니 이렇게 대답하더군요. '그 친구가 양자역학을 이해하려고 들더라고.' 대학원생은 그것만 아니었으면 완벽하고 멋진 경력을 이어나갈 수 있었을 겁니다. 양자역학의 기본을 파고든다는 건 근본적으로 지는 게임이에요."

(만일 당신이 이 말을 어디선가 인용한다면, 누군가의 말을 인용하는 그 자신을 인용하는 사람을 인용하는 첫 번째 사람일 것이다.)

"『과학의 아름다움과 혁명*Beauty and Revolution in Science*』이라는 책 아세요? 제임스 맥칼리스터라는 과학철학자가 쓴 책인데요." 내가 묻는다.

"못 들어봤는데요."

"그는 토머스 쿤의 과학혁명 개념을 확장하려고 해요. 과학에서 일어난 모든 혁명은 과학자들이 다져온 아름다움 개념의 전복을 요구한다고 주장하죠."

"쿤은 훨씬 급진적이에요." 와인버그가 말한다. "혁명이란 분명히 무언가의 전복을 요구합니다. 쿤은 이것을 모든 것의 전복으로 상상했어요. 그래서 한 세대는 이전 세대의 물리학을 이해할 수 없죠. 난 그게 틀린 생각이라고 봐요. 하지만 과학적 혁명을 일으킨다면 분명히 뭔가를 전복하는 것이긴 합니다."

그가 잠시 말을 멈췄다가 덧붙인다. "나는 그게 미학적 판단일 수도 있다는 생각이 나쁘지 않다고 봅니다. 예를 들어, 코페르니쿠스 혁명은 코페르니쿠스가 프톨레마이오스의 체계보다 태양중심설이 훨씬 더 매력적이라고 생각했기 때문에 일어난 것이잖아요. 데이터 때문이 아니라요. 분명히 그건 이전의 미학적 판단과는 다른 미학적 판단이었습니다. 뉴턴 혁명도 뉴턴이 데카르트와는 달리 먼 거리에서 작용하는 힘이 추하다고 보지 않았기 때문에 일어났을 거라고 생각해요. 데카르트는 태양계가 행성들의 밀고 당기기의 직접적인 결과라는 사실을 매우 추하게 여겼습니다. 뉴턴은 거리의 제곱에 반비례해 먼 거리에서도 작용하는 힘에 만족했고요. 그건 미학의 변화였습니다. 아니면 철학적 예견의 변화라고도 할 수 있겠죠. 크게 다른 얘기는 아닙니다." 그는 잠시 침묵을 지키다가 혼잣말을 중얼거린다. "그래요. 꽤나 흥미로운 생각이네요. 그 책을 봐야겠어요."

나는 다시 맥칼리스터의 책 이야기로 돌아간다. "혁명이 이론 개발의 아름다움이라는 개념을 전복하는 것이라면, 과거의 아름다움 개념을 사용하는 게 무슨 소용이 있을까요?"

"음, 아름다움은 단순히 성공적인 이론을 얻기 위한 도구일 뿐입니다. 당신이 생각하는 아름다움의 개념이 바뀌면 그 이론들은 계속 옳을지도 몰라요." 와인버그가 예를 든다. "나는 맥스웰이 꿈꿨던 정말로 만족스러운 전자기이론은 진동을 견디는 매질에 중점을 둔 이론이었을 것 같아요. 빛줄기 안에서 관찰되는 전기장과 자기장의 진동을 설명할 수 있는 이론 말이죠. 맥스웰과 헤비사이드(영국의 물리학자—옮긴이 주) 같은 다른 학자들의 연구를 통해 우리는 단순히 전기장과 자기장이 빈 공간에 침투하는 것이고, 진동은 근본적으로 바탕에 깔린 매질이 아닌 장 자체의 진동이라고 생각하게 되었습니다. 하지만 맥스웰이 개발한 방정식은 여전히 훌륭합니다. 맥스웰의 이론은 살아남았어요. 그게 왜 진실이어야 하는가에 대한 개념은 바뀌었지만요."

그는 말을 잇는다. "물리학 이론은 자주 바뀌지 않습니다. 바뀌는 건 그 이론들이 가진 의미, 그리고 왜 그 이론이 진실이어야 하는가에 대한 우리의 개념이죠. 그래서 나는 모든 게 전복된다고는 생각하지 않아요. 이전의 미학적 판단들이 전복될 수는 있겠지만요. 살아남는 이론은 과거의 미학적 판단에 의해 발생한 이론입니다. 그런 이론들이 성공적이라면, 성공적이지 않을 수도 있는 거죠."

그가 일어서서 방을 나간다.

양자역학은 마술이다

양자역학만 기이한 것이 아니고, 양자역학 연구도 마찬가지로 기이하다. 입자물리학에는 이론과 실험이 있고, 그 사이 어딘가에 현상론이 있다. 현상론자들은(고든 케인처럼) 수학을 단순화시키고 무엇을 얼마만큼의 정밀도로, 어떻게(드물지 않게, 누가) 측정할 수 있는지를 알아냄으로써 이론에서 예측을 얻는 사람들이다.

물리학의 다른 분야에 속한 과학자들은 입자물리학자들처럼 이 세 가지 카테고리로 명확하게 구분되지 않는다. 그러나 현상론자들은 모든 분야에 존재한다. 심지어 실험할 수 없는 양자중력 분야에도 현상론자들은 있다. 양자역학에서는 그렇지 않다. 양자역학의 한쪽에서는 실험을 한다. 그것도 아주 많이. 그리고 다른 쪽에서는 양자역학의 해석을 두고 야단법석을 떤다. 그 사이의 중간 지대는 완전히 텅 비어 있다.

이 모든 다양한 해석을 들여다보고 그것들이 얼마나 추한지를 가늠한 후, 나는 이런 일에 관심이 없는 사람과 얘기를 나눠보기로 했다. 일상생활에서 양자역학을 다루는 사람 말이다. 내가 선택한 사람은 채드 오젤이었다.

채드는 뉴욕 스키넥터디에 있는 유니언 대학교 물리학과 교수다. 그는 기르는 개에게 양자역학을 가르치고, 그 과정을 책으로 쓴 사람으로 잘 알려져 있다.[17] 채드는 인기 과학 블로그인 '불확실한 원리Uncertain Principles'를 운영하면서 양자역학을 이해하기 쉽게 설명해주고 있다. 나는 그에게 영상통화를 걸어 작금의 모든 양자역학 해석에 대한 의견을 묻는다.

"안녕하세요, 채드. 먼저 무슨 일을 하시는지 말씀해주시죠."

"제가 연구하는 내용은 레이저 냉각과 극저온 물리학입니다." 채드가 말한다. 박사학위를 받은 후 채드는 보스-아인슈타인 응축을 연구했다. 보스-아인슈타인 응축이란 아주 낮은 온도로 냉각시킨 원자구름을 말하는데, 이 상태가 되면 양자효과가 매우 강력해진다.

"박사학위 연구는 초저온 제논 원자의 충돌을 들여다보는 것이었어요." 채드가 말한다. "제논 원자는 상대적으로 초속 수 센티미터 또는 수 밀리미터 정도의 속도를 갖죠. 느린 속도로 움직이면 충돌할 때 양자효과가 보이기 시작합니다.

제논은 동위원소가 아주 많아요.• 어떤 것은 합성 보손이고 어떤 것은 합성 페르미온이죠. 만일 제논 동위원소에 극성을 걸었는데 그게 페르미온이면, 그것들은 서로 충돌하는 것이 금지됩니다. 그러면 두 개의 대칭 상태가 되고 서로 차단되니까요."

이러한 차단성은 페르미온의 특징인 극단적 개별성의 한 예이고, 여기에 대해서는 1장에서 설명했다. 두 페르미온을 같은 장소에서 같은 일을 하도록 강제할 수 없다.

채드가 설명을 계속한다. "우리는 제논 원자구름을 만들었어요. 그것들이 충돌하면, 서로 많은 에너지를 교환하고 이온이 튀어나옵니다. 우리는 원자가 극성을 띤 경우와 그렇지 않은 경우에 튀어나온 이온의 개수를 셌어요. 이 정보를 통해 얼마나 많은 원자가 충돌했는지 알 수 있습니다. 이건 아주 확실한 신호예요. 충돌 비율에서도 차이가 나타납니다. 보손들은 아주 만족스럽게 충돌하고 페르미온들은 전혀 충돌하지 않죠. 이건 순수한 양자효과예요."

"원자들이 충돌하지 않으면요?" 내가 묻는다.

"그냥 서로를 지나쳐 갑니다." 채드는 어깨를 으쓱한다. "박사 논문 심사 때 누가 그런 질문을 했어요. '만일 이 원자들을 쪼르륵 일렬로 세워놓으면 무슨 일이 생길까요. 그것들이 어떻게 충돌하지 않을 수 있을까요?' 제가 농담처럼 대답했죠. '양자역학은 마술이거든요.' 더 진지하게 답하자면, 원자는 그렇게 완벽하게 일렬로 늘어놓을 수 있는 조그마한 당구공처럼 생각할 수 없다는 겁니다. 원자는 서로를 통과해 지나갈 수 있는 커다랗고 북슬북슬한 덩어리 같은 것으로 생각해야 해요. 나는 갓 노벨상을 받은 박사학위 지도 교수님을 돌아보며 물었습니다. '동의하

• 화학원소의 원자핵 안에는 정해진 개수의 양성자가 있지만, 중성자의 개수는 다양하다. 이렇게 중성자 개수에 차이가 있는 원소를 동위원소라고 한다.

십니까? 그게 그런 식으로 움직이나요?' 그러자 그분이 '그럼. 양자역학은 마술이지'라고 하셨죠."[18]

• • •

우리의 직관이 양자 세상에서 먹히지 않는다는 건 직관적으로 이해가 간다. 우리는 일상생활에서 양자효과를 경험하지 못한다. 양자효과는 너무 미미하고 쉽게 깨지기 때문이다. 사실 양자물리학이 직관적이라면 그게 더 놀라울 것이다. 우리는 거기에 익숙해질 기회를 전혀 얻지 못했기 때문이다.

하나의 이론이 직관적이지 않다는 점은 그 자체로 큰 흠이 아니다. 그러나 미학적 매력의 결핍처럼 이론의 발전에는 장애로 작용한다. 아마도 이것은 우리가 극복할 수 있는 장애가 아닐 것 같다. 우리는 인간이 이해할 수 있는 한계에 도달했기 때문에, 물리학의 기반에 발이 묶여 있는 것일지도 모른다. 이제는 다음 주자에게 성화를 넘길 때다.

• • •

애덤은 미생물 성장 실험을 한다. 애덤은 가설을 세우고 연구 전략을 짜며, 연구실에서 배양기와 원심분리기를 조작한다. 그러나 애덤을 '그'라고 부르면 안 된다. 애덤은 '그것'이다. 애덤은 애버리스트위스 대학교의 로스 킹 연구팀이 제작한 로봇이다. 애덤은 특정 효소의 합성을 담당하는 효모 유전자를 성공적으로 규명했다.[19]

물리학에서도 기계의 행진은 진행 중이다. 뉴욕 이타카에 있는 코넬 대학교의 크리에이티브머신연구소의 연구원들은 소프트웨어를 개발했다. 원본 데이터를 입력하면, 복잡한 이중진자 같은 시스템의 운동을 지배하는 방정식을 추출해내는 소프트웨어다. 인간이 알아내려고 한 세기 동안 씨름했던 자연법칙을 컴퓨터로 재도출하는 데에는 30시간 정도면 충분하다.[20]

양자역학의 최근 연구에서는 안톤 차일링거 연구팀이 ('멜빈'이라고 명명된) 소프트웨어를 사용해 실험을 설계했고, 인간이 그 실험을 수행했다.[21] 실험 설계를 자동화해보자는 아이디어를 낸 박사과정 학생 마리오 크렌은 결과에 만족했지만, 여전히 "정확히 무슨 일이 일어나고 있는지 직관적으로 이해하기는 대단히 어렵다"라고 말한다.[22]

이것은 시작에 불과하다. 과학의 핵심 과제는 패턴을 찾고 정보를 구성하는 것인데, 인공 신경망은 이런 임무에 최적화되어 있다. 이렇게 인간의 두뇌 기능을 흉내 내도록 설계된 컴퓨터들은 오늘날 그 어떤 인간도 이해할 수 없는 데이터를 분석하고, 딥러닝 알고리즘을 통해 데이터의 상호관계를 탐색한다. 기술 발전이 '과학을 한다'는 말의 의미를 바꿔놓고 있는 것은 틀림없는 사실이다.

언젠가 우리가 그저 우주론적 데이터들을 인공지능AI에 입력하는 것 말고는 할 일이 없게 될 날을 상상해본다. 지금 우리는 암흑물질과 암흑에너지가 무엇인지 궁금해하지만, 이 질문은 AI에게는 애초에 말이 안 되는 것이다. AI는 단지 예측할 뿐이다. 그리고 우리는 그 예측을 테스트할 것이다. 만일 AI가 일관적으로 옳다면 우리는 AI가 옳은 패턴을 발견하고 추론했음을 알게 될 것이다. 그렇다면 그것이 새로운 조화모형이 될 것이다. 우리는 질문을 입력한다. 그러면 답이 튀어나온다. 그게 전부다.

독자 여러분이 물리학자가 아니라면, AI의 예측이나 물리학자들이 알쏭달쏭한 수학이나 암호 같은 용어들을 사용해 내놓은 예측이 큰 차이가 없다고 생각할 것이다. 그것은 또 다른 블랙박스에 불과하다. 오히려 여러분은 물리학자들보다 AI를 더 신뢰할지도 모른다.

그러나 예측하는 것과 예측을 응용하는 것은 언제나 과학의 한 단면일 뿐이었다. 다른 중요한 단면은 이해다. 우리는 답만 원하는 것이 아니라 답에 대한 설명도 원한다. 궁극적으로 우리는 지성 역량의 한계에 도달할 것이다. 이후에 우리가 할 수 있는 최선은 더 복잡한 사고 도구에게 질문을 넘기는 것이다. 그러나 나는 이론 이해를 포기하기엔 아직 이르다고 생각한다.

안톤 차일링거는 말했다. "팀에 젊은 친구들이 들어오면, 처음엔 어둠 속에서 헤매면서 자기가 가야 할 길을 직관적으로 찾지 못합니다. 그러다 어느 정도 시간이 지나면, 그러니까 두어 달 정도 흐르면, 본궤도에 올라서서 양자역학에 대한 직관적 이해를 키우게 되죠. 옆에서 지켜보면 흥미로워요. 자전거 타는 법을 배우는 것과 비슷하거든요."[23]

직관은 노출의 필연적 결과다. 양자역학에 (방정식 없이도 완벽하게) 노출될 수 있는 좋은 매체로 비디오게임 '퀀텀 무브Quantum Moves'가 있다.[24] 이 게임은 덴마크 오르후스 대학교의 물리학자들이 개발한 것인데, 게임 플레이어는 양자 문제에 대한 효율적인 솔루션을 발견할 때마다 점수를 얻는다. 예를 들면 원자를 이 퍼텐셜 우물potential dip에서 저 퍼텐셜 우물로 옮기면 득점할 수 있다. 가상의 원자는 양자역학의 법칙

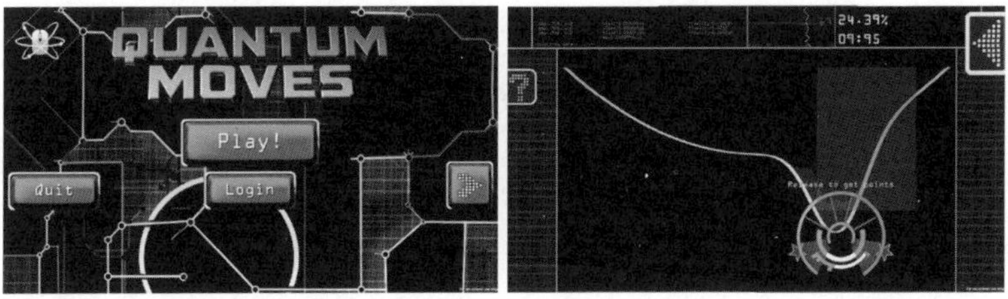

그림 10 비디오게임 '퀀텀 무브'의 화면.

을 따른다. 원자는 작은 구슬 모양이 아니라 불확정성 원리의 지배를 받는 기이한 액체처럼 보이며, 한 곳에서 다른 곳으로 굴을 파고 나아갈 수 있다. 게임에 익숙해지려면 시간이 걸린다. 그러나 플레이어 전략에서 크라우드 소싱crowd sourcing(여러 명의 참여를 통해 최적화된 솔루션을 얻는 방법—옮긴이 주)을 통해 얻은 최상의 솔루션이 컴퓨터 알고리즘으로 찾은 해법보다 훨씬 더 효율적이라는 사실에, 개발자들도 깜짝 놀랐다.[25] 양자적 직관 측면에서는 인간이 AI를 능가하는 것 같다. 적어도 지금은 그렇다.

그러니까, 마주 보고 앉아 양자역학이 이상하다고 따지는 걸 멈추고 이제는 양자역학에 익숙해져야 한다고 나는 생각한다. 양자역학이 진화된 기술인 건 맞지만 마술과는 확연히 다르다.

• • •

채드가 어깨를 으쓱하며 양자역학이 마술이라고 농담하는 것을 보고, 그가 수학적 해석에 그리 신경 쓰지 않는 것 같다는 인상을 받는다. 그렇지만 신경 쓰지 않기도 쉽지는 않다. 수학적 형식주의를 자주 사용하다 보면, 계산하는 동안 무슨 일이 일어나는지를 느끼는 감각이 생긴다. 단순히 결과만 보는 것이 아니라 그 결과에 어떻게 도달하게 되었는지도 함께 보는 것이다. 그리고 흥미를 쫓는 인간의 본성에 따라 추상성에도 이야기가 담겨 있을 때 더 잘 다루어진다.

"양자역학 해석 중에 좋아하는 것이 있나요?" 나는 채드에게 묻는다.

"나는 기질적으로 입 닥치고 계산이나 하는 인간이라서요." 채드가 대답한다. "다양한 사례에 대해 다양한 결과를 내놓는 실험을 고안할 수 없다면, 나에겐 무의미했습니다. 이토록 평범한 실체로 이어지는 길 위에서 이상한 일이 일어나는 것도, 또 그것을 이야기하는 것도 무척이나 흥미로운 일이에요. 지금의 양자역학은 누구도 다른 결과를 가져다줄 실험을 알려줄 수 없는 상태입니다. 이를테면 '다세계 해석 대 파일럿파동 이론' 실험 같은 것 말이죠. 이게 불가능하다면 결국 미학적 선택만 남는 겁니다.

나는 사람들이 다양한 해석을 추구하는 게 가치 있는 일이라고 생각해요. 물어볼 가치가 있다고 여겨지는 질문을 다채롭게 만드는 것이니까요. 원하는 해석을 사용해서 어떤 실험이든 설명해낼 수 있는 와중에도, 몇몇 유형의 실험들은 특정 해석을 사용해서 좀 더 자연스럽게 설명할 수 있거든요."

그는 한 실험을 사례로 든다. 이중 슬릿을 통과할 때 입자들이 지나가는 평균 곡선을 추적하는 것인데, 그 커브는 파일럿파동 해석으로 설명될 수 있지만, 만일 파동함수가 관찰자의 정보를 수집한다고 생각하면 큰 의미가 없다. 반면 양자 상태를 복제하고 삭제하는 실험은 정보 수집의 측면에서 더 쉽게 해석된다.

"실험적 테스트와 연결되지 않는다면 '옳은' 해석에 관한 주장이 왜 그렇게 많은 걸까요?" 내가 묻는다.

"인식론 추종자들과 존재론 추종자들 사이에 간극이 있어요. 존재론 추종자들에게 파동함수는 실제로 존재하고 변화하는 것이고, 인식론 추종자들에게 파동함수는 정말로 우리가 아는 걸 그냥 서술하는 것일 뿐입니다. 이 간극이 이 세상에 대한 우리의 무지를 보여주죠. 사람들은 두 해석 사이의 연속체 안에서 어디든 놓일 수 있어요.

이쪽 편 사람들은 저쪽 편 사람들이 불연속적 붕괴를 믿는 게 불쾌하죠. 불연속적 붕괴는 인식론적 접근법을 믿는 사람에겐 대단히 추해 보일 거예요. 그 반대편에는 아인슈타인의 고전적인 주장이 있죠. '아무도 달을 보지 않는다면 달은 거기 있는 것인가'라는 문제 말입니다."

아인슈타인은 양자역학이 불완전하다고 믿었다. 그는 누군가 그것을 관찰하든 말든, 물체가 확실한 성질을 가지고 있어야 한다고 생각했다. 아무도 쳐다보지 않으면 그 자리에 달이 없다고 생각하는 것은 얼토당토않다는 주장은 그의 생각을 보여주는 전형적인 사례다.[26] 그러나 우리는 거대 물체가 양자적 특성을 가질 거라고 기대하지 않는다. 바로 결깨짐 때문이다. 슈뢰딩거의 고양이처럼 아인슈타인의 달도 실제 문제라기보다는 문제를 설명하기 위한 과장이다.

채드는 아인슈타인의 달 주장이 지닌 매력을 늘어놓는다. "물체는 인간이 그에 대한 정보를 갖고 있든 갖고 있지 않든 그저 존재해야 합니다. 사람들은 근원적 실체가 존재하기를 바라고, 존재론 입장에서는 어떤 특성을 측정하기 전까지는 그 물체가 정말로 거기 있는 게 아니라는 생각을 추하게 여겨요. 어느 쪽이든 사람들은 상대방에게서 불쾌한 뭔가를 찾아내는 겁니다."

"당신은 그 연속체 위의 어디쯤 있나요?"

"나는 양쪽 모두 들여다볼 만한 장점이 조금씩은 있다고 봐요. 우리가 배우는 것이 이 세상에 대한 정보라는 데 대부분 동의합니다. 동시에 이 [정보에] 관한 '상태'가 존재한다는 견해도 그다지 거슬리지 않고요. 나는 확고하지 못한 중간에 있는 거죠."

"입자 물리학자들은 자기들이 좋아하지 않는 걸 일부러 고르기도 하죠. 그런 결점이 오히려 더 나은 이론을 위한 안내자가 될 수 있다는 걸 알고서요. 기본 양자물리학에서도 상황이 비슷한가요?"

"입자물리학과는 상당히 다릅니다. 입자물리학에서는 구체적으로 정량화할 수 있는 문제들이 있지만, 우리는 그 답을 모르죠. 이를테면 암흑에너지 같은 것이요. 진공 에너지에 대해서는 계산할 수 있는데 10의 120제곱만큼 큰 답이 나왔어요. 그걸 없애겠다고 뭔가 기괴한 짓을 해야 하는 거죠. 기본 양자물리학에서는 [이중 슬릿에 전자 한 개를 통과시키면 무슨 일이 일어나는지에 대해] 모두가 동의합니다. 문제는 그 과정에서 일어나는 일에 대해 '당신'이 무엇을 믿느냐 하는 거예요.

사람들은 기존의 [수학적] 형식을 이용할 수 있고, 계산할 수 있고, 소수점 이하로 터무니없이 많은 수를 구해 정확한 결과를 얻을 수 있어요. 그러니까 그건 양적 문제는 아닙니다. 입자물리학의 문제들보다 훨씬 더 철학적인 문제죠. 입자물리학이든 양자물리학이든 두 분야의 문제 모두 미학적 요소를 가지고 있습니다. 사람들은 두 분야의 문제가 수학적으로 추하기 때문에 이런 식으로는 안 된다고 느끼고 있어요. 그러나 기본 양자물리학에서는 양적 불일치가 없습니다. 사람들은 우리가 진실이라고 알고 있는 이상한 것들에 불만을 품고 있고, 이 문제를 우회할 방법을 찾으려고 해요.

양자에서 얻는 철학적 요소 중 대다수는 진짜 우스꽝스러운 것, 이를테면 유진 위그너가 던진 질문인 '왜 애초에 우리는 물체를 수학으로 서술할 수 있는가?'에서 아주 약간 벗어나 있을 뿐이죠.[27] 그런 식으로 따지면, 왜 우주는 별다른 이유 없이 그토록 단순하고 우아한 수학적 법칙을 따르는 건지 궁금해서 밤에 잠이 안 올 걸요. 하지만 이런 문제는 그냥 넘겨버리고 이렇게 말할 수도 있는 겁니다. '봐, 우리는 이런 단순하고 우아한 법칙도 알고 계산도 할 수 있어!' 나는 그렇게 생각합니다."

"새 이론을 찾으려고 할 때, 과연 그런 자세가 유용할까요?" 나는 묻는다.

"그래요. 그게 문제죠." 채드가 말한다. "이런 철학적 문제들과 계산할 수 없는 것들에 대해 생각해봐야겠죠. 하지만 어쩌면 수학은 그냥 추한 것이고 누군가 계속 갈아내야 하는, 그런 것인지도 몰라요."

간단히 말해서

- 양자역학은 훌륭하게 작동하지만, 많은 물리학자가 직관적이지 않고 추하다고 불평한다.
- 직관은 경험에 의해 쌓일 수 있고, 양자역학은 세상에 나온 지 얼마 안 된 이론이다. 미래 세대들은 양자역학을 더 직관적으로 볼 수 있을지도 모른다.
- 양자역학의 기반에서도 해답을 요구하는 실질적인 문제가 무엇인지 분명하지 않다.
- 어쩌면 양자역학을 이해하기란 우리가 생각하는 것보다 더 어려운지 모른다.

7장

모든 것을 지배하는 하나의 법칙

자연법칙이 아름답지 않았다면
사람들이 과연 신경을 썼을까?
나는 애리조나에 들러 프랭크 윌첵이
'무언가의 이론'에 대해 들려주는 이야기를 듣는다.
그러고 나서 마우이섬으로 날아가 개럿 리시와 대화한다.
나는 추한 사실을 새롭게 알게 되고,
물리학자들에게 다시 한번 실망한다.

선 수렴시키기

역사상 마지막 만물의 이론은 2500년 전의 것이다. 그리스 철학자 엠페도클레스는 이 세상이 네 가지 원소, 즉 흙, 물, 공기, 불로 이루어져 있다고 주장했다. 훗날 아리스토텔레스는 여기에 천상의 원소인 제5원소를 추가했다. 이 시절에도 모든 것을 설명하는 일은 쉽지 않았다.

아리스토텔레스의 철학에서 각각의 원소는 두 가지 성질을 가지고 있다. 불은 건조하고 뜨겁고, 물은 축축하고 차가우며, 흙은 건조하고 차갑고, 공기는 축축하고 뜨겁다. 물질 변화가 일어나는 이유는 (1) 원소들이 자연스러운 장소로 돌아가려 하기 때문인데, 공기는 위로 올라가고, 돌은 떨어지는 식이다. (2) 모순되는 결과가 없는 한 원소들이 가진 성질을 한 번에 하나씩 바꿀 수 있기 때문이다. 건조하고 뜨거운 불은 건조하고 차가운 흙으로 변할 수 있고, 축축하고 차가운 물은 축축하고 뜨거운 공기로 변할 수 있다.

바위가 떨어지는 것이 자연스러운 성질이라는 가정은 많은 것을 설명하지는 않지만, 아리스토텔레스의 원소론은 이해하기 쉬운 단순한 이론이다. 이 이론은 대칭도형으로 간단히 요약할 수 있다(그림 11).

그러나 이미 기원전 4세기에도 이 가설이 지나치게 단순하다는 것이 드러났다. 연금술사들이 더 많은 물질을 분리하면서, 4원소설로는 물질의 다양성을 설명할 수 없었다. 18세기에 이르러서야 화학자들은 모든 물질이 더 이상 분리될 수 없는 '원소들' 몇 개(백 개가 되지 않는 것으로 생각했다)의 조합이라고 이해했다. 바야흐로 환원주의reductionism의 시대가 시작된 것이다.

한편, 뉴턴은 바위의 낙하와 행성의 운동이 같은 원인으로 일어난다고 보았다. 바로 중력이다. 제임스 줄은 열이 에너지의 일종임을 밝혔고, 열과 에너지 모두 훗날 원자라고 불리는 작은 것들의 움직임에서 비

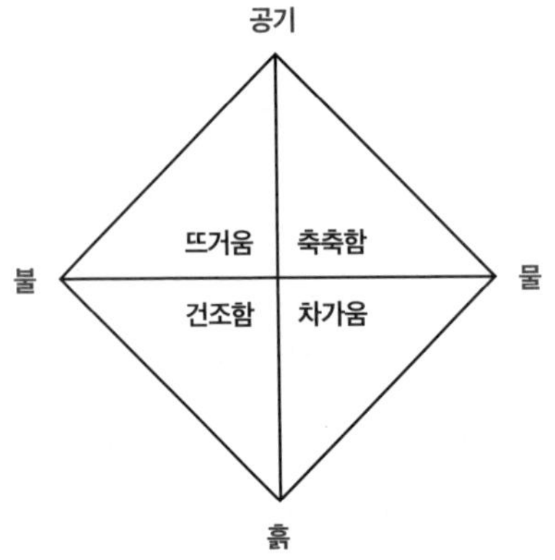

그림 11 아리스토텔레스의 사원소와 상관관계를 도형으로 표현한 그림. 이 이론은 기원전 4세기로 거슬러 올라간다. 동시대의 동양 문명 기록에서도 비슷한 분류가 발견되었다.

릇된다는 사실이 밝혀졌다. 모든 화학원소에 대하여 원자는 다른 유형으로 존재한다. 맥스웰은 전기와 자기를 전자기로 결합시켰다. 이전까지는 서로 관계없던 효과들이 공통 이론으로 설명될 때마다 새로운 통찰과 응용이 뒤따랐다. 조석은 달에 의해 발생하는 것이고, 에너지는 냉장고에서 사용될 수 있으며, 회로는 전자기 복사를 만들어낼 수 있다.

19세기 말 물리학자들은 원자가 특정 파장의 빛을 방출하거나 흡수할 수 있다는 사실을 알게 되었지만, 관측된 패턴의 규칙성은 설명할 수 없었다. 이를 설명하기 위해 양자역학이 개발되었다. 양자역학은 원자 스펙트럼뿐 아니라 화학원소들의 성질 대부분도 설명했다. 1930년 무렵에 물리학자들은 원자 가운데에 중성자와 양성자라고 하는 더 작은 입자가 있고, 그 주위를 전자가 에워싸고 있음을 발견했다. 이 발견은 환원주의의 또 다른 이정표였다.

통합의 역사에서 그다음으로 등장하는 인물은 아인슈타인이다. 아인슈타인은 공간과 시간을 결합해 특수상대성이론을 유도했고, 중력과 특수상대성이론을 결합해 일반상대성이론을 탄생시켰다. 그러자 양자역학과 특수상대성이론 사이의 모순을 제거해야 했고, 이는 전기역학을 양자화하는 결과로 이어졌다.

나는 여기 어디쯤의 물리학 이론이 가장 단순했던 것 같다고 생각한다. 그러나 그 시절의 물리학자들은 양자화된 전기역학이 설명할 수 없는 방사성 붕괴에 대해 알고 있었다. 여기에 새롭게 제안된 약한 핵력이 붕괴를 일으킨다고 밝혀져 이론에 추가되었다. 그다음 입자 충돌기는 매우 높은 에너지까지 도달해 강한 핵력을 탐사할 수 있었고, 물리학자들은 입자 동물원을 고안했다.[1] 일시적인 복잡성의 증가는 강한 핵력 이론과 약전자기의 통일에 의해 곧바로 정리되었다. 이에 따르면, 동물원 구성원 대부분이 합성 입자이며 더 이상은 쪼개질 수 없는 24개의 입자로 만들어진다.

24개의 입자(나중에 힉스 보손이 추가되어 총 25개가 되었다)는 오늘날까지도 여전히 기본 입자들이며, 표준모형에 일반상대성이론을 더한 것으로 모든 관측 결과를 설명할 수 있다. 여기에 암흑물질과 암흑에너지가 추가되었지만, 암흑인 것들의 미시적 구조에 관한 데이터가 전혀 없기 때문에 현재로서는 이들을 어렵지 않게 수용할 수 있다.

그러나 통합에서 거둔 성공을 바탕으로, 물리학자들은 이제 논리적으로 따져 볼 때 다음으로 할 일은 대통일이론grand unified theory, GUT을 만드는 것이라고 생각하게 되었다.

• • •

우리는 이론의 대칭을 수학자들이 '군group'이라 부르는 것으로 분류한다. 군은 대칭을 지키면서 이론이 바뀌지 않도록 하는 모든 변환을 모은 것이다. 예를 들어 원의 대칭군은 가운데를 중심으로 하는 회전들로 이루어지는데, 이 군은 U(1)이라는 이름으로 묶인다.

지금까지 대칭에 관한 논의에서, 우리는 방정식의 대칭과 자연법칙의 대칭을 논의했다. 우리가 관측하는 것은 방정식 자체로 서술되지 않고, 방정식의 풀이로 서술된다. 방정식이 대칭을 가지고 있다고 해서 그 풀이도 동일한 대칭성을 갖는 것은 아니다.

탁자 위 돌고 있는 팽이를 생각해보자(그림 12). 탁자 표면은 모든 방향으로 균일하다. 따라서 운동방정식은 회전에 대하여 탁자에 수직인 모든 축 주위로 대칭이다. 일단 팽이가 돌기 시작하면, 팽이의 운동은 마찰에 의한 각운동량 손실에 의해 지배받는다. 처음 팽이의 회전은 실질적으로 회전 대칭을 따른다. 그러나 결국 팽이는 쓰러지고 회전을 멈춘다. 그러고 나면 팽이는 특정한 방향을 가리킨다. 우리는 이럴 때 대칭이 '깨졌다'라고 말한다.

자발적으로 깨진 대칭은 자연의 기본 법칙에서 흔히 있는 일이다. 회전하는 팽이가 보여주듯이, 하나의 계에서 대칭이 지켜지는지 여부는 계가 가진 에너지에 의해 좌우된다. 팽이는 충분한 운동에너지를 가진 경우 대칭을 준수한다. 그러다가 마찰력이 운동에너지를 어느 정도 빼앗아간 후에 비로소 대칭이 깨진다.

기본 대칭도 마찬가지다. 우리가 일반적으로 다루는 에너지는 주위 온도에 따라 결정된다. 입자물리학의 관점에서 보면, 이런 일상생활의 에너지는 매우 작다. 예를 들어 실온은 대략 1eV의 40분의 1에 해당하며, LHC에서 양성자 충돌로 뿜어내는 에너지보다 10의 14제곱만큼 작

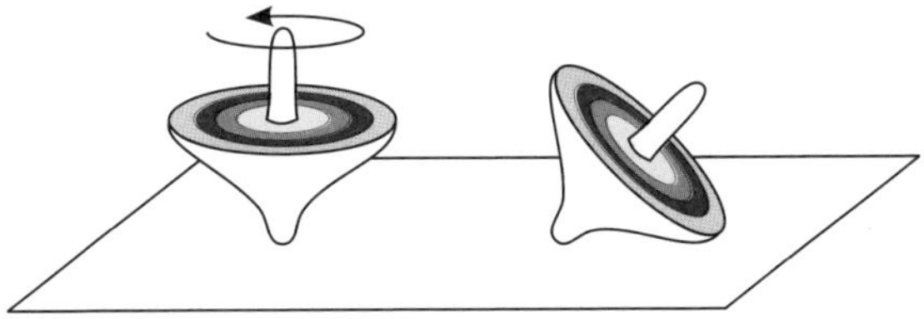

그림 12 회전하는 팽이는 움직이는 동안에는 회전에 대칭이다. 마찰로 에너지를 잃으면 대칭은 깨진다.

다. 이렇게 에너지가 낮은 실온에서는 기본 대칭 대부분이 깨진다. 그러나 높은 에너지에서 대칭은 '깨지지 않는' 또는 '복원되는' 속성을 가질 수 있다.

예를 들어 약전자기 상호작용의 대칭은 LHC의 에너지 수준에서 복원되는데, 이것은 힉스 보손의 생성 신호다.

• • •

표준모형은 세 개의 다른 대칭군을 요구한다. 약전자기 상호작용을 위한 U(1)과 SU(2), 강한 핵력을 위한 SU(3)이다. 작은 숫자로 알 수 있듯이, 이 대칭군은 작은 군이다. 더 큰 대칭군에는 더 작은 군이 포함되는 경우가 종종 있다. 따라서 높은 에너지에서 대칭이 깨지는 하나의 거대 군은 우리가 관찰하는 에너지에서 표준모형을 발생시킬 수 있다. 이러한 시나리오에서 낮은 에너지에서의 대통일 대칭grand unified symmetry은 귀 하나, 꼬리 하나, 다리 하나만 그린 코끼리와 같다. 완전한 코끼리는 대략 10^{16}GeV로 추정되는 통일 에너지, 즉 LHC 에너지보다 10^{15}배가량 큰 에너지에서만 복원된다.

처음 제안되었던 통일 대칭은 표준모형의 대칭군을 포함하는 가장 작은 군인 SU(5)를 사용했다. 이런 통일된 힘은 일반적으로 양성자 붕괴를 허용하는 새로운 상호작용을 일으킬 수 있다. 그리고 양성자가 불안정하면 모든 원자핵도 다 불안정해진다. 이러한 통일이론에서 양성자의 생애 주기는 10^{31}년만큼 길어지는데, 이는 우주의 현재 나이보다 훨씬 긴 시간이다. 물론 양자역학에 따라 양성자의 '평균' 수명이 그 정도로 길다는 의미일 뿐이다. 일단 양성자가 붕괴할 수 있으면, 붕괴는 빠르게 진행될 수 있다. 그런 빠른 붕괴가 드물 뿐이다.

물 분자 하나에는 10개의 양성자가 있고, 물 1리터에는 10^{25}개의 물 분자가 있다. 그러므로 한 개의 양성자가 붕괴하는 걸 보기 위해 10^{31}년을 기다리는 대신, 거대한 수조를 놓고 그 안에서 수많은 양성자 중 하나가 붕괴하는 것을 기다려도 된다. 이런 실험은 1980년대 중반부터 진행되었지만, 오늘날까지 그 누구도 양성자 붕괴를 목격하지 못했다. 현재까지의 관측(또는 관측의 부재)은 양성자의 평균 수명이 10^{33}년보다 더 길 수 있다고 암시한다. 그러므로 SU(5) 통합은 배제된다.

통일에 관한 다음 시도는 더 큰 군인 S(10)을 이용했다. 여기에서는 양성자 수명의 상한이 훨씬 더 길다. 이후 몇 가지 다른 대칭군들이 시도되었고, 그중 일부는 양성자 수명을 10^{36}년까지 늘렸다. 이 정도면 앞으로 수행될 실험에서 확인할 수 있는 것보다도 훨씬 긴 시간이다.

거대 군들은 표준모형의 내용보다 더 많은 것을 포함하기 때문에, 대통일이론은 양성자 붕괴뿐만 아니라 새로운 입자도 예측한다. 이 새 입자들은 늘 그렇듯 너무 무거워서 지금 우리의 능력으로는 검출이 어렵다. 현재 이론물리학자들은 앞으로 실험적으로 배제되지 않을 만한 안전한 통일이론들의 집합을 갖고 있다.

그러나 대통일만 가지고는 힉스 질량 문제를 풀지 못한다. 문제 해결을 위해 물리학자들은 대통일에 초대칭을 부여한다. 지금까지 테스트했던 에너지에서는 아직 초대칭 입자들을 보지 못했기 때문에 초대칭이 (만일 초대칭이 자연의 대칭이라면) 그보다 높은 에너지에서 깨진다는 것은 알고 있다. 그러나 어느 정도의 에너지에서 초대칭이 복원되는지, 아니면 그런 일이 과연 일어나기는 하는지 아직은 모른다. 초대칭이 힉스 질량을 자연스럽게 만들어준다는 주장은 LHC에서 이미 초대칭이 깨지는 에너지에 도달했어야 한다는 의미다.

초대칭을 대통일에 추가하면 대칭의 양이 늘어나는 것뿐만 아니라 양성자의 수명도 늘어나는 경향이 있다. 예를 들어 초대칭을 추가한 SU(5)의 어떤 변종들은 아직도 생존과 배제의 경계에 아슬아슬하게 매달려 있다. 그러나 초대칭을 추가한 주된 이유는 4장에서 논의했던 또 다른 수적 우연의 일치, 즉 게이지 결합 때문이다(그림 8).

대통일이론은 표준모형보다 엄격한 구조를 갖는다는 매력이 있다. 예를 들어 약전자기 이론은 다른 두 개의 군, 즉 U(1)과 SU(2)를 포함하며 이와 관련된 결합상수가 두 개 있기 때문에 만족스러운 통일이라고 보지 않는다. 두 상수는 '약력의 섞임각weak mixing angle'이라는 매개변수와 관련이 있고, 표준모형에서는 매개변수의 값을 측정해서 결정해야 한다. 그러나 대부분의 대통일이론에서 약력의 섞임각의 사인 제곱은 대통일이론 에너지에서의 군의 구조에 의해 3/8로 고정된다. 낮은 에너지로 외삽하면 실험 데이터와 양립 가능한 값이다.

수많은 물리학자는 이 수가 우연의 일치라고 생각하지 않는다. 나 역시 그것들이 뭔가를 의미하는 게 틀림없다는 말을 자주 들었고, 가끔은 뭔가를 의미하는 게 틀림없다는 확신도 든다. 그러나 여기에는 우리가 알아야 하는 '그러나'가 몇 개 존재한다.

게이지 결합이 일치된 값으로 얼마나 수렴하느냐는 초대칭이 깨지는 에너지에 따라 좌우된다. 이것이 가장 중요하다. 만일 그 에너지가 2TeV보다 높으면 수렴성은 낮아지기 시작한다. LHC는 그 아래 에너지에서의 초대칭 깨짐을 배제하는 데 근접해 있어 초대칭의 가장 거대한 매력 중 하나를 망치고 있다. 뿐만 아니라 우리가 대통일을 원한다면, 이 결합들이 모두 같은 에너지에서 한 번에 만나야 할 특별한 이유는 없다. 두 결합이 먼저 만나고 그다음 세 번째가 합쳐져도 된다. 이것을 원치 않는 이유는 추가적으로 에너지 척도를 끌어와야 해서 예쁘지 않기 때문이다.

결합상수의 수렴을 초대칭에서만 독점하는 것은 아니라는 점도 중요하다. 수렴은 무거운 입자들을 추가한 결과고, 무거운 입자들은 큰 에너지에서 영향력을 발휘하기 시작한다. 이 곡선들이 만날 수 있도록 입자들을 추가할 때, 수많은 조합이 존재할 수 있다. 초대칭에서는 추가적인 입자들을 선택하는 것이 자유롭지 않고, 물리학자들은 이러한 견고성이 이론의 유리한 성질이라고 생각한다. 뿐만 아니라 초대칭에서 곡선들이 수렴하는 것은 처음에 초대칭이 등장했을 때는 예상하지 못했던 것이다. 앞서 본 바와 같이 물리학자들은 예상하지 못했던 발견에 더욱 많은 관심을 기울인다.

이런 '그러나'들이 존재한다. 그럼에도 초대칭은 추구해볼 만한 가치가 있다. 새로운 초대칭 입자 중 일부는 암흑물질에 맞는 성질을 가지고 있다. 이 입자들은 초기 우주에서 풍부하게 만들어질 수 있고, 안정적이기 때문에 상호작용을 약하게 할 뿐 우리 주위에 머물고 있을 것이다.

초대칭은 이론물리학자들이 소중히 여기는 것들, 즉 대칭, 자연스러움, 통일, 뜻밖의 통찰까지 모든 것을 통합시킨다. 초대칭은 생물학자들이 말하는 '초자극superstimulus' 같은 것이다. 인위적이지만 저항할 수 없는 방아쇠이다.

"초대칭은 이 모든 문제의 해답을 제공하는데, 이 해답은 부정할 수 없을 만큼 단순하고, 우아하며, 지금까지 제안된 어떤 이론보다 아름답다. 만일 세상이 초대칭적이라면, 모든 퍼즐 조각이 멋지게 들어맞는다. 초대칭을 공부하면 할수록 흥미로워서 눈을 뗄 수 없다." 입자물리학자 댄 후퍼는 이렇게 썼다.[2] 인기 있는 양자장이론 교과서를 집필한 마이클 페스킨에 따르면, 초대칭은 "세상의 궁극적 견해를 향하는 다음 단계이며, 이 단계에 올라서면 모든 것은 대칭적이고 아름다워진다".[3] 데이비드 그로스는 초대칭을 일컬어 "아름답고 '자연스럽고' 독창적"이라고 했고, "아인슈타인도 초대칭을 공부했다면 초대칭을 사랑했을 것"이라고 주장했다.[4] 프랭크 윌첵은 조금 더 신중한 자세로 자연을 믿는다. "이 모든 단서에 오해의 소지가 있을 수도 있다. 만일 그렇다면 그것은 대자연 어머니의 잔인한, 정말로 고약한 취향의 잔인한 농담일 것이다."[5]

무언가의 이론

애리조나주 템피에 왔다. 빨간 불인데도 젊은 남자가 길을 건넌다. 셔틀버스 운전기사가 브레이크를 밟으며 욕설을 퍼붓는 바람에, 생각에 잠겨 있다가 현실로 돌아온다. 남자는 휴대폰을 들여다보며 천천히 차도에서 벗어난다. 버스가 다시 달리고, 운전기사는 나에게 대학 캠퍼스가 확장 중이라며 말을 건다. 학생 수가 늘어나면서 학생들이 도처에서 튀어나오고, 학생들 입맛에 맞는 새로운 서비스가 등장하고, 새로운 건물이 지어지고 있다는 것이다. 나는 고등교육을 받는 젊은 미국인들을 버스로 치지 않으려는 운전기사의 노고를 인정하며 고개를 끄덕인다.

기사는 나에게 방문 목적이 뭐냐고 묻는다. 물리학과에 볼일이 있어 왔다고 대답하자 CERN과 무슨 관련이 있는 사람이냐고 묻는다. 아니라고 대답했고 정말로 아닌데, 그는 그냥 내가 거기 가본 적이 있었는지를 알고 싶을 뿐이라고 한다. 그래서 방문한 적은 있다고, 터널과 자석과 당시에는 한창 지어지고 있던 세상에서 가장 큰 검출기 ATLAS도 봤다고 말한다. 게다가 학회에 참석해 수많은 슬라이드를 보고 어마어마한 양의 커피를 마시기도 했다. 그런 일이 아니고서는 CERN 방문은 그렇게 기억에 남을 일은 아니었다. 운전기사는 언젠가 CERN에 가보고 싶다고 말한다. 그는 최신 연구 소식을 챙겨 듣고 있으며, 과학자들이 조만간 새로운 걸 발견하기를 바란다고 한다. 나는 우리가 그렇게 하지 못했고 아마 앞으로도 그렇게 하지 못할 것이라는 데 죄책감을 느낀다. 아마도 우리는 계속 그를 실망시킬 것이다. 나는 하마터면 기사에게 사과할 뻔한다.

다음 날 아침, 이번만큼은 운동화를 신지 않겠다고 굳게 결심을 한 바람에 발에 물집 두 개가 잡혔다. 약속장소에 제시간에 도착했지만 문이 잠겨 있다. 오래 기다릴 필요는 없었다. 커다란 모자를 쓴 프랭크 윌첵이 거리 아래쪽에서 나타나 나를 보자마자 손을 흔든다. 또 생길 물집이 달갑지 않아서 나는 바로 옆 건물에 있는 작은 식당으로 가자고 제안한다. 아침 식사도 파는 식당이었다.

프랭크는 애리조나 주립대학교에 정기적으로 방문한다. 이번 방문은 오리진 프로젝트Origins Project의 지원을 받은 것이다. 오리진 프로젝트는 기본적인 문제 탐구에 전념하도록 강력한 지원 프로그램을 갖춘 초학문적 이니셔티브다. 오늘 밤 그는 오리진 프로젝트의 수장인 로렌스 크라우스가 진행하는 공개 토론회에 참석할 것이다. 프랭크는 액시온의 이름을 지었고, 갯가재 요리를 좋아하고, 각종 상을 받았다.[6] 2004년에 그는 데이비드 그로스, 데이비드 폴리처와 함께 강한 핵력이 '점근적으로 자유롭다'는 사실을 발견한 공로로 노벨상을 받았다. 점근적으로 자유롭다는 뜻은 좁은 공간 안에서 약해진다는 뜻이다. 하지만 내가 흥미와 관심을 갖는 것은 그의 예술적인 면이다.

최신작 『뷰티풀 퀘스천』에서 프랭크는 '세상이 아름다운 아이디어들을 구현한 것인지' 질문을 던지고, 스스로의 질문에 단호하게 '그렇다'고 답한다. 이 세상이 아름다운 아이디어들을 구현했다는 건 나도 이미 알고 있다. 내가 궁금한 건 이 세상이 추한 아이디어도 구현하는지, 만일 그렇다면 우리는 그걸 계속 추하다고 생각할 것인지다.

나는 가방을 뒤진다. 분명히 비행기 안에서 프랭크에게 할 질문을 기록했는데, 찾을 수가 없다. 나는 속으로 생각한다. 그렇게 어렵지는 않을 거야. 어차피 프랭크가 일장연설을 할 텐데 뭐. 나는 막연한 질문을 던진다. "이론물리학에서 아름다움은 어떤 관련성을 가질까요?" 그리고 그는 연설을 시작한다.

"실체의 익숙하지 않은 영역, 즉 아원자, 양자 영역으로 들어갈 때, 일상의 직관은 믿을 수 없습니다. 베이컨과 뉴턴이 추구했던, 데이터를 더 모으자는 아이디어는 더 이상 실용적이지 않아요. 이제는 실험이 어려워졌으니까요. 20세기에 아주 잘 통했고 큰 성공을 거두었던 방식은 방정식들이 아주 아름다울 것이라고 기대하는 것이었습니다. 방정식들은 대칭적이며 경제적일 거라고 기대하고, 그 결과를 도출하고, 그다음 확인하는 방식이었죠. 그러니까 지금 우리가 하는 게 그거예요. 먼저 방정식을 추측하고 그다음 확인하는 거죠."

"이론이 아름다운 이유는 무엇일까요? 방금 경제적이고 대칭적이어야 한다고 말씀하셨었죠?"

"대칭은 분명 그 일부입니다." 프랭크가 대답한다. "알다시피 이론은 대단히 복잡해졌습니다. 국소적 대칭, 시공간 대칭, 변칙적 대칭, 점근적 대칭 개념이 생기고, 무척 가치 있는 개념이라는 게 입증되었어요. 그러나 더 원초적인 아름다움의 개념이 있죠. 그건 그냥 보면 알아요. 집어넣은 것보다 더 많은 것을 얻는 순간이죠. 하나를 설명하기 위해 어떤 개념을 도입하는데, 그 개념이 다른 어떤 것도 함께 설명하는 것을 발견하는 순간이고요. 이런 것들이 그 개념이 옳다는 기분이 드는 데 어느 정도는 기여하고 있습니다.

대체로 나는 이런 것들을 아름다움의 한 측면이라고 말하는 게 공정하다고 생각합니다. 하지만 경제성과 단순성은 다른 개념입니다."

"더 나은 이론은 지금 우리의 이론보다 단순해야 한다고 생각하세요?"

"앞으로 알게 되겠죠." 프랭크가 대답한다. "자연은 자연이 하는 일을 하게 됩니다. 나는 그게 더 단순할 거라고 바라고 있어요. 지금 당장은 확실치 않지만요. 나는 더 나은 이론의 가장 유망한 후보, 즉 중력을 다른 상호작용들과 긴밀하게 결합시키고 [양자중력과 관련된] 문제들을 해결한다는 차원에서 끈이론을 더 나은 이론으로 생각하고 있습니다. [그러나] 끈이론이 과연 뭔지는 잘 모르겠어요. 끈이론은 아직 형체를 갖추지 못한 일종의 아이디어 모음 같은 분위기라서 단순한지 아닌지,

또는 옳은지 그른지를 논하기에는 이릅니다. 현재 상태로는 확실히 단순해 보이지는 않죠."

"데이터가 있으면 판단을 내리기 훨씬 쉬울 텐데요." 내가 지적한다.

"맞습니다. 훨씬 쉽겠죠." 프랭크도 동의한다. "동시에 물리적 세상에 대해 아무것도 말해주지 않는 물리학 이론을 갖고 있다는 것 자체가 대단히 기이해요. 그러니까 우리한테 데이터가 없다고 말하는 것은 동시에 우리에게 물리학 이론이 없다는 의미이기도 해요. 데이터가 없다면, 그 이론이란 게 도대체 무엇에 관한 것이겠습니까?"

"중력을 찾는 데는 한계가 있으니까요." 나는 끈이론을 변호하려고 시도한다. "최소한 매개변수 공간의 일부 범위에 대해서는 우리가 보는 것을 서술하고 있다는 건 아시잖아요."

"기준이 매우 낮다면 그렇죠. 하지만 사후 경험적 물리학이라는 아이디어와 타협해서는 안 된다고 생각합니다. 그건 정말이지 끔찍해요."

나는 프랭크가 끈이론을 정당화하기 위해 과학적 방법을 수정하는 문제와 관련된 논의를 알고 있다는 걸 몰랐다. "안 그래도 여쭤보려고 했습니다. 선생님이 이 얘기를 어디까지 들으셨는지는 모르겠는데……."

"자세히는 모릅니다. 내가 알아야 할 건 그게 다예요. 사후 경험적 물리학이라는 아이디어 말이죠."

"이 얘기는 리하르트 다비트의 책으로 거슬러 올라가는데요. 그는 처음에는 물리학을 공부했지만, 철학으로 돌아섰죠."

리하르트는 끈이론가들이 자신들의 이론을 평가하기 위해 수학적 특성을 포함해 이용할 수 있는 모든 정보를 고려하는 것은 합리적인 태도라고 주장하고 있다고 프랭크에게 설명한다.

“아무것도 설명하지 못하는 이론이 도대체 무슨 소용이 있는 겁니까?” 프랭크가 묻는다.

“리하르트는 그 문제는 언급하지 않았습니다.”

“이런 식으로 생각해봅시다. 만일 실험적 증거가 조금이라도 있고 그 증거가 결정적이고 이론에 우호적이라면, 당신은 이런 주장들은 듣고 있지 않을 겁니다. 그럼요. 아무도 신경 쓰지 않을 거예요. 그건 단지 대비책에 불과합니다. 포기해 놓고서는 승리를 선언하는 겁니다. 나는 그런 건 전혀 좋아하지 않아요.”

그렇다. 사후 경험적 주장에 대한 논의는 실험적 증거가 부족해 끌려나온 것이었다. 하지만 단순히 그걸 아는 것만으로는 어디로도 나아갈 수 없다.

“새로운 실험을 진행하기 너무 어렵고 비용도 많이 들 때, 우연히 새로운 데이터를 찾을 거라고 기대하는 건 비현실적입니다.” 내가 지적한다. “우리는 어디를 파야 할지 결정해야 해요. 그러려면 이론이 필요하고요. 하지만 데이터가 없는 이 시점에서, 어떤 이론을 연구해야 하는가 하는 문제가 생겨요. 리하르트는 다양한 이유로 어떤 이론은 다른 이론보다 더 그럴듯하고, 이론물리학자들이 그 이론에 매력을 느낀다고 말하죠. 예를 들면 대안의 부족인데요, 대안이 적을수록, 찾아낸 조건들이 정확할 가능성은 더 큽니다. 적어도 리하르트의 주장에 따르면 그래요. 하지만 그는 미학적 문제는 건드리지 않아요. 저는 그걸 빼면 안 된다고 생각합니다. 결국 물리학자들은 미학적 기준을 사용하니까요.”

“물론입니다. 하지만 이 논의는 너무 추상적이고 현실에서 멀어져 있어요. 사실 흥미로운 실험들은 '존재'하죠. 솔직히 이런 논의는 필요 없어요. 액시온을 찾는 실험도 있고, 전기 쌍극자 모멘트나, 희귀한 붕괴를 찾는 실험도 있죠. 입자물리에 관한 것만도 이 정도예요. 또 우주론도, 중력파도, 하늘에 있는 희한한 물체들도 그에 관련된 실험이 있습니다. 등장할 수 있는 모든 종류의 응용도 있고요. 우리에겐 연구할 곳을 가르쳐주겠다며 자기들끼리 떠드는 이론물리학자는 필요 없습니다."

그렇다. 우리에겐 실험이 있다. 하지만 수십 년 동안 그 실험은 이미 존재하는 이론을 확증할 뿐이었다. 내가 아는 한 자기들끼리 실컷 떠드는 이론물리학자들은 데이터 기근의 원인인 동시에 결과물이다.

"지난 수십 년 동안 실험을 위한 예측들은 지독하게 실패했죠." 내가 말한다.

"그래도 힉스 입자를 찾았잖아요."

"네, 하지만 표준모형의 물리학을 넘어선 것은 아니었어요." 나는 그 예측이 1960년대로 거슬러 올라간다는 사실을 굳이 지적하지 않는다.

"간접적으로 생각해보면, 힉스의 가벼움은 초대칭을 암시합니다." 프랭크가 말한다.

"초대칭이 없을 거라고 믿는 사람들에게는 매우 무겁죠."

"그건 그래요. 그렇지만 훨씬 더 나빴을 수도 있어요."

"초대칭 입자는 발견되지 않았고요." 내가 말한다. "선생님이 걱정하시는 게 이건가요?"

"네, 슬슬 걱정이 됩니다. 초대칭 입자를 찾는 게 쉬울 거라고는 한 번도 생각해본 적 없어요. LEP 실험과 양성자 붕괴는 오랫동안 한계에 봉착해 있었고, 그 말은 수많은 초대칭 입자가 무거워야 한다는 걸 의미하죠. 하지만 [LHC] 에너지 업그레이드를 통해 또 시도해볼 수 있어요. 우리는 희망을 버리지 않습니다."

"수많은 사람이 LHC에서 초대칭을 발견하지 못할 것이라고 우려하고 있습니다." 내가 말한다. "그 근원적인 이론이 무엇이든 간에, 초대칭이 자연스럽지 않거나 미세 조정된 것임을 의미하기 때문이죠. 이 점은 어떻게 생각하시나요?"

"수많은 것이 미세 조정되어 있고, 우리는 그 이유를 모릅니다. 나도 게이지 결합 일치가 아니라면 초대칭을 절대 믿지 않았을 거예요. 초대칭에서 제일 인상적인 게 그거라고 생각하거든요. 나는 그게 우연의 일치라고 믿지 않습니다. 안타깝게도 이 계산에서는 초대칭이 나타나야 하는 질량 규모에 대해 정확한 정보를 얻을 수가 없어요. 하지만 초대칭 입자가 2TeV 근처에서도 나타나지 않자 통일이 보일 기회는 사라지기 시작했습니다. 나에겐 낙관해도 될 하나의 이유죠."

"선생님은 근원적인 이론이 자연스럽지 않다는 걸 염려하시지 않는 건가요?"

"그래요. 그건 '차등 최소 초대칭 표준모형next-to-minimal supersymmetric standard model'이거나 우리가 이해하지 못하는 대칭 깨짐의 어떤 측면일 수도 있습니다. 이것들은 복잡한 이론이고, 우리는 실험적 발견을 통해 배우게 되겠죠. 아니면 그냥 부자연스러움과 함께 사는 법을 배우거나. 표준모형 자체는 이미 대단히 부자연스러워요. 전자에게 질량을 주는 [매개변수]가 이미 10^{-6}이잖아요. 그런 거죠." 그가 어깨를 으쓱하며 말한다.

"선생님은 정말로 걱정을 안 하시는군요."

"그래요. 만일 발견됐다면, 초대칭은 눈을 뗄 수 없을 만큼 강렬한 것이었을 겁니다. 더 현실적으로 말해서 초대칭이 계층 문제를 명쾌하게 해결했다면 말이죠. 하지만 나에게 가장 강력한 논거는 결합의 일치입니다. 그 문제는 아직 사라지지 않았고요."

"선생님은 저 바탕에 어떤 근원적인 이론이 있고 이것들은 매개변수들이고 지금 상태 그대로의 것이라고 해도 괜찮다는 말씀인가요?"

"글쎄요. 결국은 더 나은 이론을 갖고 싶겠죠. 다시 말하지만 무언가의 이론을 손에 넣기 위해 모든 것의 이론을 가져야 할 필요는 없습니다. 어떤 이론이 한 가지를 잘 설명한다면, 그게 나에게는 대단히 힘을 북돋아주는 지표일 겁니다."

"스티븐 와인버그가 했던 말 사육사 얘기 아시죠?"

"뭐요? 말 사육사? 아뇨."

"말 사육사는 수많은 말을 보잖아요. 그런 그가 어떤 말을 보고 '참 아름다운 말이구나'라고 하면, 그건 경험에 근거해 경주에서 이기는 말이라는 걸 안다는 의미죠."

프랭크가 말한다. "그 비유에는 우리가 이해하는 아름다움에 대한 감각이 담긴 것 같군요. 아주 불가사의한 얘기는 아닙니다. 분명히 대칭도 그중 하나이고, 경제적인 것도 마찬가지죠. 설명이 미진한 부분이 있어서는 안 됩니다. 그러나 내가 볼 땐 정확한 정의를 찾으려 드는 게 너무 야심만만한 행위인 것 같아요. 당신은 인간이 뭔가를 아름답다고 생각하게 하는 두뇌 속 회로를 찾으려는 건가요? 대체로 사람들은 무엇이 아름다운지에 대해 동일한 결론에 도달하지 않습니까?"

"말씀대로 정도의 차이는 있어도 우리는 같은 방식으로 연결되어 있죠." 내가 말한다. "그렇다면 왜 이 아름다움에 대한 감각이 자연법칙과 관련이 있어야 하나요?"

"나는 그 반대라고 생각합니다." 프랭크가 말한다. "인간은 자연에 관한 정확한 모델을 가지고 있을 때, 우리의 개념이 물체의 실제 행동 방식과 일치할 때, 더 나은 삶을 살 수 있죠. 그래서 진화를 통해 정확한 것에 대해 느끼는 감각이 보상으로 제공되는 겁니다. 그게 아름다움에 대한 감각이고요. 그것은 우리가 계속하고 싶어 하는 그런 것이에요. 우리가 매력적이라고 여기는 것이죠. 그러니까 성공적인 설명들이 매력적으로 느껴지는 거예요. 지난 수백 년 동안 사람들은 제대로 작동하는 아이디어에서 패턴을 발견했습니다. 우리는 그것들을 보고 아름답다고 느끼도록 배워온 거죠.

이제 우리는 무엇이 성공적이었는지 배우는 과정을 거치고 있습니다. 성공적인 것과 아름다운 것을 경외하도록 훈련받고 있죠. 우리는 경험을 쌓아가면서 아름다움의 감각을 익히고, 보람 있는 배움을 경험하기 위해 혁명을 일으켜 용기를 얻는 것입니다.

이게 자연법칙이 왜 아름다운가에 관한 나의 작은 이론입니다. 나는 그게 완전히 부정확하다고는 생각하지 않아요." 프랭크가 잠시 말을 멈췄다가 덧붙인다. "인본주의적 주장도 있죠. 만일 자연법칙이 아름답지 않았다면, 우리는 그것들을 발견하지 않았을 거라는."

"문제는, 우리가 계속 그걸 발견할 것인가 하는 거죠. 우리는 지금까지 한 번도 본 적 없었던 새로운 것들을 찾고 있잖아요."

"모르겠습니다. 곧 알게 되겠죠." 프랭크는 대답한다.

"맥칼리스터가 쓴 책 아세요?" 내가 묻는다.[7] "그는 과학이 혁명을 통해 진보한다는 토머스 쿤의 아이디어를 업데이트해 새로운 제안을 내놓았어요. 맥칼리스터에 따르면, 혁명이 진행될 때 과학자들은 아름다움의 개념만 내버립니다. 그러니까 과학혁명이 일어날 때마다, 과학자들은 아름다움에 관한 새로운 아이디어를 만들어내야 하죠. 맥칼리스터는 몇 가지 사례를 예로 들었어요. 정상우주론, 양자역학 등등.

만일 그의 말이 옳다면, 과거부터 이어져온 아름다움의 아이디어에 집착하는 게 잘못이라는 걸 알게 되겠죠."

"그래요, 맞습니다." 프랭크가 말한다. "그건 일반적으로는 아주 좋은 지침이에요. 하지만 때로 새로운 뭔가를 도입해야 할 경우가 있죠. 그래도 이 각각의 사례에서 새로운 아이디어들도 아름답다는 것을 발견할 수 있습니다."

"사람들은 데이터에 떠밀려 억지로 들여다본 후에야 새로운 아름다움을 발견했어요." 내가 지적한다. "우리가 그곳에 도달할 수 없을 것 같아서 우려가 됩니다. 우리는 아직도 이론을 구축하고, 그 이론을 검증할 실험을 제안하는 데 사용하는 낡은 아름다움의 개념에 붙들려 있잖아요."

"당신 말이 맞을 겁니다."

수적 강세

나는 자연법칙이 왜 아름다운지에 대한 프랭크 윌첵의 작은 이론에 확신이 서지 않았다. 아름다움의 개념이 성공적인 이론에 대해 진화적으로 발달한 반응이라면, 왜 많은 이론물리학자는 그토록 성공을 거둔 표준모형이 추하다고 불평을 늘어놓는 걸까? 왜 성공을 거두지 못한 SU(5) 통일이론에서 아름다움을 찾을까? 프랭크의 설명이 멋지다는 건 인정하지만, 그렇다고 정확하다는 뜻은 아니다.

우리가 성공적인 이론들을 아름답다고 여기도록 배운다고 해도 아름다움에 대한 감각을 이용해 더 성공적인 이론을 만들 수 있다는 의미는 아니고, 오히려 똑같은 이론을 양산할 것이라는 의미에 더 가깝다. "만일 자연법칙이 아름답지 않았다면, 우리는 그걸 발견하려 하지 않았을 겁니다." 프랭크는 말했다. 내가 염려하는 게 바로 그거다. 나는 아예 설명을 못하는 쪽보다는 추한 설명이라도 얻는 쪽을 택하겠지만, 만일 그의 생각이 옳다면 우리는 아름답지 않은 기본 이론은 절대 발견하려 하지 않을 것이다.

여러분은 이렇게 말할지도 모르겠다. "아름답지만 틀린 이론에 사로잡힌 과학자들은 늘 있었잖아요. 과학자들이 경멸했던 사람이 나중에 옳았던 걸로 밝혀지는 일도 항상 있었고요. 동료들의 압박은 언제나 있었고, 경쟁도 늘 있었고, 확증 편향, 집단 사고, 희망사항, 전문가적인 자만심도 늘 있었어요. 그러나 결국 그런 것은 중요하지 않았죠. 좋은 쪽이 이기고, 나쁜 쪽은 졌습니다. 진실은 승리하고, 우리는 계속 발전했어요. 과학은 잘 굴러간다고요. 왜 지금에 와서는 다르다는 건가요?"

왜냐하면 과학이 변했고, 계속해서 변하고 있기 때문이다.

과학자의 수적 증가

가장 명백한 변화는 과학자들이 더 많아졌다는 것이다. 미국에서 물리학 박사학위를 받는 사람의 수는 1900년에는 매년 20명가량이었지만

2012년에는 매년 2000명으로 거의 100배 증가했다.[8] 미국 물리학회의 회원 수도 마찬가지여서 1920년에는 1200명이었던 것이 2016년에는 5만 1000명으로 늘었다. 독일의 통계도 비슷하다. 현재 독일 물리학회 소속 회원은 약 6만 명가량인데, 1900년에는 145명이었다.[9] 물리학 관련 저술의 저자 수도 전 세계 평균을 따져볼 때 다소 빠른 속도로 증가해서, 1920년과 2000년을 비교하면 대략 500배 증가했다.[10]

더 많은 논문, 전문화의 심화

더 많은 과학자는 더 많은 논문을 생산한다. 물리학 분야에서 발표되는 논문은 1970년 이래로 매년 약 3.8~4.0퍼센트씩 증가하고 있는데, 대체로 18년마다 두 배씩 증가하는 꼴이다.[11] 이제 물리학은 '느리게' 성장하는 학문이 되었다. 물리학 분야의 성숙도를 보여주는 신호다.

물리 저술의 규모가 커지면서 별개의 하위 분야들이 생겨났고(최근 연구에서는 주요 분야가 열 개 정도로 구분된다), 이들 분야 각각에서는 대부분 자체적으로 자기 참조가 이루어진다.[12] 하위 분야 중 자기 참조가 가장 많은 분야는 핵물리학, 그리고 기본 입자와 장에 관련된 물리학이며, 이 책에서 다루는 주제 대부분은 후자에 속한다.

자기 참조 문헌은 전문화의 지표가 되는데, 이런 전문화는 효율을 개선하는 반면 진보를 방해할 수 있다.[13] 2013년 『사이언스』에 소개된 기사에서, 미국 연구팀은 인용 목록을 조사해 연구 주제의 조합 경향을 정량화하고 논문이 '히트작'이 될 확률과의 상호 관계성을 연구했다('히트작'이란 인용률이 상위 5퍼센트 내에 드는 논문을 말한다).[14] 그 결과 참고문헌 목록에서 발견될 가능성이 낮은 조합을 인용하는 논문이 추후에 영향력을 갖게 된다는 상관관계가 발견되었다. 그러나 연구팀은 '비관습적' 조합이 포함된 논문의 비율이 1980년대에는 3.54퍼센트에서 1990년대에 2.67퍼센트로 감소했음을 지적하면서, "이는 관습적 조합의 지속적이고 지배적인 경향을 보여준다"라고 결론을 내렸다.

협업의 증가

논문 수의 증가는 증가한 저자의 수가 반영된 것이다. 그런데 개인 저자당 논문 수도 최근 들어 가파르게 증가했다. 1990년대 초에는 매해 저자 한 명당 0.8편의 논문을 발표했는데, 2010년에는 두 배 이상 증가한 것이다.[15] 이는 물리학자들이 과거 어느 때보다도 공동으로 논문을 쓰는 경우가 증가했기 때문이다. 논문 한 편당 평균 저자 수는 1980년대 초 2.5명이었지만, 현재는 두 배 이상 증가했다. 동시에 단일 저자가 쓴 논문 비율은 30퍼센트에서 11퍼센트로 감소했다.[16]

줄어든 시간

학계에서는 노동 분업이 이루어지지 않고 있다. 연구 주제는 전문화된 반면, 과학자들은 전방위로 활약하는 존재라고 기대받는다. 그들은 강의하고, 학생들을 지도하고, 연구실을 관리하고, 연구팀을 이끌고, 수없이 많은 회의에 참석하고, 학회에서 발표하고, 학회를 조직하고, (아마 이게 가장 중요할 텐데) 바퀴를 계속 굴릴 수 있도록 연구비를 조달해야 한다. 그러면서 연구하고 논문을 써야 한다. 『네이처』가 2016년 진행한 설문 결과를 보면, 과학자들이 업무 시간 중 연구에 할애하는 시간은 고작 40퍼센트밖에 되지 않는다.[17]

돈을 구하는 일은 특히 시간 소비가 크다. 2007년의 한 연구에서 미국 대학교수들과 유럽 대학교수들은 업무 시간의 40퍼센트를 연구비 지원 신청에 쓴다는 사실이 밝혀졌다.[18] 기초 연구에서는 현재가 미래의 영향에 대한 필수적인 예언처럼 되어야 하므로, 연구비 신청 절차가 지지부진하게 이어지는 경우가 종종 있다. 기본 물리학에서는 연구 프로젝트의 운명을 예측하는 것이 연구 자체보다 어렵다.

영국과 호주의 학자들을 대상으로 한 인터뷰에서 연구 제안서 작성 과정에서 거짓말과 과장이 일상이 되었음이 밝혀졌지만, 연구비 신청 과정을 경험해본 사람들에게는 전혀 놀랍지 않은 얘기다. 조사에 참여한 사람들은 자신들이 쓴 영향 평가 보고서를 '가식'이라거나 '꾸며낸 이야기'라고 평가했다.[19]

장기 투자의 감소

종신 교수직을 보유한 학자들의 비율은 감소하는 반면, 비정규직이나 파트타임으로 고용된 연구자들의 비율은 증가하고 있다.[20] 1974~2014년 사이 미국 내 정규직 종신 교수의 비율은 29퍼센트에서 21.5퍼센트까지 감소했다. 같은 시기 동안 파트타임 교수의 비율은 24~40퍼센트 이상으로 증가했다. 미국 대학교수협회의 설문 조사에 따르면, 지속적인 지원이 부족한 경우 장기적으로 헌신해야 하거나 위험을 감수해야 하는 연구 주제를 선택할 의향이 현저히 감소하는 것으로 나타났다.[21] 독일의 사정도 비슷하다. 2005년에 전일제로 고용된 과학자 중 50퍼센트는 단기 계약 체결자였다. 2015년에 이 수치는 58퍼센트로 증가했다.[22]

이질성의 부족

오늘날 학자들은 주목할 만한 결과를 내놓아 스스로의 가치를 꾸준히 입증해야 한다. 앞뒤가 맞지 않는 얘기다. 분야에 따라서는 분명한 성과가 나올 때까지 수백 년이 걸리기도 한다. 그래도 무엇이든 측정해야 하기 때문에, 과학자들의 평가는 그들이 연구하는 분야에서의 영향력으로 산정된다. 과학계에서의 성공을 가늠하기 위해 현재 사용하는 척도는 논문 편수와 인용지수인데, 이는 생산성과 인기의 척도이기도 하다. 한 연구에 따르면, 이렇게 다른 사람들을 만족시켜야 하는 논문을 써야 한다는 부담이 혁신을 저해한다. 새롭고 평범하지 않은 데이터를 추구하는 것보다 이미 잘 알려진 주제들을 연구해 발표하면 주위에서 좋은 평가를 얻기 쉽다.[23]

연구 영향력 평가의 또 다른 달갑지 않은 결과는 국가, 지역, 기관별 차이를 희석한다는 것이다. 그 이유는 과학적 성공 여부의 평가가 대부분 모든 곳에서 똑같이 이루어지고 있기 때문이다. 오늘날 이 세상의 모든 학계가 전부 똑같은 북소리에 맞춰 행진하고 있다는 뜻이다.

요약하자면, 늘어난 인력들이 과거 어느 때보다 긴밀히 연결되어 있고, 특화된 하위 분야에서 더 짧은 기간 동안 더 적은 돈으로 결과를 내야 하는 압박에 직면하고 있다. 과학계는 각종 사회적 현상들을 관찰하기에 이상적인 환경이 되었다.

여기에 무언가에 대한 나의 작은 이론이 있다. 과학자는 인간이다. 인간은 집단의 영향을 받는다. 과학자도 그 집단의 영향을 받는다. 좋다. 이 이론으로 노벨상을 받지는 못할 것이다. 그러나 이 이론을 통해 나는 자연법칙이 아름다운 이유가 물리학자들이 끊임없이 서로에게 그 법칙이 아름답다고 말하기 때문이라고 추측한다.

다른 관점을 제시해보겠다. 내 어머니는 종종 "대칭 무늬는 바보들을 위한 예술"이라고 말씀하셨다. 만일 독자 여러분에게 진정으로 아름다운 기본 이론은 대단히 뒤죽박죽이고 대칭적이지 않다고 한다면 어떨까? 신빙성 있는 말처럼 들리는가? 자꾸 듣다 보면 점점 믿음이 갈 것이다. 한 연구에 따르면, 우리는 자주 듣는 말을 진실로 여기는 경향이 있다고 한다. 이 현상을 '주의 편중attentional bias' 또는 '단순 노출 효과mere exposure effect'라고 하는데, 흥미롭게도 (또는 관점에 따라서는 절망적이게도) 동일 인물에 의해 명제가 반복 주입되는 경우에도 해당된다.[24] 내 말을 믿어도 좋다. 뒤죽박죽 이론이 견고한 대칭보다 훨씬 더 아름답다. 아직도 받아들일 준비가 안 되었는가?

요즘 물리학자들은 그들이 공유하는 믿음이 자신들의 견해에 미치는 영향에 대해 깊이 생각하지 않는다. 더 큰 문제는 신념을 뒷받침하는 과학적 주장을 제시하는 대신 인기에 호소한다는 것이다. 이를테면 주디체가 자연스러움이라는 경향의 바탕에 "집단적 움직임"이 있다고 언급한 것처럼, 또는 2015년 인터뷰에서 레너드 서스킨트가 "고에너지 분야를 연구하는 이론물리학자 대부분이 기본 입자의 복잡성을 설명하기 위해 덧차원이 필요하다고 굳게 믿고 있다"라고 주장한 것처럼 말이다.[25] 끈이론가 마이클 더프는 "만일 누군가 [끈이론보다] 더 전망 있는 나무를 발견하면 [끈이론가] 1500명이 그 나무를 보고 짖어대기 시작할 테니 안심하십시오"라고 말했다. 세 과학자는 많은 사람이 어떤 아이디어를 연구한다면 거기에는 틀림없이 뭔가 있다고 믿을 뿐 아니라, 그것이 공공연하게 밝혀도 좋을 만한 논거라고 믿고 있다.

초대칭은 특히 사회적 피드백의 혜택을 받았다. 조지프 리켄과 마리아 스피로풀루는 "입자물리학자 대부분이 초대칭이 틀림없는 진실이라고 믿는다고 해도 전혀 과장이 아니다"라고 밝힌 바 있다.[26] 댄 후퍼는 말했다. "초대칭 추적에 바친 시간과 돈의 규모는 충격적이다. 연구하는 동안 초대칭이론을 전혀 연구하지 않았던 입자물리학자를 찾기란 불가능에 가깝다. 전 세계 수천 명의 과학자는 아름다운 초대칭을 이루는 우주를 상상해왔다."

대안

모두가 초대칭의 팬인 것은 아니다.

수학적인 경향을 가진 대안 중 필즈상 수상자인 알랭 콘의 제안을 주목할 만한데, 그는 초대칭이 "아름다운 꿈이지만 진실이라고 믿기에는 너무 이르다"라고 말했다.[27] 콘이 세운 그만의 통일이론은 일부 추종자들이 있지만 널리 유행하지 못했다. 콘의 아이디어는 384×384차원의 행렬로 마무리되어, 적어도 현재 형태로는 아름다움과는 거리가 멀다. 콘 자신도 "너무 버겁고 썩 명료하지 않다"라고 말하기도 했다. 그가 사용하는 수학이 현재 물리학과 학생들이 배우는 것과 상당히 거리가 있다는 사실도 썩 도움이 되지 않는다.

그 생각의 요지는 이렇다. 일반적인 양자이론에서 모든 것이 낱개의 덩어리로 이루어진 것은 아니다. 원자 스펙트럼에서 보이는 선들은 따로 떨어져 있지만(역사적으로는 이것이 양자화의 첫 증거였다), 입자의 위치는 그렇지 않다. 입자는 어디든 있을 수 있다. 콘은 시공간이 진동하는 간접적 방식으로 위치에 양자적 특성을 부여했다. 이를 통해 양자중력에 관한 일반적인 문제들을 피해갈 수 있을 뿐 아니라, 놀랍게도 표준모형의 게이지 상호작용까지 포함할 수 있다는 사실을 발견했다.

콘의 접근법이 유효한 이유는 모든 모양의 진동 모드는 모양 자체의 정보를 포함하기 때문이다. 일반상대성이론의 휘어진 시공간도 예외는 아니다. 예를 들어 진동을 음파로 변환하면, 우리는 '드럼의 모양을 들을 수 있다'. 귀로 듣지는 않더라도, 적어도 소리를 수학적으로 분석함으로써 말이다.[28] 시공간의 진동을 우리가 직접 듣기 때문에 유용한 것이 아니다. 사실 진동이 실제로 발생할 필요도 없다. 중요한 것은 그것이 시공간을 서술하는 대안적 방법이라는 것이다.

'스펙트럼 기하학spectral geometry'이라는 대안적 서술의 장점은 양자장이론과 양립할 수 있고, 다른 수학적 공간에서 일반화시킬 수도 있다는 것이다. 이 수학적 공간 중 일부는 표준모형의 대칭군을 포함한다. 이것이 콘의 성과다. 그는 적합한 공간을 찾아 그 안에서 우리가 검증했던 표준모형과 일반상대성이론을 되살리는 데 성공했다. 또한 그는 추가적인 예측도 함께 내놓았다.

2006년에 콘과 동료들은 힉스 질량이 170GeV 근처라고 예측했는데, 이 값은 2012년에 측정된 125GeV와는 거리가 멀다.[29] 그러나 170GeV라는 값은 2012년에 실제 값이 측정되기 전에 2008년에 나온 결과에 의해 이미 배제되었다. 이에 대해 콘은 이렇게 말했다. "처음에는 깊은 좌절감을 맛보았지만, LHC에서 어떤 새로운 물리학이 발견될 것인지 호기심이 더욱 강해졌다."[30] 몇 년 후 그는 자신의 모델을 개선했고, 이전의 예측이 더 이상 유효하지 않다고 주장한다.[31] 아무튼 그의 접근법은 시들해졌다.

'테크니컬러technicolor'이론을 고수하는 소수의 반대자도 있다. 테크니컬러이론에 따르면, 현재 기본 입자라고 여겨지는 입자들은 '프리온preon'으로 만들어진 하위 구조로 되어 있고, 프리온은 강력과 비슷한 힘을 통해 상호작용한다. 테크니컬러이론은 10여 년 전에 나온 데이터와 충돌했지만, 일부 변종은 살아남았다. 그러나 현재 특별히 인기는 없다.

페르미온들을 결합해 보손을 만드는 것이 가능하지만 그 반대는 가능하지 않기 때문에, 페르미온으로 모든 물질을 만들어보려는 시도도 가끔 있다. 이를테면 '스피너 중력'(스피너는 2, 4차원 공간에서 복소수를 성분으로 하는 벡터를 말한다—옮긴이 주)이나 '인과 페르미온 시스템causal fermion system'이 여기에 해당한다.[32]

그리고 개럿 리시가 등장했다.

본토를 벗어나

지금은 1월의 마우이다. 공항에서 나를 데리러 올 사람을 기다리고 있다. 휴가를 즐기러 온 알록달록한 셔츠 차림의 사람들이 호텔 밴 안으로 사라지고 있다. 나는 '만물의 이론'을 세운 서퍼 개럿 리시의 호의로 퍼시픽 과학연구소를 방문하기로 했다. 하지만 연구소의 주소를 모르고 휴대폰 배터리는 방전됐다. 머리카락은 습한 하와이의 공기 탓에 한없이 곱슬거린다.

30분 후, 겨울 코트를 벗어야 하나 고민할 때쯤 컨버터블이 도로에 멈춘다. 개럿이 차에서 내리더니 절뚝거리며 걸어온다. 왼쪽 무릎에 커다란 붕대가 감겨 있다. "마우이에 잘 오셨습니다." 그가 환영 인사를 건네고 화환을 걸어준다. 그러고는 내 가방을 트렁크에 싣는다.

연구소로 가는 길에 개럿은 붕대를 가리키며, 무릎에서 살점이 떨어져 나가 스물여덟 바늘이나 꿰맸다고 말해준다. 패러글라이딩 사고가 나서(바람이 이렇게 불어야 하는데 저렇게 불었다고 한다) 화산암에 처박혔다고 한다. 그래도 다행히 다큐멘터리를 찍던 중에 난 사고라 그 장면이 고스란히 동영상으로 찍혔단다.

연구소 건물은 언덕 한 편에 있고, 넓은 정원을 마주 보는 베란다가 있다. 거실에는 흰 칠판이 있고, 부엌에는 빨간 용이 빛나고 있다. 방문자들의 사진이 현관 입구를 장식하고 있다. 해는 졌지만, 개럿의 여자친구인 크리스털이 손전등을 건네줘서 집 뒤쪽에 있는 손님용 오두막으로 가는 길을 찾는다. 그녀가 지네를 조심하라고 경고한다.

다음 날 이른 아침에 수탉이 나를 깨워준다. 나는 와이파이를 찾아 연결한다. 일주일간 장거리 논스톱 여행을 한 터라 메일함에는 긴급한 메시지들이 넘쳐나고 있다. 기한이 지난 보고서를 불평하는 심기가 불편한 에디터 둘, 의견을 구하는 기자, 조언을 구하는 학생이 보낸 메일이다. 서명해야 할 서류와 일정을 조정해야 하는 회의 한 건, 급한 전화 통화, 정중하게 거절해야 하는 학회 초대가 있다. 동료 하나가 연구비 신청서 초안을 고치라며 다시 돌려보냈다.

나는 지난 세기 영웅들의 전기를 떠올린다. 전기에 등장하는 이론물리학자들은 가죽 팔걸이의자에 앉아 파이프를 뻐끔거리며 위대한 생각을 하던데. 나는 서퍼맨이 올 때까지 해먹에 올라타 있는다.

• • •

개럿은 다친 다리를 테이블 위에 조심스럽게 올리고, 야외용 의자에 앉아 있다. 그는 일주일 정도 서핑할 수 없다고 투덜거리면서 나를 해변으로 데려가지 못하는 것을 사과한다. 나는 괜찮다고 그를 안심시킨다. 어차피 바다에 가자고 여기 온 것은 아니다.

"테그마크의 수학적 우주에 관해 대화했던 것을 기억하시죠? 우주가 수학으로 만들어졌다는 그의 주장에 대해서요. 당신은 그때, 맞다, 우주는 수학으로 만들어졌지만 다만 가장 예쁜 수학으로 만들어졌다고 말씀하셨죠."

"그래요. 내 생각은 그렇습니다." 개럿이 말한다. "남은 문제는 그게 어떤 수학이냐 하는 거죠."

"저는 테그마크의 아이디어가 쓸모없다고 생각해요." 내가 말한다. "그건 단지 '어떤 수학이냐?'의 문제를 '우리는 수학적 다중우주의 어디에 있는가?'로 말을 바꾼 것뿐이잖아요. 실용적 목적의 측면에서 보면 그건 같은 문제예요."

"맞아요." 개럿이 동의한다. "재미있는 얘깃거리죠. 하지만 실험을 하지 못한다면 그건 과학이 아니에요."

"수학으로 서술될 수 없는 뭔가를 발견한다면 테스트해볼 수 있죠." 내가 제안한다.

"아! 하지만 그런 일은 일어날 수 없죠."

"그건 우리가 수학으로 서술할 수 없는 뭔가를 한 번도 알았던 적이 없었기 때문이에요. 서술 방법을 찾지 못했다기보다는요. 그럼 당신은 왜 수학이 모든 것을 서술할 수 있다고 확신하는 건가요?"

"우리가 만든 이론 중 성공한 이론은 모두 수학적이잖아요." 개럿이 말한다.

"성공적이지 못한 이론도 그렇죠." 내가 반박한다.

개럿은 전혀 동요하지 않고 자기 생각을 이야기하기 시작한다. "나에게 있어 물리의 출발점은 물리로 서술할 만한 아름다운 것을 찾기 위한 광신적인 탐사가 아니에요. 나는 '전자가 도대체 뭐지?'라는 질문으로 물리를 시작했습니다. 그리고 일반상대성이론을 정말로 좋아했어요. 그러다 양자장이론을 접했고, 거기에서 전자들에 대한 추한 서술을 발견했죠."

개럿은 기하학적 중력과 같은 방식으로 기하학적인 페르미온에 대한 서술을 찾고 있었다. 일반상대성이론에서 우리가 중력이라고 부르는 것은 질량 주위에서 휘어진 시공간의 결과물이다. 시공간의 4차원 기하학은 추상 수학에 의해서만 온전히 이해될 수 있다. 개념적으로 고무판의 비유를 통해 일반상대성이론을 파악할 수 있다. 그런 비유는 익숙하고, 촉각적 감각마저 느끼게 한다. 흥미로운 점은 기본 입자 중 일부도(게이지 보손) 비슷한 기하학적 방법으로 서술될 수 있다는 것이다. (물론 이 우스꽝스러운 내부 공간과 씨름을 해야 한다.) 그러나 이런 기하학적 접근법이 페르미온에는 유효하지 않다.

"그게 대학원생 시절부터 줄곧 나를 괴롭혔던 문제입니다." 그가 말한다.

"왜 그게 당신을 괴롭혔는데요?"

"나는 우주가 한 가지로 서술되어야만 한다고 생각했거든요."

"왜요?"

"우주는 하나의 균일한 물체여야 하는 것 같았으니까요." 개럿이 설명한다.

"전자가 서술되는 방법이 모순되지 않는 게 마음에 걸린다는 거네요." 내가 말한다.

"맞습니다. '진짜로' 마음에 걸렸어요."

개럿은 현재 페르미온을 서술하는 방식이 "자연스럽게 기하학적이지 않다"면서, 이때 "자연스럽다"의 의미는 입자물리학자들이 사용하는 의미와 다르다는 점을 강조한다.

"페르미온은 자연스럽게 기하학적이지 않아요. 중력과 게이지 보손이 자연스럽지 않은 것과 마찬가지로 말이죠. 그래서 괴로웠어요. 아주 많이. 다른 사람들은 별로 괴로워하지 않더라고요."

"초대칭은 어때요?"

"초대칭도 보긴 봤죠. 하지만 초대칭이 일반적으로 정의된 방식이 무척이나 부자연스러워요. 수학적인 측면에서 자연스럽지 않습니다. 게다가 일단 보손과 페르미온을 서술하는 이 형식이 마련되면, 그다음엔 모든 입자에 대해 초대칭 짝꿍이 있어야 한다고 요구하잖아요. 그런데 우린 그걸 한 번도 보지 못했거든요. 지금까지도 계속 못 보고 있죠." 그는 분명히 기뻐하고 있다.

"나는 초대칭의 팬은 아니었고, 그저 페르미온에 대한 자연스러운 설명을 찾고 싶었어요. 그게 박사학위를 받고 설정한 연구 주제였습니다.

그래서 이곳 마우이에 왔고요. 처음에는 오래된 칼루자-클라인 이론을 연구했죠. 그 이론이 아름답다고 생각했거든요. 하지만 페르미온에는 적용할 수 없었습니다."[33]

이 부분에서 개럿이 겪은 일은 내 경험과 굉장히 비슷하다. 나 역시 그 오래된 칼루자-클라인 이론을 연구했고 그 이론에 매력을 느꼈지만, 페르미온을 다루는 방식에 만족하지 못했다. 그러나 개럿과 달리 나는 3년 동안의 박사 장학금으로 집세를 냈다. 인생에서 바라는 것은 내 성장 배경이기도 한 중유럽 중산층 가족의 삶이었다. 좋은 직업, 좋은 집, 아이 한두 명, 안락한 은퇴 생활, 우아한 도자기 그릇, 그렇게 살면서 겸사겸사 중력도 양자화하고. 하와이로 이사를 오는 것은 버킷리스트에 없었다.

이후 2년간 칼루자-클라인 이론에 대한 나의 열의는 결실을 보지 못했고, 지도교수는 학위논문 주제를 거대 덧차원 연구로 바꾸라고 강경하게 제안했다. 거대 덧차원은 알카니-하메드와 동료들이 되살려낸 칼루자-클라인 이론의 새로운 버전으로, 당시 막 꽃피우려 하는 이론이었다. 나는 지도교수의 제안이 일리 있다고 생각했고, 이 지점에서 나와 개럿의 진로가 갈렸다. 나는 입자물리 커뮤니티에 참여하고, 단기 연구 지원금과 계약으로 연명하면서, 적당히 시의적절한 주제에 대해 무난한 속도로 의무적으로 논문을 썼다. 개럿은 다른 길을 택했다.

"6년 후, 칼루자-클라인 이론을 완전히 내려놓았습니다." 개럿이 말한다. "그럴 수 있었던 이유는 나에게 학문적 관성이 없고, 마우이에서 제자나 연구비 지원 없이 혼자 연구했기 때문이에요."

개럿은 다시 시작했고, 다른 관점에서 문제를 들여다보았다. 그는 몇 년 동안의 고된 작업 끝에 돌파구를 발견했다. 페르미온과 보손도 포함해서 알려진 입자들은 하나의 거대한 대칭을 이용해 기하학적으로 서술될 수 있다는 것을 발견한 것이다. 통상적인 대통일이론과 달리 그의 대칭은 중력을 포함한다.

• • •

개럿은 자신의 이론에서 가장 거대한 '예외적 리 군exceptional Lie group', 즉 E8 대칭을 이용한다. '리 군'(수학자 소푸스 리[1843~1899]의 이름을 차용한 것이다)은 그 안에서 기하학을 다룰 수 있고, 주변의 익숙한 공간과 닮아 있기 때문에 특별히 예쁜 군이다. 이것이 개럿이 추구한 것이었다.

리 군은 무한히 많다. 19세기 말 빌헬름 킬링(1847~1923)과 엘리 카르탕(1869~1951)은 모든 리 군을 분류했다. 대부분의 리 군은 네 개의 가족 중 하나에 속한다는 사실이 밝혀졌는데, 각 가족은 원소의 수가 무한대다. 예를 들어 표준모형의 대칭 군 SU(2)와 SU(3)은 리 군인데, 이름이 의미하는 바와 같이 이 둘은 구조가 대단히 비슷하다. 실제로 양의 정수 N에 대하여 단순 리 군 SU(N)이 존재한다. 그 외에도 세 개의 비슷한 리 군의 무한 가족이 존재하는데, 정확한 용어는 신경쓰지 않아도 된다. 더 중요한 것은 네 개의 가족들 외에 다섯 개의 '예외적인' 리 군이 존재한다는 것인데, 각각의 이름은 G2, F4, E6, E7, 그리고 가장 큰 E8이다. 그리고 이 모두가 단순 리 군이라는 것을 증명할 수 있다. 끝.

이 이론이 얼마나 기괴한 것인지 그 진가를 알아보기 위해, 숫자가 적힌 문패를 주문할 수 있는 웹사이트에 방문했다고 상상해보자. 문패에 적힌 숫자는 1, 2, 3, 4,··· 이런 식으로 무한까지 계속된다. 웹사이트에서는 타조도, 빈 병도, 에펠탑도 주문할 수 있다. 이런 식으로 예외적 리 군은 질서정연한 무한 가족들 옆에 어색하게 자리 잡고 있다.

• • •

"나는 그 모든 것을 정리해서 논문으로 발표했죠. 논문은 큰 파장을 일으켰고요." 개릿은 그의 논문이 세간의 주목을 받고 언론에서 관심을 보이던 시절을 회상한다.[34]

그때로 돌아가 생각해보면, 자기 이론에 결점이 있었다고 그는 인정한다. 예를 들어 페르미온 3세대는 설명되지 않았다. 하지만 그때는 2007년이었다. 개릿은 남은 퍼즐 중 일부를 해결했지만 여전히 그의 걸작은 미완성이고, 그도 완전히 만족하지 못하고 있다.

"지금은 페르미온에 대한 자연스러운 설명을 찾았습니다." 개릿이 말한다. "학교를 졸업하고 시작했던 일은 완수했다는 의미에서요. 그리고 예상치 못했던 거대 E8 리 군을 발견했죠. 나는 모든 걸 설명하는 예쁜 이론을 찾아 나서지 않았어요. 그건 나에게는 너무 야심만만한 길이었습니다."

"E8은 큰 군이죠." 내가 말한다. "그 수많은 것을 이 군 안에 끼워 넣을 수 있다니 놀랍죠? 그렇게 많은 것을……. 당신은 심지어 여기에 추가적인 입자도 넣었지요?"

"그래요. 새로운 입자가 20개 정도 되죠." 그는 순순히 인정하다가 서둘러 덧붙인다. "그래도 초대칭보다는 많지 않아요."

"그 입자들은 꽤 무거울 거라 예상하는데요. 당신이 새로 추가한 입자들 말이에요. 그래서 우리가 볼 수 없는 것이죠?"

"네. 그야 뭐, 일반적인 이론물리학자들의 변명이죠. [그러나] 작용은 독특하게 아름다워요.• 그것은 최소 표면을 위한 작용과 아주 비슷합니다. 여러 방식에서 볼 때 가능한 작용 중 가장 단순한 거예요. 자연이 이걸 고치려 한다고 상상하기는 어렵죠."

"자연이 뭘 원하는지 당신이 어떻게 알아요?"

"이건 일종의 게임이에요. 만물의 이론을 찾고 싶다면, 갖춰야 할 것은 미적 감각이 전부니까요."

"그걸 아름답게 만드는 건 뭘까요? 당신은 이미 기하학적 자연스러움을 갖췄다고 말했잖아요."

"그렇죠. 그게 자연스러운 이유는 기하학을 이용해 모두 서술될 수 있기 때문입니다. 그리고 가장 거대한 단순 예외적 리 군을 사용하고 있단 말이죠. 그것은 풍부하면서도 단순합니다. 다양한 각도로 수학에 깊이 확산되고요. 진짜 근사하죠."

"꼭 끈이론가들처럼 말씀하시네요."

"알아요! 나도 내가 끈이론가들처럼 말하는 거 안다고요! 나도 그 사람들이 품은 동기와 욕망을 상당 부분 공유하고 있어요. 지난 30년 동안 수천 명의 사람을 이끌고 추진력을 모아 E8 이론을 연구하다 결국 실패했다면, 나도 지금 그들과 똑같은 입장일 겁니다."

언론의 관심이 잦아든 후, 개럿 리시와 그의 E8 이론은 빠르게 잊혔

• '작용action'이란 입자물리학자들이 이론을 정의할 때 사용하는 수학적인 것을 말한다.

다. 물리학자 커뮤니티에서도 그 이론에 희미한 관심조차 보이는 사람이 없다.

"크게 주목을 받지는 못했어요. 그렇죠?" 내가 묻는다.

"그랬죠. 한 번 크게 뉴스가 된 이후로는요."

"널리 알려지고 나서 좋은 일도 있었나요?"

"아버지가 취직은 언제 할 거냐고 더 이상 안 물어보시는 거?" 개럿이 농담한다. "학교 다닐 때 공부도 꽤 잘했고 박사학위도 받았으니까요. 그러다 마우이로 와서 서핑광이 되었고, 부모님은 '도대체 왜 그러는 거니?' 늘 이런 식이었어요. 하지만 난 행복해요.

물리학을 연구할 때는 다른 것은 생각하지 않고, 오직 내 눈앞의 수학과 구조만 생각할 수 있는 그런 장소로 가야 해요. 물리학을 연구할 때, 내 인생에서 진행 중인 다른 문제는 전혀 생각할 수가 없거든요. 그런 의미에서 이건 탈출이에요."

그는 서핑광이면서도 놀랄 만큼 지적이다. 그가 인터넷상에서 큰 인기를 끄는 것도 이상할 게 없다.

"프랭크 윌첵이 우리가 했던 내기에 대해서 얘기하던가요?" 개럿이 묻는다.

나는 이 문제는 완전히 잊고 있었다. 2009년 7월에 개럿은 초대칭 입자들이 향후 6년 이내에 발견되지 않을 것이라고 프랭크와 1000달러를 걸고 내기했다.

"LHC가 자석과 관련해서 문제를 일으키는 바람에 말이죠." 개럿이 말한다. "내기의 기한은 지난 7월이었지만 데이터가 완전히 다 나온 상태가 아니었어요. 우리는 내기를 1년 연장하기로 합의했습니다." 내기는 앞으로 6개월 후에 끝날 것이다.

"그래요. LHC에서 초대칭이 나와야 한다는 얘기가 있었죠." 내가 말한다. "고든 케인은 지금도 2차 가동 때 글루이노가 나타나야 한다고 생각하던데요."

"쳇." 개럿이 말한다. "그 사람 주장 중에 가장 지독한 것은 힉스 질량을 예측했다는 것이었어요. 소문은 퍼질 대로 퍼진 상태였는데, 공식 발표 이틀 전에 논문을 내놨잖아요. 그러고 나서 공식 발표를 통해 소문의 내용이 확인됐는데, 그 사람은 그게 끈이론에서 나온 예측이라고 주장했고요!"

개럿은 학계에 속한 사람이 아니다. 그는 연구 지원금을 걱정하지 않고, 데리고 있는 학생의 미래도 신경 쓸 필요가 없고, 동료들이 그의 논문을 좋아할지 말지도 개의치 않는다. 그는 자기가 할 일을 하고 속에 담아둔 얘기를 한다. 이런 태도는 많은 사람에게 잘 받아들여지지 않는다.

2010년에 개럿은 『사이언티픽 아메리칸』에 E8 이론에 관한 글을 기고했다.[35] 그는 이 '흥미로운 경험'을 회상했다. "글이 실릴 거라는 소식이 퍼지자, 끈이론가 자크 디스틀러는 사람들을 잔뜩 불러 모아 내 글이 『사이언티픽 아메리칸』에 실리면 불매운동을 하겠다고 했어요. 편집자들은 그들의 위협을 신중히 고려해서, 내 글의 정확히 어떤 점이 부정확한지를 지적해달라고 부탁했습니다. 부정확한 것은 없었습니다. 그 글을 쓰느라고 시간을 굉장히 들였거든요. 그래도 그 사람들은 계속 위협하더군요. 『사이언티픽 아메리칸』은 내 글을 게재하기로 했죠. 내가 아는 한 특별한 후폭풍은 없었어요."

"충격적인데요." 내가 말한다. 진심이다.

"끈이론가들은 어려운 상황에 있어요." 개럿이 말한다. "지난 30년 동안 만물의 이론을 내놓겠다고 약속했는데, 한 번도 약속을 지킨 적이 없었잖아요. 그들은 마술[덧차원 공간]을 찾아냈다고, 이제 점심시간 전에 모든 입자를 제자리에 갖다 놓기만 하면 된다고 생각했죠. 지금 우리는 총체적 실패라는 전체적인 그림을 보고 있습니다."

그렇지만 수학에 강하게 의존하는 경향은 개럿도 끈이론가들과 무척 비슷하다.

"만물의 이론이 존재할 거라고 왜 그렇게 확신하세요?" 내가 묻는다.

"지금 우리가 표준모형과 함께 가진 것은, 그야말로 엉망진창이에요."

그림 13 E8의 루트 다이어그램. 개럿 리시의 만물이론을 묘사하고 있다. 각 기호는 기본 입자에 해당한다. 다양한 기호들은 다양한 유형의 입자를 의미하고, 점 사이의 선은 삼원성triality에 의해 입자들이 연결되는 상태를 보여준다. 아, 아니다. 나도 이게 무슨 의미인지는 모르겠다. 하지만 예쁘지 않은가? (개럿 리시의 호의로 게재한 이미지)

개럿이 말한다. “우리한테는 [섞임 행렬]이 있고, 질량들이 있죠. 그 밖의 모든 매개변수도요. 나는 이 모든 유사 무작위 매개변수에 대한 근본적인 설명이 필요하고, 그 설명이 근본적인 통합이론으로 이어질 거라고 생각합니다.”

“무작위 매개변수가 뭐가 어때서요? 왜 그게 꼭 단순해야 하는 거죠?”

“우리가 작은 공간으로 내려갈수록 항상 더 단순해졌죠.” 개럿은 주장한다. “처음에 화학에서 출발했을 때는 모든 물질이 각양각색의 성질을 가지고 있었어요. 하지만 물질의 근원적인 원소들은 아주 단순하죠. 더 작은 거리를, 그러니까 원자 안을 들여다보면 그것보다도 훨씬 더 단순해져요. 이제 우리는 표준모형을 들여다보고 있습니다. 표준모형은 입자와 게이지 보손의 완전한 집합체인 것 같아요. 그동안의 연구를 통해 페르미온을 기하학적으로 설명할 방법이 있다고 생각해요. 그것은 전부 하나인 것처럼 보입니다. 나에게 이건 단지 과학의 길을 추론하는 것뿐이에요. 더 작은 스케일로 본다면 물체는 더 단순해 보이는 것이죠.”

“그건 당신이 화학을 출발점으로 잡았기 때문이에요.” 내가 말한다. “만일 더 큰 스케일에서 출발하면, 이를테면 은하의 규모에서 시작해서 점점 아래로 내려가면 절대 단순해지지 않죠. 처음에는 더 복잡하겠죠. 행성 위에 생명이 기어다니는 식으로요. 생화학 수준을 지나야만 비로소 다시 단순해지기 시작하는 거고요.”

“아, 그렇게는 비교가 안되죠.” 개럿이 말한다. “우린 기본 입자들이 행성과 비슷하지 않다는 걸 알잖아요. 기본 입자들은 서로 정확히 동일하니까요.”

"'정확히' 같은 건 없어요. 그건 언제나 제한된 정확도 안에서만 할 수 있는 얘기죠." 내가 지적한다. "기본 입자들이 행성과 비슷하다는 말은 아니었어요. 그런 식으로, 작은 거리 안에 있는 이론이 뭔지 몰라도 지금 우리가 가진 이론보다 단순할 수 없다는 거죠. 단순성이 해상도에 따라 항상 증가하지는 않아요."

"그래요. 엉망진창이 될 수도 있죠." 개럿이 동의한다. "아니면 실험적으로는 절대 접근할 수 없는 어떤 근본적인 기틀이 있을지도 몰라요. 우리는 그 꼭대기에 앉은 혼돈만 볼 수 있는 거죠. 샤오-강 웬을 예로 들면, 그는 자연법칙이 기본적으로 추하다고 합니다. 난 그 생각이 혐오스러워요. 나는 모든 현상을 설명할 단순하고 통합된 설명이 분명히 존재한다고 생각합니다."

나는 샤오-강을 만나야겠다고 메모한다. 그때 반바지에 하와이언 셔츠를 입은 남자가 베란다로 온다.

"롭이에요." 개럿이 그를 소개하며 말한다. "숯불을 피워주러 왔어요."

오늘은 개럿의 생일이고, 그는 내가 오기 전에 죽은 동물들을 구워줄 친구들을 초대했다.

"바비큐는 저녁때 하는 줄 알았는데요."

"롭의 특기가 느리게 구운 갈비거든요." 개럿이 설명한다. "당신은 채식주의자이니까, 달갑지 않으시겠군요."

"그러니까 갈비 냄새를, 온종일 풍긴단 말이죠?"

"그래요." 개럿은 나를 쫓아내려는 것처럼 손짓한다. "바닷가에 가보실래요? 나도 뒤쫓아 가도록 노력해볼게요."

• • •

결국 바다에 나온다. 파도 틈으로 바다거북이 나를 엿본다. 물은 투명하고 모래는 하얗다. 모래사장 위 거친 입자가 기이한 모양을 하고 있다. 개럿의 여자친구 크리스털이 작은 물고기인 비늘돔이 만든 입자라고 설명한다. 비늘돔은 우물우물 산호를 먹고 소화를 끝내면 남은 찌꺼기를 바다로 돌려보낸다. 하와이 현지어로 비늘돔은 '후 팔루카루카'라고 부르는데, 해석하면 '헐렁한 창자'라는 뜻이다. 다 큰 비늘돔은 1년에 363킬로그램가량의 모래를 생산한다. 이것을 전체 비늘돔 개체 수에 곱하면 엄청난 양이 된다.

나는 자외선 차단제를 듬뿍 바르고 발가락을 모래에 파묻는다. 여기에서도 교훈을 얻을 수 있다고 생각한다. 충분히 잔뜩 쌓아 올리기만 하면, 똥조차도 아름다워 보인다.

간단히 말해서

- 이론물리학자들은 표준모형의 세 가지 상호작용을 하나로 통합시키는 대통일이론을 좋아한다. 대통일은 번번이 실험 데이터와 충돌했지만, 아이디어 자체는 여전히 인기가 있다.
- 수많은 이론물리학자가 아름다움에 의존하는 것이 경험에 의해 정당화된다고 믿는다. 그러나 새로운 자연법칙이 낯선 방식으로 아름다울 때는 경험이 법칙을 찾는 데 도움을 주지 않는다.
- 과학은 지난 수십 년 동안 크게 변했지만, 과학 커뮤니티는 이런 변화를 받아들이지 않았다.
- 오늘날 학계는 과학자들이 이미 학계를 지배하고 있는 이론을 연구하도록 권장하고, 과학자들의 비판 의욕을 꺾는다.
- 과학자들은 연구하고자 하는 이론의 활용도와 전망을 평가할 때, 비슷비슷한 생각을 가진 동료들의 지지를 중요하게 여긴다.

8장

우주, 마지막 전선

나는 끈이론학자들을 이해하려 노력하고,
그들을 이해하는 데 거의 성공할 뻔한다.

그저 겸손한 물리학자

1월의 샌타바버라다. 지난 12월 뮌헨 학회에서 조지프 폴친스키(이하 조)와 이야기할 계획이었지만, 그가 급작스럽게 참석을 취소했다. 샌타바버라에 와보니 조는 캘리포니아 주립대학교에 병가를 내고 쉬는 중이었다.

박사 후 연구 때 샌타바버라에서 1년을 보낸 적이 있는데, 조가 준 주소는 내가 아는 동네가 아니다. 그가 사는 동네의 집은 널찍널찍하다. 정원수는 말끔하게 손질되었고, 차들은 반짝거리고, 잔디는 짙은 초록색이다. 나는 작은 언덕을 오르내리며 좁은 길을 누비고, 학생들이 사는 집값이 싼 동네에서 점점 멀어진다. 마침내 막다른 골목 끝에서 조의 집을 찾아 멈춘다. 햇빛이 화창한 이른 오후다. 정원사가 골프 카트처럼 생긴 차를 타고 동네를 돈다. 야자수가 바람에 흔들린다.

초인종을 누르려던 손가락이 잠시 주춤한다. 나는 대체로 아픈 사람의 집을 찾아가지는 않는다. 조는 만나자는 나의 제의를 열광적으로 수락했고, 뮌헨 학회의 주제가('왜 이론을 신뢰하는가?') 계속 마음에 걸렸다고 했다. 그는 인생 대부분을 끈이론의 수학을 연구하며 보냈다. 나는 왜 우리가 수학을 신뢰해야 하는지 알아내기 위해 이곳에 있다.

• • •

끈이론의 간략한 역사는 이렇다. 끈이론은 강한 상호작용을 설명하기 위한 후보로 개발되었지만, 물리학자들은 재빨리 끈이론이 아닌 양자색역학이 그 임무에 더 적합하다는 것을 알아냈다. 그러나 끈이 중력처럼 보이는 힘을 교환한다는 것을 알게 되면서 끈은 만물의 이론이 되기 위한 도전자로 새로 태어났다. 끈이론에서 모든 입자는 다양한 배열의 끈으로 만들어진다. 그러나 끈이라는 하위구조는 너무 작아서 현재 도달할 수 있는 에너지로는 볼 수 없다.

이론의 일관성을 위해 끈이론가들은 끈이 3차원 공간이 아닌 25차원(여기에 시간 차원 하나가 더해진다) 세상에 살고 있다고 가정한다.[1] 이런 추가적인 차원들은 보이지 않기 때문에, 학자들은 추가적으로 차원들이 유한한 크기, 즉 한정된 공간에 '꽉 채워져 있다'고 가정했다. 그러니까 무한한 평면이 아니라 (더 높은 차원의) 공처럼 말이다. 짧은 거리를 분해하기 위해서는 높은 에너지가 필요하므로, 이 추가적인 차원들이 매우 작다면 현재로서는 그것을 알아챌 수 없다.

다음으로, 끈이론가들은 끈이론에서 진공이 붕괴하는 것을 막기 위해 초대칭이 필요하다는 것을 발견했다. 이로써 차원의 수는 25차원에서 9차원(더하기 시간 차원 하나)으로 줄었지만, 좀 더 축소할 필요가 있었다. 아직 초대칭 입자는 관측되지 않았기 때문에 끈이론가들은 초대칭이 아주 높은 에너지에서 깨진다고 가정했다. 따라서 초대칭 입자는 (그것이 만일 존재한다면) 아직 보이지 않는 것뿐이었다.

오래지 않아 초대칭은, 설령 높은 에너지에서 깨진다고 하더라도, 표준모형에서 일반적으로 금지되어 지금까지 보지 못했던 상호작용을 일으키면서 실험과 일치하지 않으리라는 사실이 드러났다. 그래서 'R 반전성R-parity'이 도입되었다. R 반전성은 대칭의 일종으로, 초대칭과 결합하면 관측되지 않은 상호작용을 금지하는데, 상호작용 자체가 새로운 대칭의 가정과 충돌하기 때문이다.

문제는 여기에서 그치지 않았다. 1990년대 말까지 끈이론가들은 음의 우주상수를 갖는 시공간 안에서만 끈을 다뤘다. 우주상수가 측정되어 양수라는 사실이 밝혀지자, 학자들은 재빨리 이를 수용할 방법을 만들어야 했다. 양수 우주상수와도 작동하는 구조를 개발했지만, 끈이론은 여전히 우주상수가 음수일 때 가장 잘 파악된다.[2] 이 문제는 여전히 대다수의 끈이론가들이 붙들고 있는 주제다. 그러나 그런 끈은 우리가 사는 우주를 제대로 설명하지 못한다.

그렇게 수없이 고쳤을지언정, 끈이 모든 것에 관한 고유한 이론만 만들어준다면 그런 것들은 하나도 중요하지 않았을 것이다. 그러나 물리학자들은 이 이론이 어마어마한 수의 구성을 허용하고, 그 구성 각각은 축소화의 다양한 확률을 낳고, 낮은 에너지 범위 안에서 다른 이론으로 이어진다는 것을 알게 되었다. 이론을 세우는 방법은 대단히 많아서(현재 10^{500}가지로 추정된다), 표준모형도 그 가운데 하나로 포함될 수 있다. 그러나 누구도 그것을 발견하지 못했고, 그 어마어마한 경우의 수를 고려할 때 누구도 발견하지 못할 가능성이 매우 크다.

이에 끈이론가 대부분은 끈이론이 고유한 자연법칙을 결정한다는 생각을 버리고 다중우주를 받아들였다. 다중우주 안에서는 가능한 모든 자연법칙이 어딘가 현실로 존재한다. 끈이론가들은 다중우주의 확률분포를 세우려고 노력 중이고, 이에 따라 우리 우주는 적어도 존재 가능성이 생긴다.

다른 끈이론가들은 기본 물리학의 뒤안길로 완전히 물러나서 다른 응용 분야를 찾으려 노력 중이다. 예를 들어 끈이론의 기법을 이용해 거대 원자핵(중이온들)의 충돌을 이해하려는 것이다. 이런 충돌에서(이 역시 LHC 프로그램의 일부다) 아주 짧은 시간 동안 쿼크와 글루온의 플라스마가 만들어질 수 있다. 플라스마의 행동은 표준모형으로 설명하기 어렵다. 표준모형이 작동하지 않아서가 아니라 이걸 어떻게 계산해야 하는지 아무도 몰라서다. 핵물리학자들은 끈이론에서 유래한 새로운 방법을 환영했다.

불행하게도 끈이론 기반의 예측은 LHC의 데이터와 맞지 않았고, 끈이론가들은 하던 일을 조용히 파묻었다.[3] 현재 그들은 자신들의 방법이 구체적으로 어느 '기이한' 금속의 행동을 이해하는 데 유용하다고 주장하지만, 끈이론가인 조지프 콘론조차도 끈이론으로 그런 물질을 설명하려는 것은 히말라야를 여행하면서 알프스 지도를 사용하는 것과 같다고 비유했다.[4]

충돌하는 증거에 지칠 줄 모르고 적응하는 끈이론가들의 생존력은 이제는 즐길 거리가 되었고, 수많은 대학의 물리학과에서는 끈이론가들을 늘 몇 명씩 고용한다. 모든 것을 설명하기 위해 벌이는 그들의 영웅담을 듣는 걸 사람들이 좋아하기 때문이다. 끈이론의 인기에 대해 프리면 다이슨은 이런 해석을 내놓았다. "끈이론의 매력은 일자리를 제공한다는 것이다. 끈이론은 왜 그렇게 많은 일자리를 제공하는가? 값이 싸기 때문이다. 만일 당신이 외딴 대학의 가난한 물리학과의 학과장이라면, 실험물리학 연구를 수행할 최신식 실험실을 지을 비용은 감당 못 하겠지만, 끈이론가 두어 명을 고용할 정도의 여유는 있을 것이다. 그렇게 끈이론가에게 일자리 두어 개를 제공하고, 동시에 현대적인 물리학과를 갖추게 되는 것이다."[5]

• • •

끈이론의 역사를 다른 각도에서 살펴보면 이런 식이다. 끈이론은 강한 상호작용을 설명하기 위한 후보로 개발되었지만, 물리학자들은 재빨리 끈이론이 아닌 양자색역학이 그 임무에 더 적합하다는 것을 알아냈다. 그러나 끈이 중력처럼 보이는 힘을 교환한다는 것을 알게 되면서 끈은 만물의 이론이 되기 위한 도전자로 새로 태어났다.

주목해야 할 것은 끈이 초대칭에 자연스럽게 들어맞는다는 것이다. 초대칭은 시공간 대칭의 일반적인 확장으로서 독립적으로 발견된 것이다. 더 주목할 내용은 원래 몇 가지 다양한 유형의 끈이론이 발견되었는데, 이들이 '쌍대성 변환duality transformation'에 의해 서로 연관되어 있음이 밝혀졌다는 것이다. 쌍대성 변환은 하나의 이론으로 설명되는 대상이 다른 이론으로 설명되는 대상으로 확인되는 것인데, 이로써 별개의 두 이론이 사실은 같은 물리학의 대안적 설명임을 알게 되는 것이다. 끈이론가 에드워드 위튼은 세상에 무한히 많은 끈이론이 존재하고, 그 이론은 모두 연결되어 있으며, 이 모두는 훨씬 큰 고유의 이론인 'M 이론'에 포함되어 있다고 가정했다.

끈은 계속해서 물리학자들을 놀라게 했다. 1990년대 중반에 물리학자들은 끈이론이 단순히 끈의 이론일 뿐 아니라 더 높은 차원의 멤브레인(막), 줄여서 '브레인'이라고 부르는 것도 포함한다는 것을 알게 되었다. 이 새로운 통찰을 사용하여 끈이론가들은 블랙홀의 고차원 버전을 연구하고, 이미 알려져 있었던 블랙홀의 열역학 법칙을 복원시킬 수 있었다. 예상치 못한 결합을 보며 비판론자들마저 끈이론이 물리학적으로 의미 있다고 확신했다. 블랙홀의 물리학에는 여전히 미스터리가 남아 있지만, 끈이론가들은 문제 해결을 향해 점점 다가가고 있다.

끈이론가들의 물리적 직관은 수학적 발견으로 이어졌다. 특히 '칼라비-야우 다양체Calabi-Yau Manifolds'라고 하는 축소화된 추가 차원들의 기하학적 모양과 관련된 발견은 놀라웠다.[6] 기하학적으로 매우 다른 칼라비-야우 다양체의 짝이 거울 대칭으로 연관되어 있음을 물리학자들이 발견한 것이다. 수학자들도 발견하지 못했던 이런 특성이 발견되면서, 이후 수많은 후속 연구가 이어졌다. 수학자 리처드 보처즈는 끈이론을 이용해 '가공할 헛소리monstrous moonshine 가정'을 증명했다. 이는 알려진 것 중 가장 거대한 대칭군, 즉 괴물 군과 어떤 함수들 사이의 관계를 말하는 것이다.[7] 끈이론과 괴물 군 수학 사이의 복잡한 관계는 최근 시공간의 양자적 특성을 이해하는 데 있어 괴물 군의 잠재적 중요성을 탐색하는 연구자들에게 영감을 주었다.

끈이론은 지난 수십 년간의 기본 물리학 연구에서 가장 큰 돌파구를 이끌어냈다. 바로 '게이지-중력 쌍대성gauge-gravity duality'이다. 쌍대성은 서로 다른 두 이론 구조 사이의 관계를 말하며, 두 이론이 사실은 같은 물리를 설명하고 있음을 보여준다. 게이지-중력 쌍대성에 따르면, 어떤 중력 이론들은 게이지이론으로 동일하게 수립될 수 있고, 그 반대도 성립한다.[8] 이는 물리학자들이 일반상대성이론을 사용해 수학적으로 대단히 까다로운 게이지이론을 계산할 수 있다는 의미다.

게이지-중력 쌍대성이 암시하는 바는 그저 놀라울 따름이다. 왜냐하면 쌍대성이론은 같은 수의 차원에서 작동하지 않기 때문이다. 게이지이론의 시공간은 중력이론의 시공간보다 공간 차원 하나가 적다. 이 말은 우리 우주가(우리도 포함해서) 수학적으로 2차원 공간 안에 욱여넣어질 수 있다는 뜻이다. 마치 홀로그램처럼, 우주는 3차원으로 보이지만 사실은 평면 위에 부호화될 수 있다.

이는 새로운 세계관에 불과한 것이 아니다. 끈이론가들은 게이지-중력 쌍대성을 쿼크-글루온 플라스마와 고온 초전도체에도 적용한다. 아직 구체적인 결과는 나오지 않았지만, 의미 있는 결과가 나올 가능성이 크다.

두 이야기 모두 진실이다. 하지만 어느 한쪽을 택하고 다른 쪽을 무시하면 더 재미있게 관전할 수 있다.

• • •

조는 초창기 끈이론 교과서 중 한 권을 썼고, 끈이론의 개발 과정에서 중요한 역할을 했다. 조는 1차원적 끈뿐 아니라 고차원적인 막도 끈이론에 포함된다는 사실을 밝혔다. 인터뷰하기 며칠 전 그는 논문을 발표했는데, 끈이론에 있어 비실험적 기준이 이론의 전망을 평가하는 데 유용한가에 관한 내용이었다.

나는 그의 아내, 아들과 악수한다. 그러고는 신발을 벗고 발끝으로 카펫 위를 걸어 소파로 가 파묻히듯 앉는다.

"리하르트 다비트의 비실험적 이론 평가라는 아이디어에 대해 어떻게 생각하시나요?" 내가 말문을 연다.

"그게 뭘 의미하는지를 모르겠어요." 조가 말한다. "나는 이 세상을 이해하려고 노력하는 겸손한 물리학자에 지나지 않습니다. 그러나 그 얘기는 내 생각과 굉장히 가깝더군요. 만일 내가, '내가 평생 모아온 모든 증거를 바탕으로 한다면, 뭘 연구해보고 싶은가? 가장 전망 좋은 방향은 어느 쪽일까? 성공의 가능성이 가장 큰 방향은 어디일까?'라고 스스로에게 묻는다면, 비실험적 평가를 해야 하죠. 나는 끈이론이 옳은 길이라는 긍정적인 증거가 있다고 믿어요. 그 증거를 대략 여섯 가지 유형으로 꼽습니다.[9]

다비트가 말한 것 중 일부는 내가 그 문제를 생각하는 방식과 우연히 겹치는 것 같습니다. 하지만 비실험적 이라거나…… 그런 말은 특별히 염두에 두지 않아요."

그는 답을 기대하는 눈빛으로 나를 바라본다.

"다비트의 말이 정확히 당신이 한 말과 같다고 생각해요." 나는 조의 말에 동의한다. "분명히 데이터 외의 다른 사실들도 고려하죠. 과거에도 늘 이런 식이었을 거예요. 하지만 이제 가설 개발과 실험 사이의 격차가 대단히 커졌고, 데이터가 아닌 다른 수단으로 이론을 평가하는 게 점점 더 중요해지고 있어요."

"그래요." 조가 말한다. "[막스] 플랑크는 이런 문제를 100여 년 전에 이미 알아냈습니다. 측정할 수 있는 곳과 아마도 우리가 가야 할 곳 사이의 차이가 대략 스물다섯 자릿수라고요. 그때 당시에 벌써 그랬단 말이죠. 오늘날에도 그 차이는 열다섯 자릿수 정도입니다. 우리에겐 더 낮은 에너지에서 뭔가를 볼 수 있을 거라는 거대한 희망이 있어요. 이건 당신이 추구하는 주제이기도 하죠? 양자중력 현상론. 낮은 에너지에서 접근 가능한 것을 보기 위해 가능한 모든 방법을 찾으려는 시도죠. 그건 우리 모두가 원하는 것입니다. 불행히도 지금까지 우리가 본 것들은 전부 부정적이고요.

당신은 좋은 아이디어처럼 보이는 아이디어와 좋은 아이디어처럼 보이지 않는 아이디어를 구분하려고 대단히 열심히 노력한 것 같아요. 나는 정말로 당신이 혼자서 대단히 열심히 노력했던 사람이라고 생각합니다. 중요한 일이지만 진짜 보람 없는 일이기도 해요. 나쁜 아이디어들은 좋은 아이디어들보다 급속히 증가하는 경향이 있으니까요. 가끔은 틀린 것을 만들어내는 것보다 왜 어떤 것이 틀렸는가를 알아내는 게 시간이 오래 걸리기도 해요."

그는 그동안 숱하게 들어왔던 '넌 바보야'라는 말을 가장 친절하게 하고 있다.

조는 이야기한다. "현상론을 들여다보는 사람들은 모두 같은 문제를 안고 있습니다. 그들은 남은 열다섯 자릿수를 건너뛰어 그곳에 도달해야 해요. 그건 몹시 어려운 문제입니다. 끈 현상론에 관해 말할 때, 우리는 이론을 가진 것이 아니라 언젠가 이론의 일부가 될 수 있는 현상론을 가지고 있는 겁니다. 그리고 그건 사람들이 엉뚱한 걸 하고 있어서가 아니라 현상론을 유도하기가 그토록 어렵기 때문이고요. 그래서 모든 분야에서 그동안 해왔던 것보다 훨씬 오랫동안 심사숙고해야 합니다.

이건 다 플랑크 때문이에요. 좀 작은 숫자를 제시했으면 좋았을 텐데……."

• • •

플랑크 에너지는 시공간의 양자 요동이 눈에 띄기 시작하는 지점이다. 이는 대략 10^{18}GeV인데, 충돌기로 도달할 수 있는 에너지와 비교하면 어마어마하게 큰 값이다(그림 14). 현재 도달할 수 있는 에너지와 대통일 및 양자중력이 의미 있는 에너지 사이에는 거대한 차이가 있다. 이 차이를 흔히 '사막'이라고 부르는데, 현재 우리가 아는 바 그곳에는 새로운 현상이 없는 것 같기 때문이다.

플랑크 에너지에 곧장 도달하려면 은하수 크기의 입자 충돌기가 필요하다. 또는 중력장의 양자, 즉 중력자graviton를 측정하고 싶다면, 검출기의 크기는 목성만 해야 하고, 강력한 중력자원(중성자별 같은) 주위의 궤도 위에 있어야 한다. 당연하지만 이런 실험은 연구비를 얻어 할 수 있는 실험이 아니다. 따라서 많은 물리학자는 양자중력을 실험할 가능성에 비관적이고, 이는 철학적 난제로 이어진다. 만일 테스트하지 못한다면, 그것은 과학인가?

그러나 이런 난제를 걱정하는 이론물리학자는 별로 없다. 이것은 미학적 문제인 동시에 일관성 문제이기 때문이다.

표준모형과 일반상대성이론의 결합은 플랑크 에너지보다 높은 에너

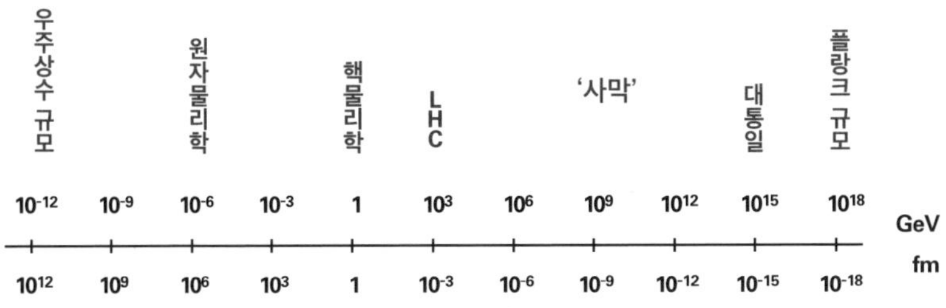

그림 14 에너지 척도.

지에서는 어떠한 관측도 설명할 수 없다는 내부 모순으로 이어진다. 따라서 두 이론을 단순히 결합시키는 것은 잘못이며, 더 좋은 방법이 존재해야 한다는 것을 알 수 있다.

모순의 기원은 일반상대성이론이 양자이론이 아닌데도 양자 성질을 지닌 물질과 방사선에 반응해야 한다는 데 있다. 예를 들어 표준모형에서 전자는 파동함수에 의해 서술되는 대로 두 장소에 동시에 있을 수 있다. 일반상대성이론에서 전자의 질량은 전자 주위의 시공간을 휘게 만든다. 그런데 이 '주위'라는 것이 어디를 의미하는가? 일반상대성이론은 이 질문에 답하지 못한다. 전자가 만드는 곡률은 양자적 성질이 없고, 두 곳에 동시에 존재할 수 없기 때문이다.

전자의 중력은 너무 약하기 때문에 우리는 이를 측정할 수 없다. 그러나 그게 중요한 것이 아니다. 이론은 테스트 가능 여부에 상관없이 질문에 명료하게 답을 내놓을 수 있어야 한다.

일관성의 문제는 드물지만 매우 강력한 지침이다. 힉스 보손은 이런 필요성 예측의 사례다. 힉스 없는 표준모형은 LHC에서 도달할 수 있는 에너지 규모 안에서 모순이다. 어떤 계산의 결과가 확률적 해석과 양립할 수 없기 때문이다.[10] 그래서 우리는 LHC에서 무슨 일이 일어나야만 한다는 것을 알게 되었다.

가정을 넘어서는 증명은 없으므로, LHC에서 구체적으로 어떤 일이 일어나야 한다는 건지 증명하기는 불가능했을 것이다. 힉스 외의 뭔가가 있을 수도 있었다. 이를테면 약전자기 상호작용이 예상치 못한 강력한 것으로 밝혀질 수도 있었다. 그러나 우리는 '뭔가가' 일어나야 한다는 것을 알고 있었다. 이론이 일관적이지 않았기 때문이다. 뇌가 말랑말랑한 사람이라면 자연이 사실상 논리적 비일관성을 보여준다거나, 좀 더 복잡한 논리를 고수한다고 상상할 수도 있겠다. 그러나 그것 역시 '뭔가 새로운 것'을 의미한다.

하지만 힉스 외의 다른 새로운 입자들이 LHC에서 나타나야 한다는 기대는 필요 때문에 탄생한 것이 아니라, 자연이 미세 조정된 매개변수들을 피해 갈 것이라는 믿음에서 나온 것이다.

• • •

"힉스 질량은 굉장히 놀라운 발견이었어요." 조가 말한다. "초대칭이 지금까지 발견되지 않았으니까요. 설령 지금 발견되더라도, 그 수들이 이미 많이 밀려 있고, 여전히 수많은 미세 조정이 있습니다. 나는 이걸 어떻게 생각해야 할지 모르겠어요. 더 좋은 답을 가진 것도 아니고요. 왜냐하면 우주상수는 아주 큰 문제이기 때문이죠. 힉스 질량에 대해서도 뭔가를 해야 해요.

힉스 질량의 문제를 풀 두 가지 아이디어가 있었습니다. 테크니컬러 이론과 초대칭이죠. 테크니컬러 해결책은 입자들을 합성물로 만드는 것이었어요. 그 아이디어는 금세 복잡해지고 전망도 시들었습니다. 이제 초대칭이 그런 상태예요. 초대칭은 아름다웠고 쉽게 자리잡을 수 있었지만, 이제는 어려워지고 있습니다. 나는 여전히 초대칭을 찾길 바라요. 초대칭을 찾으면 왜 초대칭이 우리가 예상했던 것보다 훨씬 더 미묘한 방식으로 높은 에너지에서 실현되는지 이해할 수 있을 겁니다.

나는 왜 초대칭이 아직도 보이지 않는지, 그게 미래에는 어떤 의미인건지 감이 안 잡혀요. 사람들은 이제 750GeV의 돌출 신호 때문에 흥분하고 있어요.• 당신도 잘 알죠."

"초대칭은 왜 그렇게 아름다운 걸까요?" 내가 묻는다.

"나는 언제나 '아름다움'이라는 말을 쓸 때는 신중해져요. 그 말은 잘못 정의되어 있어요." 조가 말한다. "디랙의 연구에 대해 리뷰를 쓴 적이 있습니다.[11] 디랙의 강한 동기는 아름다움이었어요. 리뷰 마지막에 이런 말을 썼죠. '사람은 아름다운 것을 보면 그것이 아름답다는 것을, 그 아름다움이 여기에 있음을 알 수 있다.' 하지만 어떻게 보면 나는 그 단어를 의식적으로 피하는 것 같습니다.

나는 아무래도 다른 사람들보다는 기하학 쪽에서 동기부여를 덜 받는 것 같아요. 이전에 명확하게 연결되지 않던 것들을 연결해주는 아이디어들이 나에겐 훨씬 더 인상적입니다. 이 세상에는 보손과 페르미온이 있다는 걸 알고, 장이 과거에 어떻게 퍼져 나갔는지를 추론하는 것처

• 이중광자 변칙을 말하는 것이다.

럼, 보손과 페르미온이 서로 연결되는 방법이 있는지를 알 수 있다면 근사할 겁니다.

초대칭은 우리가 기대하는 그런 연결을 제공했던 것이죠. 초대칭은 페르미온과 보손 사이의 연결을 제시하고, 왜 힉스 보손이 그렇게 무겁지 않았는지 이유도 제시했어요. 그 과정을 우주상수에 적용할 수 있는 잠재성도 보여줬고요. 그런데 그게 우주상수에는 먹히지 않았고, 이제는 그걸 어떻게 하면 좋을지 아이디어가 없으니까……."

그가 말끝을 흐린다. 그러다 마침내 결론을 내린다. "아마도 더 높은 에너지에서는 이 모든 게 진실이고, 지금 우리가 관측하는 것에 대해서는 아무 소용없는 그런 것일지도 모르죠."

한동안 그는 창밖을 물끄러미 바라본다. 그러더니 불쑥 커피나 마실 것을 들겠느냐고 묻는다. 나는 거절하고, 그는 노트를 집어든다.

고정불변의 불벽

뮌헨 학회를 준비하며, 조는 끈이론에 유리한 수학적 증거들을 목록으로 작성했다. 그의 목록이 내가 이미 들었던 아름다움의 측면과 잘 들어맞는 것에 눈길이 간다.

조는 끈이론이 다른 무엇보다도 확신을 주었다고 말한다. 그 이유는 끈이론이 중력을 양자화할 수 있기 때문이다. 사실 중력의 양자화에 대해서는 그렇게 많은 답이 알려지지 않았다. 거기에 더해서, 일단 끈이론을 받아들이면 이론을 구축할 자유도도 그렇게 높지 않다. 이 두 가지 이유가 '견고함'의 매력으로 작용했고, 니마 알카니-하메드와 스티븐 와인버그도 여기에 대해 이미 언급한 바 있다.

조는 끈이론의 또 다른 이점은 끈이론의 기하학적 특성이라고 말한다. 이 특성은 특히 개럿 리시가 중요하게 여기는 것이었다. 그러나 조는 개럿의 생각과는 달리 이것이 "그렇게 중요하지는 않다"라고 했다.

조의 목록에서 그 다음에 오는 두 가지 항목은 그가 '연결'이라고 부르는 사례들이며, 철학자 다비트가 '설명의 종결'이라고 언급했던 것이다. 두 항목은 끈이론이 우아하게 보이는 데 필요한 놀라움을 제공한다. 조가 말한 연결은 (1) 게이지-중력 쌍대성에 의해 밝혀진 새로운 통찰("우리는 홀로그램 안에서 살고 있다")과 (2) 블랙홀 열역학에 대한 끈이론의 기여다.

• • •

블랙홀은 충분히 많은 양의 물질이 자체 질량의 중력으로 붕괴해 생성된다. 만일 물질의 내부 압력이 (별의 연료가 모두 고갈되었다던가 하는 이유로) 충분하지 않으면, 물질은 한 점으로 수축할 때까지 계속 붕괴할 수 있다. 일단 물질이 충분히 응축되면 표면의 중력이 강해져 빛조차도 탈출할 수 없게 된다. 블랙홀이 만들어지는 것이다. 이렇게 모든 것이 붙잡히는 영역의 경계를 '사건의 지평선event horizon'이라고 한다. 사건의 지평선에서 출발하는 빛은 탈출에 실패해 영원히 원을 그릴 것이고, 빛보다 빨리 움직이는 것은 아무것도 없으므로 무엇도 블랙홀 내부에서 탈출할 수 없다.

사건의 지평선은 물리적 경계는 아니다. 사건의 지평선은 물질로 구성된 것이 아니며, 그 존재는 접근해서 알 수 있는 것이 아니라 멀리에서 추론으로만 암시될 수 있다. 사실 블랙홀이 충분히 크다면 사건의 지평선을 넘으면서도 아무것도 눈치채지 못할 것이다. 자유낙하를 할 때 중력이 당기는 것을 직접적으로 경험하는 것이 아니라 오직 당기는 힘의 변화, 즉 기조력만을 느낄 수 있기 때문이다. 기조력은 블랙홀의 질량과 반비례 관계라서 블랙홀이 클수록 기조력은 작아진다.

여러분이 은하 중심에 있는 것만큼 질량이 큰 거대 질량 블랙홀에 떨어진다면, 기조력이 너무 작아서 사건의 지평선을 건너는 것을 알아채지 못할 것이다. 블랙홀에 머리부터 떨어진다고 가정하면, 기조력이 여러분의 발보다 머리를 조금 더 잡아당길 것이고, 몸이 조금 길어진다. 사건의 지평선에서는 늘어나는 정도가 미미하다. 블랙홀의 중심에 가까이 다가가면 몸이 늘어나는 것이 불편해지겠지만, 그때는 돌이킬 수 없다. 당신의 사인死因은 전문용어로 '스파게티화spaghettification'라고 한다.

블랙홀은 추측에서 시작되었지만, 지난 20년 동안 천문학자들이 블랙홀의 존재와 별 질량 블랙홀(별의 연소로 생성된 붕괴한 별)과 거대 질량 블랙홀(질량이 태양보다 100만 배에서 1000억 배 이상인 블랙홀)에 관한 압도적인 증거들을 모았다. 은하의 중심에는 거대 질량 블랙홀이 있지만, 이 거대 질량 블랙홀이 어떻게 몸집을 키워나가는지는 정확히 밝혀지지 않았다. 우리은하에 있는 거대 질량 블랙홀은 '궁수자리 A*'이다('A 스타'라고 읽는다).

블랙홀에 대하여 현재 우리가 가진 최고의 관측 증거는 별들의 궤도와 별 근처의 가스에서 얻은 것이다. 어떤 물질의 표면에 뭔가 부딪치면

복사가 나와야 하는데, 블랙홀에서는 이것이 포착되지 않기 때문이다. 별의 궤도는 관측된 공간 영역에 질량이 얼마나 응축되어 있는지를 알려주고, 복사가 관찰되지 않는다는 사실은 물체가 단단한 표면을 가질 수 없음을 암시하는 것이다.

블랙홀은 실험물리학자들뿐 아니라 이론물리학자들까지도 매료시켰다. 그들의 호기심을 자극한 것은 스티븐 호킹의 계산 결과였다. 1974년에 호킹은 사건의 지평선을 탈출할 수 있는 것은 아무것도 없지만, 블랙홀이 입자의 복사로 인해 질량을 잃을 수 있다고 주장했다. 현재 '호킹복사'라고 불리는 이 입자들은 사건의 지평선 근처 물질 장의 양자 요동으로 만들어진다. 중력장의 에너지에서 입자 쌍이 만들어지는데, 가끔 한 쌍의 입자 중 하나가 블랙홀로 떨어지고 다른 하나는 블랙홀에서 벗어난다. 이 탈출하는 입자가 블랙홀 질량의 순손실을 일으킨다. 이러한 복사는 모든 유형의 입자에 해당할 수 있고, 온도와 상관관계가 있다. 그리고 블랙홀의 온도는 블랙홀의 질량에 반비례한다. 다시 말해 블랙홀은 작을수록 더 뜨겁고, 증발하면서 가열된다.

호킹복사는 중력의 양자효과 때문이 아니라 휘어진 비양자 시공간 안의 물질이 갖는 양자효과의 산물이다. 우리는 이 사실에 주목해야 하는데, 이미 검증된 이론으로 충분히 계산할 수 있다는 의미이기 때문이다.

왜 이론물리학자들은 블랙홀의 증발에 그토록 매료되는가? 호킹복사가 (블랙홀의 온도 자체 말고는) 어떠한 정보도 포함하지 않으며 완전히 무작위적이기 때문이다. 그러나 양자이론에서 정보는 파괴될 수 없다. 정보가 너무 심하게 섞여서 사실상 복구가 불가능할 수는 있지만, 양자이론에서는 원칙적으로 언제나 정보가 보존된다.[12] 만일 책을 한 권 태우면, 책에 담긴 정보는 잃어버린 것처럼 보이고, 책은 연기와 재로 변한다. 불에 탄 책이 당신에게는 쓸모없는 것일지라도, 그 과정이 양자이론과 충돌하는 것은 아니다. 우리가 아는 한 정보를 파괴하는 유일한 과정은 블랙홀의 증발뿐이다.

따라서 난제가 발생한다. 우리는 중력을 물질의 양자이론과 결합시키려고 시도했다. 그리고 그 결과가 양자이론과 양립할 수 없다는 것을 발견했다. 그럼 뭔가를 해야 하는데, 그게 뭘까? 나를 포함한 이론물리학자들은 이 문제를 해결하려면 양자중력이론이 필요하다고 생각한다.

2012년까지 수많은 끈이론가는 정보 손실 문제를 게이지-중력 쌍대성으로 해결했다고 믿었다. 블랙홀 형성과 증발 과정에서 무슨 일이 일어나든 게이지이론의 쌍대성으로 대안적 설명을 할 수 있다. 그러나 게이지이론의 과정은 가역적, 다시 말해 돌이킬 수 있다는 걸 우리는 알고 있다. 그러므로 블랙홀 증발 역시 가역적이어야 한다. 이것으로 블랙홀에서 어떻게 정보가 빠져나오는지는 설명하지 못하지만, 끈이론의 문제가 사라진다는 것은 알 수 있다. 더 좋은 점은 이 방법을 이용해 블랙홀을 만드는 방법의 가짓수(블랙홀의 '미시상태microstate' 개수)를 셀 수 있다는 것이고, 그 결과가 호킹의 온도 계산과 정확히 일치한다는 것이다.

모든 것이 끈이론가들의 호감을 샀다. 그런데 그때 뜻밖의 사건이 발생했다. 캘리포니아 샌타바버라 대학교 조지프 폴친스키와 동료들이, 끈이론가들이 옳은 설명이라고 생각했던 것이 옳을 수 없음을 증명한 것이다.[13]

정보를 포함하지 않는 호킹복사는 일반상대성이론과 양립할 수 있고, 자유낙하하는 관찰자는 사건의 지평선을 넘는 것을 알아채지 못한다.

그러나 폴친스키와 동료들의 연구에 따르면, 만일 호킹복사 안으로 정보를 밀어 넣는다면, 사건의 지평선이 높은 에너지를 지닌 입자들에 둘러싸이면서 블랙홀 안으로 떨어지는 모든 물체를 급격히 태워버린다는 것이다. 블랙홀은 이른바 '불벽firewall'에 둘러싸인다.

불벽은 끈이론가들에게는 진퇴양난의 상황이다. 정보가 파괴되고 양자역학을 망치거나, 아니면 정보를 방출하고 일반상대성이론을 망치거나 둘 중 하나이기 때문이다. 양자역학과 일반상대성이론을 결합시키려는 이론에서는 이중 어느 것도 용납할 수 없다.

불벽 논문은 발표 후 4년 동안 500회 이상 인용되었지만, 대처 방안에 대해서는 아직 합의에 도달하지 못했다.

별 질량 블랙홀과 거대 질량 블랙홀의 온도는 너무 낮아서 측정될 수 없다. 이 온도는 안 그래도 낮은 우주배경복사 온도보다도 한참 더 낮다. 우리가 현재 관측할 수 있는 블랙홀은 호킹복사로 잃어버리는 질량보다 주위 환경을 삼킴으로써 얻는 질량이 더 많다. 따라서 블랙홀의 증발을 이해하기 위해 실험적으로 탐사할 방법은 없다. 이는 데이터에 의해 간섭받을 위험이 없는 순수한 수학적 문제다.

수학 대 희망: 사례 연구

조가 작성한 끈이론에 우호적인 수학적 근거 목록의 여섯 번째이자 마지막 항목은 다중우주다. 그러나 다중우주가 끈이론에 유리한 측면이라는 점은 그에게도 어려운 문제였다.

박사학위를 받은 후 그는 우주상수 값을 설명하려고 노력했지만(당시 우주상수는 0으로 간주되었다), 제대로 설명할 수 없었다. 그러던 중 스티브 와인버그가 우주상수는 무작위 매개변수라고 제안했다. 그렇다면 우리는 단지 관측할 수 있는 최확값(확률적으로 가장 정확한 값—옮긴이 주)을 계산할 수 있을 뿐이다.

"와인버그의 주장을 믿을 수가 없었어요." 조가 말한다. "이 숫자를 계산하고 싶었지 그게 무작위 수가 되기를 바라지 않았으니까요."

와인버그는 우주상수의 무작위 수가 어디에 존재하는지 말하지 않았다. 그는 단지 수많은 우주가 존재해야 한다고 가정했을 뿐이다. 그것은 다소 애매한 아이디어였다. 그러나 상황이 바뀌었고, 조도 거기에 한몫했다.

그는 자신의 경험을 이야기한다. "그러고 나서 [라파엘] 부소와 내가, 끈이론이 와인버그가 요구한 것과 정확히 같은 종류의 미시적 법칙을 제시한다고 증명했던 거죠. 나로서는 절망적이었어요." 수학이 드러낸 또 다른 연결은 뜻밖이었을 뿐 아니라 환영받지 못하는 것이기도 했다.

"나는 이게 사라지기를 원했습니다. 하지만 사라지지 않더군요." 조가 말한다. "사람들이 이 문제를 파고들어 연구한 후에도, 나는 이게 그냥 없어지기를 바랐어요. 이 문제 때문에 정신과 의사도 찾아갈 정도였었죠. 정말로 행복하지가 않았습니다. 그게 기본 물리학의 기본 성질에 관해 우리가 아는 마지막 위대한 단서 중 하나를 앗아가는 것 같았거든요. 계산하고자 한 것들이 이제는 무작위가 되었으니까요."

우주상수는 측정되었고, 와인버그의 예측은 적중했다. 다중우주는 효용성이 입증되었다.

조는 회상한다. "몇 년 후에 션 캐롤이 그러더군요. 우주상수가 발견되면 내 사무실을 가져도 좋다고 약속하지 않았느냐고. 난 그때가 물리학의 끝이라고 생각했었거든요. 오랫동안 나는 앞으로 나아갈 길의 대부분이 막혀 있다고 생각했습니다.

솔직히 내가 너무 인생을 어렵게 만들고 있지 않나 가끔은 불안해요. 하지만 이 다중우주 개념은, 의사를 찾아가야겠다고 결심하게 만들었다니까요. 그래요. 나는 다중우주 때문에 정신과 의사를 찾아갔습니다." 그가 웃으며 말한다.

그러나 조는 천천히 새로운 상황을 받아들였다. 그는 이제 확률적 예측을 가능하게 하는 풀이solution의 경관을 제시하는 것이 끈이론의 좋은 점이라고 생각한다.

"내가 진실이라고 믿고 싶었던 이야기는 집어치우고 다시 과학 이야기로 돌아갑시다." 조는 이야기를 이어간다. "끈이론은 와인버그가 자신의 그림을 완성하는 데 필요했던 한 조각을 내놓더군요."

• • •

조는 과학자들이 말하기를 꺼리는 고충을 솔직하게 고백했다. 진실을 받아들이는 것은 때로는 어렵다. 특히 그 진실이 추할 때는 더 그렇다.

사물의 자연적 질서 안에서 아름다움과 의미를 찾는 것은 인간의 기본적 욕망이고, 과학자들은 여기에서 절대 벗어날 수 없다. 심리학자 어빈 얄롬은 무의미를 인간의 네 가지 실존적 공포 중 하나로 간주하고, 인간은 무의미를 피하려고 열심히 일하는 것이라고 말했다.[14] 희망사항을 충족시키는 쪽으로 사고가 편향되는 것과 같은(심리학자들은 이를 '동기부여된 인지motivated cognition'라고 부른다) 인지적 결점들은 사실상 우리를 거친 현실에서 보호하기 위해 존재하는 것이다.

그러나 과학자라면 심리적 위안을 주는 망상은 내려놓아야 한다. 이것은 결코 쉬운 일이 아니다. 방정식의 결과가 우리가 바라던 것이 아닐 수도 있고, 어마어마한 비용을 물릴 수도 있다.

조는 내가 아는 사람 중 가장 지적이고 정직한 사람이고, 좋아하는 주제든 아니든, 토론의 결말에 상관없이 기꺼이 토론한다. 그 예가 블랙홀 불벽과 다중우주 입증에 관한 논쟁이다. 사람들은 그를 명쾌한 사상가로 생각하지만, 가끔은 그도 논리가 강제로 떠안기는 결론을 전혀 좋아하지 않을 때도 있다. 바로 이것이 우리가 이론물리에서 수학을 사용하는 이유다. 수학이 정확하다면, 결론을 부정할 수 없으니까.

그러나 물리학은 수학이 아니다. 최상의 논리적 추론이라 할지라도 그것 역시 우리가 출발했던 가정에 따라 좌우된다. 끈이론이 출발점으로 삼았던 가정은 특수상대성이론의 대칭과 양자화 과정이다. 이런 가정 자체를 증명할 방법은 없다. 결국에는 실험만이 정확한 자연의 이론을 결정할 수 있다.

• • •

조가 노트의 마지막 장을 펼친다. 그는 현재 끈이론이 직면한 가장 큰 문제는 블랙홀 불벽 문제인 것 같다고 말한다. 그는 불벽을 통해 "우리가 생각보다 훨씬 더 많은 것을 모르고 있음을 깨달았다"라고 덧붙인다.

"우리는 만물의 이론에 얼마만큼 다가간 것일까요?" 내가 묻는다.

"나는 '만물의 이론'이란 말을 싫어해요. '만물'은 정확한 정의도 아닐뿐더러 주제넘은 말이거든요." 조는 본론으로 돌아온다. "사실 끈이론은 불완전한 이론입니다. 새로운 아이디어들이 필요하죠. 그 아이디어가 고리 양자중력에서 올 수도 있을 거예요. 만일 그렇다면 대대적인 융합이 있을 겁니다. 우린 이런 방향이 필요해요. 하지만 끈이론이 워낙 성공적이라서 결국은 끈이론 애호가들이 그 아이디어 위에서 끈이론의 발전을 이루어나가겠죠."

끈이론의 한계

스티븐 킹의 1987년작 소설 『토미노커스*The Tommyknockers*』의 이야기는 숲에서 시작한다. 로버타는 땅에 파묻혀 일부가 튀어나온 금속 조각에 발이 걸려 넘어진다. 그녀는 금속 조각을 줍기 위해 땅을 파기 시작한다. 곧 사람들이 하나둘 모여들고 광신적인 탐사에 동참한다. 용도를 알 수 없는 거대한 물체가 땅속 깊숙이 묻혀 있었다. 깊이 파 내려갈수록 사람들의 몸 상태는 점점 나빠지지만, 텔레파시나 초월적 지능 같은 새로운 능력이 생겨난다. 땅에 파묻힌 물체는 외계인 우주선으로 밝혀진다. 사람들 중 일부는 죽는다. 끝.

킹은 『토미노커스』를 "끔찍한 책"이라고 했다.[15] 그의 말도 일리는 있겠지만, 이 이야기는 끈이론에 대한 훌륭한 비유다. 용도를 알 수 없는 외계 물체는 수학 안에 깊이 매몰되어 있고, 점점 광신적으로 변해가는 사람들은 초월적 지능을 습득하며 바닥에 도달하려고 애쓴다.

그들은 아직도 끈이론이 무엇인지 모른다. 심지어 끈이론가들의 좋은 친구인 조지프 콘론도 끈이론을 가리켜 "무언가의 일관적인 구조"라고 모호하게 언급했다.[16] 끈이론의 창시자 중 한 명인 대니얼 아마티는 "끈이론은 어쩌다 보니 20세기에 떨어진 21세기 물리학의 일부"라고 견해를 밝혔다.[17] 나도 안다. 끈이론은 20세기에 훨씬 더 설득력이 있었다.

끈이론을 둘러싸고 공공연히 논란이 일고 있음에도 불구하고, 물리학 커뮤니티 안에서는 그 효용성을 의심하는 사람은 거의 없다. 소용돌이 원자 이론과는 달리, 끈이론의 수학은 자연을 명백하게 서술하는 양자장이론과 일반상대성이론에 깊이 뿌리를 내리고 있다. 우리는 끈이론이 진짜 세상과 연결되어 있다고 확신한다. 끈이론은 양자장이론을 더 잘 이해하게 하는 데 사용될 수 있다. 그러나 끈이론이 정말로 많은 이들이 원하는 양자중력이론이자 표준모형 상호작용의 통일인지, 그것은 아직 모른다.

끈이론을 지지하는 사람들은 끈이론이 양자중력이론의 일부이고 우리가 정확하다고 알고 있는 이론들을 연결시키기 때문에, 끈이론이 양자중력을 설명할 '바로 그' 이론일 거라 바라는 것은 합리적이라고 말한다. 끈이론의 수학은 거대하고 아름다운 구조로 되어 있어, 자연이 이런 방식을 선택하지 않았으리라고는 믿을 수 없다는 것이다.

일례로 라스 브링크와 마크 헤넥스의 끈이론 교과서는 많은 사람이 읽고 있는데, 이 책은 이렇게 시작된다. "끈이론의 거부할 수 없는 아름다움은 최근 몇 년간 수많은 끈이론가를 유혹했다. 심지어 마음이 굳은 보수적인 사람들마저도 이미 확인된 것들이 주는 전망, 앞으로 보게 될 것들에 희망을 품고 있다."[18] 끈이론의 창시자 중 한 명인 존 슈바르츠는 이렇게 회상했다. "끈이론의 수학적 구조는 아름답고 기적과도 같은 성질들이 많아서 심오한 무언가를 반드시 가리키고 있어야만 했다."[19]

반면, 수학은 놀랍고 아름다운 것으로 가득 차 있지만 대부분 우리가 사는 세상을 설명해주지 않는다. 나는 우리가 사는 세상이 복잡한 다중 6차원이 아니라는 게 얼마나 큰 불행인지, 급팽창이 끝나는 순간까지 구구절절이 설명할 수 있다. 왜냐하면 그 공간 안에서의 연산은 우리가 다루어야 하는 진짜 공간에서의 연산보다 훨씬 더 아름답기 때문이다. 그러나 사실 별 차이는 없다. 어차피 자연은 신경 쓰지 않으니까. 게다가 끈이론이 고유하게 일반상대성이론과 표준모형을 따르는 이론이라는 것을 증명한 사람도 없고, 그 증명은 애초에 가능하지도 않다. 왜냐하면(자, 다 같이 합창합시다) *가정보다 더 나은 증명은 없으니까.*

우리는 그런 가정들이 진실이라고 절대 증명할 수 없다. 결과적으로 말해 끈이론은 양자중력이나 대통일을 향한 유일한 접근법이라 할 수 없다. 단지 다른 접근법들이 다른 가정을 출발점으로 삼을 뿐이다. 이를테면 개럿 리시의 E8 이론은 자연이 기하학적으로 자연스러워야 한다는 전제에서 출발한다. 그러나 양자중력에 대한 접근법 중 끈이론 외에 규모 있는 연구 프로그램으로 성장한 이론은 소수에 불과하다.

현재 끈이론의 가장 큰 경쟁자는 '고리 양자중력loop quantum gravity'이다. 양자중력을 시도할 때 흔히 나타나는 문제가 있는데, 고리 양자중력은 이런 문제를 방지하기 위해 시공간 안의 작은 고리처럼 양자화할 새로운 동적 변수들을 세운다(그래서 이름이 고리 양자중력이다). 고리 양자중력을 지지하는 사람들은 표준모형의 힘의 통일을 고려해야 함은 물론 시작부터 일반상대성이론의 원리를 준수하는 것을 더 중요하게 여긴다. 끈이론가들은 이와는 반대 입장에 서 있다. 그들은 모든 힘의 통일을 요구하는 것이 특별한 지침을 제공한다고 믿는다.

'점근적으로 안정적인 중력asymptotically safe gravity'은 우리가 현재 가진 이론들의 가장 보수적인 후속편일 것이다. 이 분야를 연구하는 학자들은 중력의 양자화에 문제가 있다고 생각하는 것 자체가 잘못이라고 주장한다. 주의 깊게 들여다보면, 일반적인 양자화는 원활하게 작동한다는 것이다. 점근적으로 안정적인 중력에서는 중력이 높은 에너지에서 약해지기 때문에 일반적으로 중력을 양자화할 때 나타나는 문제들이 나타나지 않는다.

'인과역학적 삼각분할causal dynamical triangulation'은 먼저 시공간을 삼각형 모양으로 근사하고(그래서 이런 이름이 붙었다), 그다음 양자화함으로써 문제를 해결한다. 최근 이 아이디어를 전개하는 과정이 개발되었고, 특히 초기 우주의 기하학을 설명하기 위한 다양한 시도가 등장하고 있다.

양자중력에 대한 다른 접근법도 몇 가지 있지만, 지금은 이 정도가 가장 대중적이다.[20] 중력의 양자화를 시도하는 접근법들은 거의 모두 표준모형과 일반상대성이론의 대칭이 더 근본적인 구조의 일부를 보여주는 것이라고 가정한다. 이와 완전히 다른 관점으로 우리가 관측하는 대칭이 그 자체로 기본적인 것이 아니라 새롭게 나타난 것이라는 견해도 있다.

아름다움이 나타난다

샤오-강 웬은 매사추세츠 공과대학교의 응집물질 물리학 교수다. 그가 다루는 대상은 수많은 입자가 함께 움직이며 구성하는 계다. 이를테면 고체, 액체, 초전도체를 생각하면 된다. 3장에서 설명한 개념으로 설명하자면, 응집물질 물리학은 낮은 해상도 또는 낮은 에너지에서만 유효한 이론을 사용한다. 즉 기본 물리학의 일부는 아니다. 그러나 샤오-강은 우주와 그 안의 모든 것들이 응집물질처럼 작동한다고 생각한다.

그의 상상 속에서 공간은 작은 기본 단위들로 이루어져 있고, 우리가 표준모형 입자라고 생각하는 것들은 이런 기본 단위들('준입자quasi-particle')의 집단적인 움직임일 뿐이다. 또한 중력자인 준입자도 포함되므로 중력도 다룰 수 있다. 샤오-강은 완전한 특성을 갖춘 만물의 이론을 추적하고 있다.[21]

샤오-강의 우주를 이루는 기본 단위는 양자 비트, 즉 '큐비트qubit'다. 이것은 고전 비트의 양자적 변종이다. 고전 비트는 두 개의 상태(0과 1)를 가질 수 있지만, 큐비트는 동시에 두 상태 모두에 있을 수 있고, 가능한 모든 조합으로 존재할 수 있다. 양자컴퓨터에서 큐비트는 입자들로 만들어진다. 그러나 샤오-강의 이론에서 큐비트는 기본적이다. 끈이론의 끈들이 다른 무엇으로 만들어지지 않은 것처럼, 큐비트도 다른 것으로 만들어진 것이 아니다. 큐비트는 그저 큐비트다. 샤오-강에 따르면, 표준모형과 일반상대성이론은 기본적인 것이 아니라 창발적인 것이며, 큐비트에서 발생한 것이다.

나는 샤오-강의 아이디어가 끈이론의 매력에 대한 좋은 해독제가 될 거라고 생각하고, 그와 통화 일정을 잡았다.

“양자중력과 통일에 관한 기존 접근법들(끈이론, 고리 양자중력, 초대칭)에서 마음에 들지 않는 부분은 무엇인가요?” 나는 질문하며 대화를 시작한다.

“나는 양자이론에 대해 대단히 엄격한 견해를 가지고 있습니다.” 샤오-강은 설명한다. 큐비트, 그리고 큐비트가 상호작용하는 방식을 설명하기 위해 그는 커다란 행렬을 사용했다. (행렬이란 공식적인 형태의 표다.) 행렬의 각 항은 하나의 큐비트를 서술한다. 이 행렬은 절대시간에 따라 변화한다. 따라서 아인슈타인이 도입한 시간과 공간의 결합을 깬다.

나는 그게 전혀 마음에 들지 않는다. 그러나 그것 때문에 지금 그와 대화하는 것이다. 나는 그 점을 스스로에게 상기시킨다.

“그 행렬은 유한한가요?” 나는 온 우주가 행렬 하나에 전부 다 쓰일 수 있다는 걸 믿고 싶지 않다.

“네.” 그는 자신의 접근법에서 우주 그 자체는 유한하다고 덧붙인다. “공간을 격자로 본다면, 각각의 격자점에는 하나 또는 몇 개의 큐비트들이 있습니다. 우리는 격자의 간격이 플랑크 규모일 수 있다고 주장합니다. 그러나 격자는 연속적인 기하학으로 서술되지 않아요. 우주는 서로 떨어져 있는 큐비트들로 이루어져 있습니다. 큐비트의 양자 동역학은 행렬에 의해 서술되고요, 그 행렬은 유한합니다.”

나는 깜짝 놀란다. 내가 예상했던 것보다도 훨씬 더 추한 얘기다. “이 행렬을 이론의 근거로 상정하신 건가요?” 나는 묻는다.

“네. 표준모형의 모든 주요 특성도 이 행렬을 바탕으로 얻을 수 있다고 생각합니다. 우리 이론이 아직 완전한 모형은 아니지만, 필요한 재료들은 모두 격자 위의 큐비트에서 만들어질 수 있죠."

"특수상대성이론은 어떻게 되나요?"

"음, 그렇습니다. 사실 특수상대성이론은 우리가 걱정해야 할 문제이긴 해요."

그가 특수상대성이론이 "큐비트 접근법과 일치하지만 자연스럽게 일치하는 것은 아니"라고 설명하는 동안, 나는 정말로 걱정이 되겠다고 속으로 생각한다.

"'자연스럽지 않다'는 건 무슨 뜻인가요?" 정말로 궁금하다.

샤오-강은 특수상대성이론을 올바르게 얻으려면 모형의 매개변수들을 미세 조정해야 한다고 대답한다. "왜 그래야만 하는지 나도 모릅니다. 하지만 굳이 고집한다면 그렇게 할 수는 있어요."

일단 미세 조정이 되면, 샤오-강의 큐비트 모형은 근사적으로 특수상대성이론을 재현할 수 있다. 또는 그가 그렇다고 내게 말한다.

"게이지 대칭이 낮은 에너지에서도 발생하나요?" 나는 문제를 확실히 하고 싶다.

"네." 그는 단언한다. "자연의 기본 이론이 어떠한 대칭도 포함하지 않을 수도 있겠지만, 큐비트 모형에서는 낮은 에너지에서 게이지 대칭을 얻기 위해 다른 어떤 대칭을 요구하지 않습니다."

샤오-강은 그와 그의 동료들이 큐비트 모형에 일반상대성이론의 근사도 포함시킬 수 있는 힌트를 알고 있지만, 결정적인 결론이 나온 것은 아니라고 강조한다.

나는 회의론자다. 그러나 열린 마음을 가져야 한다고 스스로를 타이른다. 이것이야말로 내가 찾던 게 아니었나? 다수가 다니는 대로에서 벗어나 있는 어떤 것. 모든 게 큐비트로 만들어졌다고 믿는 게 끈이나 고리나 248차원으로 표현되는 거대 리 대수로 만들어졌다고 믿는 것보다 정말로 더 이상한 것인가?

고등학교 때 마지막으로 물리학을 공부하고 그만둔 사람들에게는 이런 생각을 해서 돈을 벌 수 있다는 사실이 터무니없어 보일지도 모르겠다. 그러나 세상에는 둥근 고리에 공을 던져 통과시키는 걸로 돈을 버는 사람들도 있다.

“주변의 평가는 어때요?” 내가 묻는다.

“좋은 소리는 못 들어요.” 그가 대답한다. “고에너지 [물리학]을 하는 사람들은 우리가 뭘 하려고 하는지 별로 신경 쓰지 않습니다. 그냥 ‘왜?’라고 묻죠. 그 사람들한테는 표준모형과 섭동이론이면 충분하고 그 이상으로 넘어갈 필요는 없거든요.”

그 말을 듣고 나는 샤오-강의 출발점이 어디였는지 이해한다. 그의 이론은 통일과는 거리가 먼 것이다. 그는 그저 표준모형의 더러운 수학을 깨끗이 치우고 싶은 것이다.

• • •

독자 여러분이 지금 연구하는 이론들을 우리가 이해하고 있다는 인상을 받았다면, 미안하다. 솔직히 우리는 이해하지 못한다. 우리는 실제로 표준모형의 방정식을 풀지 못하며, 그 대신 ‘섭동이론perturbation theory’을 이용해 근사적으로 방정식을 푼다.

먼저 상호작용하지 않는 입자들을 보면서, 입자들이 방해받지 않을 때 어떻게 움직이는지를 파악한다. 그다음 입자들이 서로 부딪치게 한다. 아주 부드러운 충돌만 허용해 입자들이 각자의 경로에서 너무 많이 벗어나지 않도록 한다. 그런 다음 연속적으로 섬세하게 조정하면서, 계산이 원하는 정확도에 이를 때까지 충돌을 증가시키며 횟수를 센다. 이는 마치 윤곽선을 먼저 그리고, 세부적인 것들을 세밀하게 덧붙여 나가는 것과 비슷하다.

그러나 이 방법은 입자들 사이의 상호작용이 너무 강하지 않을 때, 즉 충돌이 너무 거칠지 않을 때에만 효과가 있다. 상호작용이 강할 경우에는 조정의 폭이 더 작아지지 않기 때문이다(또는 아예 조정되지 않는다). 이를테면 쿼크가 결합해 원자핵을 형성하는 과정은 계산하기 매우 어렵다. 낮은 에너지에서의 강한 상호작용은 상당히 강력해서 미세 조정의 폭이 작아지지 않기 때문이다. 다행스럽게도 높은 에너지에서는 강한 상호작용이 약해지므로, LHC에서 일어나는 충돌을 계산하는 것은 상대적으로 단순하다.

이런 방법은 경우에 따라서는 효과가 있지만, 우리는 결국 수학이 실패할 거라는 걸 잘 알고 있다. 미세 조정이 영원토록 미세해질 수는 없기 때문이다. 실용적인 물리학자들에게는 정확한 예측을 전달해주는 방법이 중요한 것이지, 왜 그게 효과가 있는지에 대한 수학자들의 동의는 크게 중요한 일이 아니다. 그러나 샤오-강이 지적했듯이, 우리는 기본적으로 이론을 이해하지 못한다. 이것은 잃어버린 수학의 사례가 될 수 있고, 더 심오한 문제의 암시가 될 수도 있다.[22]

샤오-강은 이 문제가 마땅히 받아야 할 관심을 받지 못하고 있으며,

관심의 결핍은 결국 이 상황을 정리하는 데 도움이 될 실험의 결핍으로 이어진다고 생각한다. "사람들이 이 문제에 직면할 수 있도록 새로운 실험이 필요합니다." 그는 말한다. 그리고 일반적인 근사로 취급할 수 없는 경우에는 초기 우주의 행동을 연구할 것을 제안한다.

그의 생각이 옳다. 그의 아이디어를 잘못 판단한 데 대해 미안한 마음이 들었다. 나는 잘 알려진 이 문제를 완전히 잊고 있었다. 누구도 이전에 이 문제에 대해 언급한 것 같지 않다.

"양자중력과 고에너지 입자물리 분야의 연구자들을 위해서 논문을 쓰려고 하면, 나도 고에너지 입자물리학을 연구했던 사람인데도, 그들과 대화하는 게 굉장히 어렵게 느껴져요." 샤오-강이 말한다. "기본적인 견해와 출발점이 굉장히 다르거든요. 우리가 보는 관점에서 출발점은 수많은 낮은 큐비트들이에요. 이것이 게이지 대칭, [페르미온] 등등으로 이어지죠. 그리고 아름다움이 발생합니다. 이 이론은 대중적이지 않아요. 주류도 아니고요."

간단히 말해서

- 일관성 문제는 새로운 자연법칙으로 향하는 강력한 지침이다. 이는 미학의 문제가 아니다.
- 일관성 문제조차도 실험적 지침 없이 순수하게 수학만으로는 풀리지 않는다. 왜냐하면 문제를 형성하는 과정 자체가 진실로 여겨지는 가정에 따라 좌우되기 때문이다.
- 이론물리학자들은 어려운 문제를 외면하고 단기간에 논문으로 발표할 수 있는 문제에 집중하며 죄책감을 느낀다.
- 오늘날 과학계의 진보가 더딘 이유는 우리가 엉뚱한 문제에 초점을 맞추고 있기 때문인지 모른다.

9장

우주, 그 모든 것, 그리고 그 나머지

우리가 발명한 입자들을 왜 아무도 보지 못하는가?
나는 그 이유를 설명하는 수많은 방법에 감탄한다.

소시지 같은 법칙들

만일 독자 여러분이 최근 획기적인 혁신이 일어나고 있다고 생각한다면, 그 생각이 맞다. 2015년의 한 연구에서 네덜란드의 연구자들이 과학 논문에서 사용된 형용사들을 세어 보았는데, "전례 없는", "획기적인", "참신한"이라는 단어의 사용 빈도가 1974년부터 2014년까지 2500퍼센트 이상 증가했다. 뒤이은 단어는 "혁신적", "놀라운", "전망 있는"이었고, 이 단어들의 사용 빈도는 1000퍼센트 이상 증가했다.[1] 우리는 우리의 아이디어들을 타인에게 이해시키려고 열심히 노력한다.

과학은 종종 '아이디어들의 시장'이라고 불리지만, 이 시장은 시장 경제의 시장과는 많이 다르다. 가장 중요한 차이점은 우리가 만족시켜야 하는 고객이다. 과학계에서 전문가들은 전문가들만 상대하고 서로가 서로의 산물을 판단한다. 최종적인 결정은 관측 내용을 성공적으로 설명하느냐 못하느냐에 달려 있다. 그러나 관측을 통한 검증이 없는 한, 이론이 가져야 할 가장 중요한 자산은 동료들로부터 인정을 받는 것이다.

이론물리학자들은 이론이 검증 대상이 될 수 있는지 여부를 주로 동료의 승인으로 결정한다. 운 좋은 소수가 상금 소나기를 맞는 것은 예외로 하고, 오늘날의 학계에서 한 아이디어의 운명은 동료들 가운데 선발된 익명의 검토자들에게 달려 있다.[2] 그들의 승인이 없으면 연구비 지원을 따내기 어렵다. 재정 지원을 충분히 못 받는 연구자가 감당하지 못할 만큼 많은 시간을 들여 개발해야 하는 인기 없는 이론은 시장에서 금방 사라질 가능성이 크다.

또 소비재 시장에서는 상품의 가격이 시장에 의해 결정되지만, 아이디어 시장에서 과학적 설명의 가치는 결국 어떤 관측을 서술할 수 있느냐에 의해 결정된다. 다만 연구자들이 시간을 어디에 써야 할지 결정해야 하는 순간에는 그 가치를 잘 모르는 경우가 많다. 따라서 과학은 그 자신의 가치를 창출하는 시장은 아니다. 그보다는 외적 가치를 예측하는 플랫폼이라고 보는 편이 맞다. 과학 커뮤니티와 연구소의 기능은 가장 전망 있는 아이디어들을 선택해 지원하는 것이다. 그러나 그러다 보면 마케팅 과정에서 관련성 있는 중요한 정보가 왜곡되고, 시스템이 제대로 돌아가는 것을 방해한다. 모든 것이 그렇게 획기적이고 참신하다면 아무것도 획기적이고 참신하지 않다는 뜻이니까.

추구할 가치가 있는 아이디어를 실험의 도움 없이 평가해야 할 필요성은 기본 물리학에서 먼저 드러났는데, 그 이유는 기본 물리학이 새로운 가설을 테스트하기가 가장 어려운 분야이기 때문이다. 이 문제는 이르든 늦든 다른 분야에서도 발생할 것이다. 데이터를 얻기가 점점 더 어려워지면서 이론 개발과 실험적 검증 사이의 격차도 점점 벌어지고 있다. 이론은 값이 싸고 다양하지만 실험은 비싸고 고안하기 어렵기 때문에, 어떻게든 검증 가치가 있는 이론을 판단해 선택해야 한다.

그렇다고 해서 자연에 대한 설명이 현실과는 무관한 사회적 산물로만 남을 운명이라는 뜻은 아니다. 과학이 사회적 사업이라는 점은 분명하고, 여기에는 의심의 여지가 없다. 그러나 가설은 실험으로 확인해야 하고, 그런 측면에서 우리의 가설은 관측에 묶여 있다. 독자 여러분은 실험도 결국 인간에 의해 수행되고 평가되는 것 아니냐고 반문하고 싶을 것이다. 맞는 말이다. 과학자들도 인간이고, 함께 힘을 합쳐 일한다는 의미에서 보면 과학은 '사회적으로 구성되는' 것이 맞다. 그러나 이론이 잘 작동한다면, 그 이론을 사회적 구조물이라고 부르는 것은 의미 없는 불평이다.

그러나 새로운 데이터에 굶주리면 확인되지 않은 가설과 시대에 뒤처진 아이디어에 묶일 수도 있다. 기본 물리학을 연구하는 우리는 탄광의 카나리아 같은 존재고, 그저 바닥에 주저앉아 있을 수만은 없다. 왜냐하면 사회적 구성주의자들이 우리를 면밀히 주시하며 부검할 때만 기다리고 있기 때문이다.

카나리아는 고전하고 있다. 독자 여러분은 과학자들이 객관성을 유지하며 전문적 임무를 수행하고, 창의성의 자유를 보호하며 연구비를 따내겠다고 동료들의 환심을 사는 짓 따위는 거부하는 그런 사람들로 생각할지도 모르겠다. 천만의 말씀이다.

과학자들이 동조하는 척하는 데에는 여러 가지 이유가 있다. 그런 이유 중 하나는 떠나야 하는 상황을 견디지 못하거나, 별로 불만이 없는 사람들이 주로 남아 있기 때문이다. 아니면 모든 게 괜찮다고 자기최면을 잘 거는 사람들이 남아 있는 것인지도 모른다.[3] 또 다른 이유는 연구를 가장 잘 수행할 방법을 고민하며 연구할 시간을 빼앗기는 것이 경쟁에서 불리하게 작용하기 때문이다. 몇몇 친구들은 나를 위하는 마음에서 내가 이 책을 쓰는 것을 만류하기도 했다.

그러나 가장 주된 이유는 과학자들이 과학을 믿기 때문이다. 그들은 걱정하지 않는다. "이건 그냥 시스템이야." 그들은 어깨를 으쓱하며 그들 스스로에게, 그리고 그들의 말에 귀를 기울이는 모든 이들에게 이런 건 별로 중요하지 않다고 말한다. 왜냐하면 그들은 과학이 잘 돌아가고 있다고 믿기 때문이다. "뭐, 과학은 언제나 잘 돌아갔잖아." 그들은 이렇게 말한다. 그러고 나서 우연에 의한 혁신이라는 복음을 설파한다. 우리가 무엇을 하는지는 중요하지 않다고 복음은 말한다. 돌파구를 예측할 수는 없으니까. 우리는 모두 똑똑한 사람들이니 그냥 우리가 하는 일을 하게 내버려두고 예측할 수 없는 결과물이 튀어나오면 놀라기나 하시라. 입자물리학자들이 데이터를 공유하게 하려고 팀 버너스-리가 월드와이드웹을 발명했다는 얘기 못 들어보셨는가?

'뭐든 상관없다'는 태도는 좋지만, 똑똑한 사람들이 자유롭게 흥미를 좇을 때 가장 일을 잘 한다고 믿는다면, 그들이 자유롭게 흥미를 좇도록 놔둬야 할 것이다. 그리고 그냥 내버려두는 것만으로는 충분하지 않다.

나는 내가 몸담은 연구 분야를 지켜보았고, 이 책에서 그 이야기를 하고 있다. 이 문제는 단지 기본 물리학에만 있는 것은 아니다. 오늘날의 과학자들이라면 거의 모두가 연구비와 정직성 사이에 감춰진 이해 충돌 문제를 겪고 있다. 심지어 종신 교수들마저도 인용 잘 되는 논문을 꾸준히 발표하고 특허를 따도록 기대와 압박을 받고 있는데, 이 둘은 모두 동료의 승인이 필요한 활동이다. 동료들이 더 많이 승인해줄수록 좋다. 그에 반해 자기 연구의 단점을 공개하는 것은 앞으로 연구비를 지원받을 기회를 일부러 방해하는 행위다. 우리는 똑같은 것을 더 많이 생산할 준비가 되어 있는 것이다.

그래도 이것이 좋은 과학이라고 스스로를 설득할 수만 있다면, 이 게임을 훨씬 더 잘 해낼 수 있다. 그러나 나는 그렇게 할 수가 없었다. "법칙들은, 마치 소시지처럼, 만들어지는 과정을 알면 알수록 존경심이 사그라지게 마련이다." 존 고드프리 색스는 이렇게 너스레를 떨었다. 이 말은 민법을 두고 한 말이지만, 오늘날 자연법칙에도 똑같이 적용할 수 있다.

어둠을 파다

1930년에 볼프강 파울리는 핵붕괴에서 설명되지 않는 잃어버린 에너지를 설명하기 위해 새로운 입자(중성미자)의 존재를 가정했다. 그는 이것을 "절망의 몸부림"이라 불렀고, 동료 천문학자 월터 바데에게 "오늘 끔찍한 짓을 저질렀어. 이론물리학자라면 절대 해서는 안 될 일을. 나는 실험으로 절대 규명할 수 없는 어떤 것을 제안해버렸어"라고 털어놓았다.[4] 중성미자는 그로부터 25년 후 검출되었다.

파울리 이후, 입자를 가정하는 것은 이론물리학자들의 즐거운 취미활동이 되어버렸다. 우리에게는 프레온, 스페르미온, 다이온, 자기홀극, 심프, 윔프, 윔프질라, 액시온, 플랙시온, 에레본, 코르누코피온, 거대 매그논, 맥시몬, 매크로, 브라논, 스키르미온, 커스커톤, 플랑콘, 비활성 중성미자까지 있다. 가장 인기 있는 것들만 언급해도 이렇다. 심지어 비입자unparticle라는 것도 있다. 이들 중 목격된 것은 하나도 없지만, 그 특성은 지금까지 발표된 수천 편의 논문에서 완전하게 다루어졌다.

새 입자를 만들어내기 위한 첫 번째 규칙은, 그 입자가 아직 검출되지 않은 좋은 이유를 들어야 한다는 것이다. 대표적인 예는 입자를 만들어내려면 에너지가 굉장히 많이 필요하다거나, 기존 검출기의 민감도를 기준으로 볼 때 상호작용을 하는 경우가 대단히 드물다고 가정하는 것이다. 두 이유를 다 들어도 좋다.

새 입자를 높은 에너지에 묻어두는 것은 특히 고에너지 물리학 분야에서 유행하는 방법이다. 입자 자체가 매우 무겁거나, 아니면 입자들이 강하게 결합되어 있어서 그 결합을 깨야 하므로 입자를 만들려면 엄청난 에너지가 든다는 것이다. 대안적 방법으로는 상호작용이 드물게 일어난다고 추정해서 검출되지 않는다고 설명하는 것인데, 이 방법은 천체물리학에서 좀 더 인기가 있다. 그런 입자들은 암흑물질의 좋은 후보가 되기 때문이다. 그런 입자들을 통틀어서 이론의 "숨은 영역"이라 부른다.

• • •

우주는 우리에게 뭔가를 숨기고 있다. 이는 1930년에 프리츠 츠비키가 100인치짜리 후커 망원경을 머리털자리 은하단에 겨냥했을 때부터 알고 있었던 사실이다. 머리털자리 은하단은 수백 개의 은하가 자체 중력으로 결합되어 있다. 은하가 움직이는 평균 속도는 은하를 결합시키는 총 질량에 의해 결정된다. 츠비키는 은하의 속도를 관측하고, 그 속도가 결합된 은하의 질량으로 설명되는 것보다 훨씬 빠르다는 사실을 발견하고 놀랐다. 계산 결과에 따라 츠비키는 은하단에 보이지 않는 추가적인 물질이 포함되어 있다고 제안했고, 이것을 둔클레 마테리dunkle Materie, 즉 암흑물질이라고 불렀다.

그것은 단지 하늘의 이상한 것으로만 남지 않았다. 그로부터 40년 후 베라 루빈은 나선은하의 회전을 연구했는데, 은하의 바깥쪽 별들이 가운데를 중심으로 돌면서 예상보다 더 빠르게 돈다는 것을 알게 되었다. 60건 이상의 사례를 면밀히 조사했지만 모두 마찬가지였다. 별이 안정 궤도 위에 남는 데 필요한 속도는 운동의 중심에 있는 총 질량에 좌우되며, 은하의 바깥쪽 팔이 굉장히 빠르게 회전한다는 것은 은하에 눈에 보이는 것 이상의 물질이 포함되어야 한다는 뜻이었다. 은하 안에는 암흑물질이 있어야 했다.

실험이 더 진행될수록 그와 비슷한 일이 우주 도처에서 일어나고 있다는 증거가 쌓여갔다. 우주배경복사의 요동은 암흑물질을 고려해야만 데이터와 일치했다. 암흑물질은 우리의 관측과 맞는 은하의 구조를 형성하는 데에도 필요하다. 암흑물질이 없으면 우주는 지금 우리가 관찰하는 방식으로 보이지 않을 것이다. 중력 렌즈를 통해서도 추가적인 증거를 얻을 수 있었다. 중력 렌즈란 시공간의 곡률에 의한 빛의 왜곡 현상을 말한다. 은하단에 의해 휘어지는 빛은 우리가 보는 질량이 설명할 수 있는 것보다 더 많이 휘어서 우리에게 온다. 시공간을 그토록 강하게 휘게 만들려면 뭔가 다른 것이 거기에 있어야 한다.

'뭔가 다른 것'에 대한 첫 번째 추측은 은하가 블랙홀이나 갈색왜성처럼 관측하기 어려운 항성체들을 매우 많이 포함한다는 것이었다. 그러나 이런 것들은 우리은하 안에도 존재해야 하고 잦은 중력 렌즈 효과를 일으켜야 하는데, 그것은 목격되지 않았다. 암흑물질이 일반적인 별보다 질량이 훨씬 더 작은 초압축 물체로 구성된다는 생각은 아직까지는 완전히 배제되지 않았다. 그 이유는 우리가 관측할 수 있는 중력 렌즈 효과를 일으킬 만큼 충분히 빛을 휘게 하지 않기 때문이다. 그러나 그런 물체들이 애초에 어떻게 형성되었는지는 명확하지 않다. 물리학자들은 다른 유형의 암흑물질을 선호한다.

가장 주목받고 있는 설명은 구름처럼 운집해 공 모양의 후광처럼 눈에 보이는 은하 물질 원반 주위를 맴도는 입자들이 암흑물질을 이루고 있다는 것이다. 그러나 우리가 아는 입자들은 대부분 그런 후광을 형성하기에는 너무 강하게 상호작용을 하고 있고, 또 너무 많이 뭉쳐져 있다. 중성미자는 예외지만, 중성미자는 너무 가볍고, 너무 빠르게 움직이고, 충분히 뭉쳐져 있지 않다. 그러므로 암흑물질이 어떤 입자로 만들어졌는지는 몰라도 뭔가 새로운 입자라는 것은 분명하다.

• • •

새 입자를 만들어내는 두 번째 규칙은 입자의 발견이 임박했다고 주장해야 한다는 것이다. 그렇지 않으면 아무도 신경을 안 쓸 것이다. 주장의 내용이 꼭 좋을 필요는 없다. 어차피 업계 사람들은 모두 다 당신의 말을 믿을 테니까. 그러나 청중들이 스스로에게 되풀이해서 납득할 수 있는 설명을 제공해야 한다. 가장 일반적인 방법은 먼저 수의 일치를 찾고, 그 일치가 계획된 실험에 내포된 새로운 물리학을 암시한다고 주장하는 것이다. 이럴 땐 '자연스러운 설명'이나 '암시적인 연관성' 같은 표현을 사용하면 좋다. 이런 우연의 일치를 만들어내지 못한다 해도, 걱정 말고 그냥 다음 아이디어를 시도하라. 통계적으로 언젠가는 일치하는 결과를 얻게 되어 있다.

천문학에서 수많은 연구로 이어진, 특별히 운이 좋은 수의 일치가 있었는데, 바로 '윔프WIMP의 기적'이다. 윔프는 '약하게 상호작용하는 무거운 입자Weakly Interacting Massive Particle'의 약어다. 윔프는 특히 초대칭이론에 쉽게 수용될 수 있는 장점이 있어 현재까지 가장 인기 있는 암흑물질 후보로 꼽힌다. 윔프의 질량과 상호작용 비율로부터 초기 우주에서 윔프들이 얼마나 많이 만들어졌는가를 추산할 수 있는데, 이 결과값은 대략 23퍼센트로 측정되는 암흑물질의 양과 비슷하다. 이것이 윔프의 기적이다.

천체물리학자 캐서린 프리즈에 따르면, 윔프의 기적은 "윔프가 암흑물질 후보로 진지하게 고려되는 주된 이유"라고 한다.[5] 천체물리학 분야에서 잘 알려진 연구자 조너선 펭 역시 이 수학적 일치를 "대단히 조마조마한" 것으로 여기고, 다른 이들도 "지난 몇 년간 이 주제를 연구하겠다는 가장 큰 이론적 동기로 작용했다"라는 데 동의한다.[6] 윔프의 기적은 큰 실험 동기도 부여했다.

암흑물질이 은하에 추가시키는 총질량은 알려져 있으므로, 개별 질량의 암흑물질 입자가 우리 주위를 얼마나 많이 떠돌고 있는지도 계산할 수 있다. 그 수는 어마어마하다. 윔프의 일반적인 질량이 100GeV일 때, 대략 천만 개의 윔프가 1초마다 당신의 손바닥을 통과해 지나간다. 그러나 윔프의 상호작용은 대단히 드물다. 아무리 낙관적으로 잡아도 검출 물질 1킬로그램을 놓았을 때 상호작용하는 윔프는 대략 1년에 한 개꼴이다.[7]

그러나 드물다는 것이지 하지 않는다는 것은 아니다. 다른 모든 입자의 상호작용을 차단한 상태로 어마어마한 양의 물질을 놓고 면밀하게 관찰하다 보면, 윔프의 존재에 대한 증거를 찾을 수 있을지도 모른다. 아주 가끔, 암흑물질 입자가 물질 원자 중 하나와 부딪쳐 약간의 에너지를 남길 것이다. 실험물리학자들은 이러한 에너지가 남길 수 있는 세 가지 흔적을 찾고 있다. 바로 이온화(전자를 원자에서 떼어내고, 뒤에 남은 이온은 전하를 띠는 과정), 섬광(원자가 불빛을 방출하는 것), 포논(열 또는 진동)이다. 이런 민감한 실험들은 흔히 깊은 땅속에서 이루어지며, 대부분의 우주선cosmic ray 입자는 주변의 바위로 걸러진다.

1985년에 마크 굿맨과 에드워드 위튼은 암흑물질이 드물게 상호작용할 가능성을 처음으로 지적했다.[8] 암흑물질 입자 탐색은 원 계획에 포함된 것이 아니라 나중에 덧붙인 것이었다. 실험물리학자들은 1986년에 보고된 중성미자를 포착하기 위해 검출기를 개발하고 실험을 진행했는데, 그 과정에서 "은하의 차가운 암흑물질과 태양으로부터 방출된 가벼운 보손들 사이의 흥미로운 경계"를 발견하고 최초로 보고했다.[9] 평범한 언어로 설명하자면, '흥미로운 경계'란 아무것도 찾지 못했다는 뜻이다. 당시 다양한 중성미자 실험들에서도 마찬가지로 '흥미로운 경계'가 발견되었다.

1990년대 초 암흑물질을 대상으로 하는 최초의 실험인 COSME가 착수되었다. 이후 초대칭에 쏠린 관심으로 수많은 검출기가 차례대로 개발되었다. 이때 개발된 검출기는 NaI32, BPRS, DEMOS, IGEX, DAMA, CRESST- I이다.[10] 검출기를 통해 좀 더 흥미로운 경계를 찾아냈고, 1990년대 중반에는 EDELWEISS를 통해 "제로 이벤트의 관측을 기반으로 가장 엄격한 한계"를 발견했다.[11]

그러나 이는 많은 이들이 원하는 입자가 예상보다 상호작용을 약하게 한다는 뜻일 수도 있다. 그래서 더 많은 실험이 추진되었다. ELEGANTS, CDMS, Rosebud, HDMS, GEDEOn, GENIUS, GERDA, ANAIS, CUORE, XELPLin, XENON 10, XMASS가 진행되었고, CRESST I은 업그레이드되어 II와 III으로 이어졌다. 모든 실험을 통해 흥미로운 경계가 발견되었다. 그리고 민감도가 더 높은 새 검출기 CoGeNT, ORPHEUS, SIMPLE, PICASSO, MAJORANA, CDEX, PandaX, DRIFT도 개발되었다. 2013년에는 XENON100이(이 장비는 원래 계획보다 10만 배 작은 상호작용 확률을 탐사했다) "암흑물질 신호 증거 없음"이라는 결과를 보고했다.[12] XENON100은 최근 XENON1T로 업그레이드되었다. 실험 장비는 계속 제작되고 있다.

30년이 흘렀다. 암흑물질은 여전히 검출되지 않았다. 그러는 동안 윔프의 기적이 유지되는 매개변수 범위는 배제되었다.[13]

희망을 품고 빈둥거리다

그러나 과학은 인내심이 필요하다. 나는 그렇게 스스로에게 상기시킨다. 그리고 젊은이 특유의 낙관주의와 에너지를 가지고 인터넷을 뒤진다. 그렇게 트위터를 뒤적거리다 '아스트로케이티Astrokatie'라는 닉네임으로 더 잘 알려진 캐서린 '케이티' 맥을 알게 되었다.

아스트로케이티의 재치 있는 댓글을 J. K. 롤링이 리트윗하면서 캐서린은 트위터 스타로 떠올랐다. 나는 케이티의 피드를 죽 훑어 내려간다. 고양이와 찍은 셀카, 브라이언 콕스와 찍은 사진, TV 인터뷰 기록, 그리고 천체물리에 대한 수많은 질문에 대한 대답들이 올라와 있다. 화성의 물이나 암흑물질 탐색에 관한 전문적인 견해가 필요하다면, 아스트로케이티와 상담하면 된다. 중력파나 태양계외 행성 발견에 대해 알고 싶다면, 그녀야말로 그런 것을 물어볼 적임자다. 그리고 과학계의 성차별과 성희롱에 대해 목소리를 내어줄 사람을 찾고 있다면, 그곳에 아스트로케이티가 있다. 그녀는 트위터를 통해 수많은 과학자가 애써 외면하는 과학계의 소수자와 여성들이 일군 성과를 사람들에게 알리고 있다.

'현대식 과학자가 여기 계셨군.' 나는 그런 생각을 하며 그녀에게 메시지를 보냈다.

그녀의 공적인 페르소나 뒤에는 전문 천체물리학자이자 오스트레일리아 멜버른 대학교의 박사 후 연구원인 캐서린 맥이 있다. 스카이프로 영상통화를 할 때 케이티는 NASA 로고가 박힌 재킷을 입고 있다. 어느 분야를 연구하는지 묻자 그녀가 대답한다. "아마도 암흑물질이 아닐 수많은 것들을 연구하고 있습니다."

"하나의 모형을 매력적인 것으로 만드는 건 뭘까요?" 내가 묻는다.

"내가 하는 일에 한해서라면, 모형이 흥미로워지는 건 우리가 발견할 수 있는 결과들과 상관이 있겠죠." 케이티가 말한다. "나는 대단히 실용적인 방식으로 이론에 접근하고 있어요. 흥미로운 새 모형에 관심이 많지만, 그 모형의 결과를 테스트할 수 있는 경우에만 그래요.

박사학위 연구 주제는 액시온이었습니다. 액시온은 내가 항상 좋아했던 암흑물질 모형이에요. 액시온은 여러 방면으로 중요한 역할을 맡고 있거든요. 액시온은 [강한 핵력]에서 나왔는데 우주론에도 잘 맞고 끈이론에도 잘 들어맞아요. 이론의 관점에서 볼 때, 나는 액시온이 가장 매력적인 암흑물질 후보라고 생각합니다. 아무것도 없는 곳에서 불쑥 만들어낼 필요가 없으니까요. 액시온은 어딘가 다른 곳에서 왔고, 그게 액시온이 가진 최고 장점이죠."

• • •

액시온은 윔프 다음으로 인기 있는 암흑물질 후보다. 원래 액시온은 강한 핵력의 미세 조정 문제(강한 상호작용의 CP 문제)를 해결하기 위해 탄생한 것인데, 세상에 나오자마자 거의 곧바로 배제되었다. 그 후 액시온의 상호작용이 대단히 약하게만 일어나도록 이론이 수정되었다. 가끔 '보이지 않는 액시온'이라는 명료한 이름으로 불리는 새 입자는 검출하기 매우 어렵지만, 그것 역시 유력한 암흑물질 후보로 간주되는 이유로 꼽힌다.

보이지 않는 액시온은 (만일 그런 게 존재한다면) 초기 우주에서 만들어진다. 이 입자들은 아주 낮은 에너지 상태에서도 만들어질 수 있고, 생성된 후에는 우주 전체로 스며드는 안정적인 응축물을 형성한다. 이것이 우리가 관측하는 암흑물질이 될 수 있다. 그러나 액시온은 암흑물질이 되기 위해 기적을 일으키지 않는다. 암흑물질의 밀도와 맞는 액시온의 밀도를 얻고 싶으면 초기 우주 단계에서 액시온이 만들어질 때 미세 조정을 해주어야 한다.[14] 그래서 보이지 않는 액시온은 윔프보다 덜 매력적이다. 그래도 보이지 않는 액시온은 강한 핵력을 예쁘게 만들어 주기 때문에 입자물리학자들은 여전히 액시온을 좋아한다.

앞에서 언급한 수많은 윔프 실험은 액시온에도 민감하며, '흥미로운 경계'도 제공했다. 그러나 액시온은 윔프와는 달리 전자기장에 (아주 약하긴 하지만) 반응하므로, 강력한 자기장을 걸면 검출할 수 있다. 강력한 자기장에 액시온이 입사되면 그중 아주 작은 양이 광자로 바뀐다. 이러한 현상을 이용해, 액시온 암흑물질 실험Axion Dark Matter Experiment, ADMX은 1996년부터 암흑물질 액시온을 찾고 있다. 2003년부터 가동되어 데이터를 수집 중인 CERN 액시온 태양망원경CERN Axion Solar Telescope, CAST은 태양에서 만들어지는 액시온을 찾고 있는데, 이 액시온은 암흑물질 액시온보다 훨씬 높은 에너지에서 만들어진다. ALPS-I와 ALPS-II, PVLAS, OSQUAR 같은 실험에서는 자기장 안에서의 빛의 행동을 면밀히 연구하며 광자가 액시온으로 변하는 과정을 관찰하려고 노력 중이다. 지금까지 실험을 통해 발견된 것은 아무것도 없다.

• • •

케이티가 말한다. "안타깝게도 박사학위 연구를 하던 중에 여기저기 미세 조정을 하지 않고 액시온을 작동하게 할 만한 괜찮은 방법을 찾을 수가 없었어요. 그래서 별로 재미가 없었죠. 액시온이 해결하는 그 강한 상호작용의 CP 문제는 사실 미세 조정 문제거든요. 새로운 미세 조정 문제를 만든다는 건 그냥 새로운 상황으로 밀어 넣는다는 의미일 뿐이에요."

"미세 조정이 왜 문제인데요?" 나는 케이티에게 묻는다.

"미세 조정이라는 것은 대개는 이론에 뭔가 부자연스러운 게 있다는 걸 알려주는 것이죠. 만일 진짜로 작은 숫자가 있다면, 정말로, 정말로 운이 좋았다고 가정을 해야 해요. 그건 절대 매력적이지 않아요. 뭔가 다른 설명이 있어야만 하죠. 미세 조정이 있으면 거기에는 언제나 다른 설명이 있었고, 종국에는 그게 미세 조정이 아닌 것으로 판명되기도 했고요."

"운이 좋았다고 말씀하시지만, 확률분포 없이 어떻게 확률을 이야기할 수 있죠?" 내가 묻는다.

"음, 사실 그런 말은 할 수 없죠. 그건 그냥 이론물리학자들 사이에서 통용되는 미학적 감각이에요." 케이티가 대답한다. "만일 작은 수가 하나 있으면, 그들은 그걸 싫어합니다. 1에 가까운 수를 갖는 쪽이 훨씬 더 매력적이죠. 사람들은 그게 그런 식이어야 한다고, 상수의 차수가 전부 1이어야 한다고 말하는데, 꼭 그래야 하는 대단히 중요한 이유가 있는지는 모르겠어요. 그건 그냥 우리가 우리 이론에 접근하는 방식일 뿐이에요. 이건 진짜 '오컴의 면도날'이 아니에요. 그렇게 해서 더 단순해지는 건 아니고, 그냥 그런 식으로 느끼는 거니까요."

"사람들이 하는 일이 그렇죠. 하지만 그게 우리가 해야 하는 일 아닐까요?"

케이티는 이렇게 말한다. "만일 새 입자가 존재해야 할 이유가 미세 조정 문제의 해결 때문이라고 생각한다면, 실제로 그 문제를 해결해야죠. 하지만 난 이론을 만드는 사람이 아니라서 이 문제를 파고들 필요는 없어요. 그러니까 나는 약간은 불가지론자인 거죠. 하지만 나도 자연스러움이 단순히 매력적인 것 이상의 무언가라고 생각해요. 그리고, 이전에 이루어졌던 이론물리학 연구를 토대로 봤을 때, 단순성의 추구는 출발점으로 좋은 원칙인 것 같아요. 저도 자연스러움 문제에는 공감합니다. 하지만 거창한 선언을 할 수는 없어요. 그럴 필요도 없고요. 그래서 좋아요."

"다중우주가 하나의 옵션인가요?" 내가 묻는다.

"전 다중우주를 싫어해요." 케이티가 말한다. "다중우주를 싫어하는 게 너무 뻔하다는 건 알지만, 그래도 싫어요. 아마도 다중우주엔 어떤 우아함 같은 게 있겠죠. 그 매개변수들을 이해하려는 걸 그냥 포기할 수는 없으니까요. 그래도 다중우주는 테스트가 어려워서 마음에 안 들고, 그래서 추하다고 생각해요. 지저분한 난장판이고, 우리는 단지 어쩌다 여기에 있을 뿐이고, 그래서 인류원리를 끌어 와야 하고…… 아, 정말이지 싫어요. 그에 대항할 좋은 논리를 갖고 있는 건 아니지만, 아무튼 정말로 싫어요."

"최근 LHC 데이터가 힉스 질량에 대한 미세 조정을 요구하는 것 같은데, 그건 어떻게 보세요?"

"그 문제는 열심히 연구하지 않아요. 그래서 어떤 도전 과제가 있고 어떤 제약이 있는지는 모릅니다. 저는 그저 희망을 품고 빈둥거리고 있는 거예요. 하지만 그게 단지 모든 것이 잘 돌아가도록 서로의 위에 어마어마한 양의 주전원周轉圓을 쌓아놓은 것일 뿐이라면, 전 정말이지 놀랄 거예요. 지금 우리한텐 뭔가 새로운 물리학이 필요하고, 초대칭은 잘 작동할 것 같지 않다는 어떤 표지 같은 게 있어요. 하지만 전 낙관론자라서 초대칭을 대체할 만한, 지독하게 조정된 것이 아닌 뭔가를 찾을 수 있을 거라고 생각해요.

힉스 질량은, 앞으로 무슨 일이 일어날지 모른다는 측면에선 좀 걱정스러워요. 사람들이 악몽 같은 시나리오가 될 거라고 자주 말하거든요. 하지만 우리가 막다른 길에 부딪힐 거라고는 생각하지 않습니다. 입자물리학자들이 새 아이디어와 새 모형을 만들어낼 거라 믿고 있어요. 지금 상황이 절망적이라고 보지 않아요. 충분히 흥미로운 상황이죠. 이제 우리는 커다란 미스터리를 갖게 되는 거니까요.

어쩌면 표준모형보다 더 아름다운 것은 없을지도 모르고, 이후 점점 더 추해질지도 모르죠. 하지만 제 육감으로는 우리가 복잡한 그림을 뭔가 통일된 것으로 단순화할 방법을 찾아낼 것 같아요. 물리학이 그래서 매력적이라고 생각해요. 지저분한 것들을 하나의 크고 아름다운 그림으로 묶어내는 거죠."

"암흑물질 검출 실험에서 아직 아무것도 찾지 못한 게 걱정되지는 않나요?" 내가 묻는다.

"입자를 확인하지 못한 것도 그렇게 염려되지는 않아요." 케이티가 대답한다. "암흑물질이 어떤 성질을 지닌 입자라는 증거는 이제야 좀 탄탄해진 것 같아요. 지금은 제약이 더 강해졌고 증거를 찾기가 더 어려워지고 있는데, 그건 좀 실망스럽고요. 하지만 암흑물질은 입자라는 그림에 잘 맞아 들어가고 있거든요. 이게 과연 무엇일지 그 해답을 찾아가는 과정이 점점 흥미진진해지고 있어요. 데이터들이 이만큼이나 잘 들어맞는

다른 모형이 있다면 암흑물질이 입자가 아닐 가능성을 우려해야겠죠."

"수정된 중력modified gravity도 같은 효과를 낼 수 있다고 주장하는 사람들이 있죠." 내가 언급한다.

"그건 그다지 설득력이 있지 않아요. 나는 [입자 암흑물질]이 잘 맞지 않는다는 암시는 한 번도 본 적이 없습니다. 마찬가지로 수정된 중력이 입자 암흑물질보다 더 낫다는 암시도 본 적이 없고요. [어떤] 장들을 더하는 것보다는 입자가 간단하다고 생각해요. 만일 수정된 중력이 데이터에 더 잘 들어맞는다면, 흥미로울 거예요."

• • •

기존의 우주 데이터를 설명하기 위해서는 우주에 지금까지 설명된 적 없는 두 가지 새로운 성분이 포함되어 있다고 가정해야 한다. 그중 하나가 암흑에너지다. 나머지 하나는 일반적으로 입자 암흑물질이라 불리며, 집단적으로는 유체로 서술된다. 어차피 우리의 방정식은 일반 물질에 대한 중력의 반응을 예측하지 않으므로, 이런 추가적인 유체와 같은 효과도 충분히 발생할 수 있다.

그러나 중력을 수정하는 것은 표준모형에 입자를 추가하는 것보다 훨씬 더 어렵다. 수정된 중력은 모든 곳에 존재하지만, 입자는 특정한 곳에만 존재할 수 있다. 따라서 입자 암흑물질 쪽이 훨씬 유연하다.

어쩌면 지나치게 유연한지도 모른다. 천체물리학자들은 은하들 사이의 규칙성인 '툴리 피셔 관계Tully-Fisher relation'를 발견했는데, 이는 입자 암흑물질로는 설명할 수 없다. 툴리 피셔 관계는 은하의 밝기와 은하 가장 바깥쪽의 별들의 속도 사이의 관계로, 경험적으로 관측된 것이다. 그리고 입자 암흑물질에는 다른 문제도 있다. 예를 들면 입자 암흑물질은 우리은하에 보이는 것보다 많은 위성 은하가 있어야 한다고 예측하며, 왜 관측된 은하들의 물질이 평면 위에 배치되어 있는지 설명하지 못한다. 또 입자 암흑물질이 있으면 은하 중심의 물질 밀도가 우리가 관측하는 것보다 더 높아야 한다.

이런 단점들은 천체물리학의 과정이 아직 조화모형에 적절히 통합되지 않아서 생기는 것일 수도 있다. 흥미로운 문제지만 그것이 물리학의 기본을 바꾸지는 않는다. 어쩌면 이 단점들은 입자 암흑물질이 올바른 설명이 아니라고 우리에게 알려주는 것인지도 모른다.

수정된 중력은 흔히 수정된 뉴턴 역학이라고 부르는데, 최초의 시도에서는 일반상대성이론의 대칭을 고려하지 않았고, 일반상대성이론과 상반되는 내용을 다루었다.[15] 새로운 버전의 수정된 중력에서는 일반상대성이론의 대칭을 고려하면서도 관측된 은하의 규칙성을 입자 암흑물질보다 잘 설명한다.[16] 그러나 은하 크기보다 훨씬 가깝거나 훨씬 먼 거리에 대해서는 잘 설명하지 못한다.

해답은 그 사이 어딘가에 있을지도 모르겠다. 최근에 한 연구팀은 암흑물질이 초유체superfluid라고 제안했다. 초유체는 아주 작은 규모에서는 수정된 중력과 비슷하지만 큰 규모에서는 입자 암흑물질의 유연성을 허용한다.[17] 이 아이디어는 단점을 배제하고 둘의 장점을 결합시킨다.

비록 사용하는 용어는 다르지만, 수정된 중력과 입자 암흑물질을 서술하는 수학은 거의 똑같다. 케이티가 말한 대로, 수정된 중력에서는 새로운(지금까지 관측되지 않은) 장들을 추가한다. 입자 암흑물질에서는 새로운(지금까지 관측되지 않은) 입자들을 추가한다. 그러나 입자는 장에 의해 서술되는 것이므로 그 차이는 미미하다. 두 접근법을 구분하는 것은 장의 유형 그리고 장들이 중력과 상호작용하는 방식이다. 입자물리학자들이 볼 때 수정된 중력의 장들은 전형적이지 않은 성질들을 갖고 있다. 그것들은 익숙하지 않고, 아름답지 않다. 그래서 수정된 중력은 비주류들의 아이디어로 남아 있다. 윔프와 액시온을 연구하는 과학자들이 수천 명에 이르지만, 수정된 중력의 지지자는 수십 명에 불과하다.

현재 수정된 중력은 조화모형과 마찬가지로 모든 우주 데이터에 들어맞지 않는다. 이는 아마도 중력을 수정하는 것이 잘못된 행동이기 때문인지도 모른다. 또는 그것을 맞추려고 노력하는 사람들이 얼마 되지 않아서인지도 모른다.

• • •

"당신 생각은 어때요? 우리가 더 아름답고 단순한 모형을 발견할 거라고 생각하나요?" 대화를 마무리하며, 케이티가 나에게 묻는다.

그때까지 내가 인터뷰했던 사람 중 누구도 내 의견을 물은 사람은 없었다. 나는 그들이 내 의견을 묻지 않았던 게 기뻤다. 나에겐 내놓을 만한 답이 없기 때문이다.

이 여행을 하는 동안, 동료들이 아름다움에 의존하는 타당한 이유를 내가 놓치고 있는 게 아니라는 걸 절실히 느꼈다. 그런 것은 없다. 자연법칙이 아름답다는 걸 믿고 싶지만, 아름다움에 대한 우리의 감각이 좋은 안내자라는 생각은 들지 않는다. 오히려 아름다움에 대한 감각 때문에 더 시급한 다른 문제들이 방치되고 있다. 이를테면 스티븐 와인버그가 지적했던 것처럼 우리가 거시계의 출현을 이해하지 못하는 문제라든가, 샤오-강 웬의 말처럼 양자장이론도 이해하지 못하는 문제, 또는 다중우주와 자연스러움의 문제에서 보여주는 것처럼 자연법칙에 개연성이 있다는 것이 무슨 의미인지를 이해하지 못한다는 문제도 있다.

나는 케이티에게 말한다. "그래요, 나는 자연이 우리를 위해 더 아름다운 것을 감춰놓고 있다고 생각합니다. 하지만 아름다움은, 마치 행복처럼, 그것이 없다고 불평한다고 해서 찾을 수 있는 게 아니에요."

약한 장과 다섯 번째 힘

새로운 물리학을 가정한 다음 숨기는 방법은 또 있다. 그것은 아주 먼 거리에서만, 또는 아주 초기 우주에서만 중요한 장을 도입하는 것인데, 둘 다 테스트하기 대단히 어렵다. 오늘날 이런 방법이 허용되는 것은 이 방법들도 수적 일치를 설명하기 때문이다.

일반상대성이론에서 우주상수는 자유 매개변수다. 다시 말해 상수를 계산하는 데 특별히 심오한 원리가 없다는 뜻이다. 이 값은 측정해서 정해야 한다. 우주가 가속 팽창한다는 것은 우주상수가 양의 값이란 의미고, 그 값은 가장 무거운 중성미자의 질량과 에너지 규모가 비슷하다. 입자물리학자들에게는 대단히 작은 에너지 척도다(그림 14 참조).[18]

만일 우주상수가 0이 아니면, 입자가 하나도 포함되지 않은 시공간은 더 이상 평면이 아니다. 따라서 우주상수는 흔히 0이 아닌 에너지 밀도와 압력을 갖는 진공으로 해석된다.

일반상대성이론은 우주상수 값에 대해 아무것도 알려주지 않는다. 그러나 양자장이론에서는 진공 에너지 밀도를 계산할 수 있다. 그 값은 무한히 큰 값으로 나온다. 그러나 이건 중력이 없는 상태에서는 중요하지 않다. 우리는 절대 에너지는 측정하지 못하고 에너지 차이만 측정할 수 있기 때문이다. 그러므로 중력이 없는 표준모형에서는 무한을 제거할 적절한 수학적 절차를 사용해 물리적으로 의미 있는 결과를 얻을 수 있다.

그러나 중력이 존재하는 상황에서는 무한대의 기여가 물리적으로 중요해진다. 중력이 시공간의 무한 곡률을 일으키기 때문이다. 이러면 앞뒤가 맞지 않는다. 다행스럽게도 진공 에너지가 무한한 경우는 표준모형을 무한히 높은 에너지까지 외삽할 때뿐이다. 이 외삽은 플랑크 에너지까지만(즉 최소값까지만) 가능하다고 기대되기 때문에, 진공 에너지는 플랑크 에너지가 되어야 한다. 그나마 좀 낫다. 적어도 유한한 값이니까. 그러나 여전히 관측 결과와 비교하기엔 너무 크다. 우주상수가 이렇게 크다면, 우리 모두 갈가리 찢기거나 아주 옛날에 우주가 붕괴했을 것이다.

양자장이론의 기여가 더해질 때 (그게 무엇이든) 그 결과가 관측한 내용과 맞도록 일반상대성이론의 자유 상수를 선택할 수도 있다. 이런 이유로, 그 합이 플랑크 에너지 근처 어딘가에 있을 거라는 기대는 (다시 강조하지만) 자연스러움에 기반을 둔 것이다. 만일 우리가 계산할 수 있다면, (소문에는 그렇다고 하는데) 우리가 측정하는 작은 값만 남기고 거의, 하지만 완전하지는 않게 상쇄되는 두 개의 큰 수를 발견하지는 못할 것이다.

따라서 우주상수는 물리학적으로 볼 때 자연스럽지 않다. 우주상수는 미세 조정이 필요하다. 우주상수의 작은 값은 아름답지 않다. 이 상수에 잘못된 것은 없다. 단지 물리학자들이 싫어할 뿐이다.

여러분은 상수가 이론이 가질 할 수 있는 가장 단순한 가정이라고 생각할 것이다. 그러나 우주상수 값에 설명이 필요하다는 믿음은 이론학자들에게는 새로운 자연법칙을 만들어낼 핑계가 된다. 와인버그는 인류원리를 가지고 새 자연법칙을 만드는 데 앞장섰고, 우리 중 일부는 현재 다중우주의 확률분포를 만들어내느라 무척이나 바쁘다. 상수의 값을 설명하는 또 다른 좋은 방법은 상수를 동적으로 만드는 것인데, 그렇게 하면 상수는 시간에 따라 변할 수 있다. 설정만 잘하면 동적 상수는 작은 값을 선호할 수 있고, 그것이 무언가를 설명할 수도 있다. 이러한 우주상수의 일반화된 버전을 암흑에너지라고 한다.

만일 암흑에너지가 단순히 우주상수가 아니라면, 우주의 가속도는 시간에 따라 약간 변한다. 이에 대한 증거는 없다. 그러나 카멜레온장, 딜라톤장, 모듈러스 공간, 코스몬, 유령장, 그리고 제5원소 같은 추측된 암흑에너지 장에 대한 논문은 넘쳐난다. 실험은 진행 중이다.

우주론자들이 눈에 보이지 않는 장들만 다루는 것은 아니다. 인플레이션장inflation field이란 것도 있는데, 이 장은 초기 우주를 부풀리는 데 사용된다.

• • •

급팽창 또는 인플레이션(빅뱅 직후 일어난 우주의 급속 팽창)은 과거에 대한 과감한 외삽법이며, 물질의 밀도가 우리가 탐지해온 밀도보다 훨씬 더 높았을 때로 거슬러 올라간다.

그러나 급팽창에서 어떤 예측을 하려면, 먼저 급팽창이(또는 급팽창이 일어나도록 만들어진 장이) 무슨 일을 하는지를 구체적으로 정해야 한다. 그러려면 급팽창에 퍼텐셜 에너지를 주어야 하는데, 이 퍼텐셜 에너지는 몇 가지 매개변수에 좌우된다. 일단 퍼텐셜이 선택되면, 급팽창을 이용해 초기 우주 안에서의 밀도 요동 분포를 계산할 수 있다. 그 결과는 퍼텐셜 안의 매개변수에 의존하며, 단순한 일부 모형에서는 계산과 관측 결과가 잘 맞는다.[19] 급팽창 모형들은 우주배경복사에서 관측된 다른 성질과 좋은 일치를 보인다.[20]

따라서 급팽창은 관측된 매개변수를 기반이 되는 수학적 모형과 관련시키는 데 유용하다. 그러나 예측은 인플레이션장의 퍼텐셜에 따라 좌우된다. 우리는 현재의 데이터에 잘 맞고 필요한 대로 고칠 수 있는 하나의 퍼텐셜을 선택할 수 있지만, 그걸로 우주론자들을 붙잡아둘 수는 없다. 그들은 부지런히 급팽창 모형들을 만들고, 그 모형들 각각에 아직 이루어지지 않은 측정에 대한 예측을 계산한다.

2014년의 조사에서 헤아린 급팽창 퍼텐셜은 193개였는데, 그마저도 단일 장만 가지고 센 것이었다.[21] 그러나 미래에 수행이 가능한 관측을 예측하는 모형을 만들어내는 이론학자들의 능력은 곧 그들이 아무것도 예측할 수 없다는 것을 보여주었다. 이런 모형들은 철학자들의 주장처럼 심각할 정도로 "불충분한 결정밖에 하지 못한다". 모호하지 않게 외삽할 수 있는 데이터가 충분하지 않은 것이다.[22] 이론가들은 현재의 측정만으로도 모형을 구축할 수 있지만, 미래의 측정 결과를 믿을 만하게 예측하지는 못한다.

이런 상황에 대해 조 실크는 "어떤 현상이든 입맛에 맞게 설명할 수 있는 급팽창 모형은 언제든 찾을 수 있다"라고 말했다.[23] 그리고 『사이언티픽 아메리칸』 최신호에 실린 기사에서, 우주론자 안나 이자스, 애비 로엡, 파울 슈타인하르트는 모형에 포함된 큰 수 때문에 "급팽창 우주론은 우리가 현재 이해하는 한 과학적 방법을 사용해 평가할 수 없다"라고 불평했다.[24]

이런 얘기까지 하면 독자 여러분을 겁먹게 할 것 같지만, 앞으로의 연구를 위해 남겨진 급팽창 퍼텐셜은 무한히 많다. 물론 우리는 이 장이든 저 장이든 모두 이용할 수 있다. 창의성이 발현될 여지는 충분하다.

현재 이론 평가에 따르면, 이것은 수준 높은 연구라고 한다.

과학의 기반암

4월 중순이다. 나는 독일 쾰른에서 북쪽으로 몇 마일 떨어져 있는 부퍼탈에 와 있다. 호텔이나 연구소 건물일 거라 예상했는데, 주소로 찾아가니 도심 외곽의 가정집이다. 집 앞에 작은 꽃 정원이 있고, 담쟁이덩굴이 문을 타고 뻗어 간다. 초인종을 누르자 내 또래 여성이 문을 열어준다.

"누구시죠?" 그녀가 묻는다.

"안녕하세요. 저는 자비네라고 합니다."

그녀가 혼란스러운 표정을 짓는다.

"조지 엘리스 씨를 만나러 왔는데요?"

그녀는 나를 향해 한 번, 또 한 번 눈을 깜박인다.

"저희 아버지세요. 아버지는 지금 케이프타운에 있는데요."

그녀는 나에게 말하고, 아버지에게 전화를 건다.

"맙소사." 전화기 너머로 버스에 탄 조지가 외치는 소리가 들린다. "그 친구 2주나 일찍 왔는데!"

• • •

4월 말, 다시 부퍼탈이다. 같은 거리, 같은 집, 같은 담쟁이덩굴. 나는 초인종을 누르고, 또 낯선 사람을 놀래키고 다시 집으로 돌아가자고 네 시간이나 길에서 허비한 것이 아니기를 바란다.

문을 연 사람은 조지였다. 나는 크게 안심한다. "어서 와요." 조지가 나에게 안으로 들어오라고 손짓하고 햇살이 비치는 부엌으로 안내한다. 벽에는 아이들이 그린 그림이 걸려 있다.

조지 엘리스는 케이프타운 대학교 명예교수로, 우주론 분야를 이끌고 있다. 1970년대 중반에는 스티븐 호킹과 함께 『시공간의 거대 규모 구조 *The Large Scale Structure of Space-Time*』를 썼는데, 이 책은 지금도 우주론 분야의 표준 참고도서다.[25] 그는 다중우주가 언급되기 한참 전인 1975년에 이미 우주론에서 무엇을 테스트할 수 있는가 하는 문제를 연구했다.[26] 그러나 조지의 관심은 우주론에 국한되지 않는다. 그는 복잡계의 발생을(물리학뿐만 아니라 화학과 생물학에서도) 연구하고 있으며, 철학도 크게 꺼리지 않는다. 그는 큰 그림을 보는 것을 좋아한다. 그러나 최근에는 그가 보는 것이 마음에 들지 않는다고 한다.

"뭐가 걱정이세요?" 내가 질문으로 운을 띄운다.

"이제는 아이디어를 테스트할 필요가 없다고 말하는 물리학자들이 있어요. 그게 그렇게 좋은 아이디어라서 그렇다는군요." 조지가 말한다. 그는 테이블 위로 몸을 앞으로 숙여 나를 노려본다. "그 사람들은 공공연히 또는 암암리에 이렇게 말합니다. 이론을 테스트해야 한다는 요구조건을 약화시키고 싶다고요." 그가 말을 멈추고 몸을 뒤로 기댄다. 내가 이 사태의 심각성을 제대로 이해하기를 기다려주려는 것 같다. "그건 대략 1000년쯤 퇴보하는 짓입니다." 그는 말을 잇는다. "당신은 이 문제에 대해 글을 썼지요. 당신과 나는 생각이 아주 비슷해요. 그건 과학의 본질을 약화시키는 것입니다. 나는 당신과 같은 이유에서, 어떤 면으로는 완전히 다른 이유에서 그게 마음에 들지 않습니다.

같은 이유라면, 내 생각엔, 과학이 지금 어려운 시간을 보내고 있는 것 같아요. 백신, 기후변화, GMO 작물, 핵에너지, 과학에 대한 회의론을 보여주는 논의들 때문이죠. 이론물리는 과학의 기반암, 가장 단단한 바위여야 해요. 과학이 어떻게 완벽하게 신뢰를 얻을 수 있는가를 보여주는. 만일 여기에서 요건들이 느슨해지기 시작하면, 다른 데 미칠 영향력은 매우 심각하다고 생각합니다.

내가 이 문제에 흥미를 느끼는 또 다른 이유도 있어요. 아마 당신은 크게 공감하지는 않을 텐데, 인간의 삶과 관련해서 과학의 한계는 어디까지인가 하는 문제죠. 과학이 할 수 있는 것은 무엇이고, 할 수 없는 건 무엇일까요? 과학은 인간에 대해, 인간의 존재 가치와 목적에 대해 뭐라고 말할 수 있을까요? 과학과 더 광범위한 커뮤니티의 관계에서 이게

참 중요하다고 생각합니다."

내가 어떻게 이 문제에 공감하지 않을 수 있을까? 나는 그의 말을 기다린다.

"사람들이 과학을 배척하는 [수많은] 이유는 스티븐 호킹이나 로렌스 크라우스 같은 과학자들이 과학은 신이 존재하지 않는다고 증명한다는 식으로 말하기 때문이에요. 사실 과학은 그런 걸 증명할 수 없는데, 그것 때문에 과학에 대한 적대감이 일어난 거죠. 특히 미국에서요.

당신이 미국 중서부에 살고 있고, 당신의 인생 전체와 당신이 소속된 커뮤니티가 교회를 중심으로 이루어져 있는데, 웬 과학자가 와서 '다 집어치워요'라고 한다고 상상해봐요. 그러려면 그 사람들은 자기가 말하는 내용에 확고한 근거가 있어야 할 겁니다. 하지만 데이비드 흄은 이미 250년 전에 과학은 신의 존재를 증명도 부정도 할 수 없다고 말했어요. 흄은 대단히 신중한 철학자였고, 그 이후로 아무것도 바뀐 게 없어요. 그런 말을 하는 과학자들은 엉성한 철학자들입니다.

하지만 당신은 이런 문제엔 흥미가 없겠죠."

과학자들이 엉성한 철학자라는 것은 나에게는 새롭지 않은 이야기다. 결국 내가 그렇지 않은가. 그러나 나는 이렇게 말한다. "저는 지금 그 말씀이 이론 평가와 무슨 상관이 있는지 잘 모르겠는데요."

"과학이 무엇에 관한 것인지에 대해 일부 과학자들이 확장된 주장을 한다는 측면에서 보면, 그게 바로 이론 평가죠. 과학은 무엇을 증명하고 무엇을 부정할 수 있는가." 조지는 이렇게 설명했다. "만일 로렌스 크라우스가 와서 과학이 종교의 어느 측면을 부정한다고 말하면, 그건 과학적 명제입니까, 아니면 철학적 명제입니까? 만일 이것이 과학적 명제라면, 그 근거는요? 그들은 그것이 과학적 명제라고 주장해요. 이 부분에서 당신과 내 의견이 갈린다고 생각해요.

일례로 빅터 스텐저는 오래전에 과학이 신의 존재를 부정한다는 내용의 책을 썼습니다. 나는 그 책을 논평해달라는 부탁을 받았고, 이렇게 썼어요. '나는 큰 기대를 안고 책을 펼쳤고, 이런 결과를 내놓은 실험 장치는 무엇이며, 측정점data point은 어떻게 생겼는지, 또 이 결과는 3시그마인지 5시그마인지를 확인할 수 있기를 기대했다'." 그가 짧게 웃는다. "물론 그런 실험은 없었습니다. 이 사람들은 흄과 임마누엘 칸트의 기본 철학도 이해하지 못하는 과학자들이에요.

이건 이론 평가와 관계가 있습니다." 조지가 계속 설명한다. "왜냐하면 과학은 철학적 문제에 대해서 할 말이 없으면서 할 말이 있다고 주장하고 있으니까요. 과학은 철학적 문제들과 관련 있는 사실들을 만들어내지만, 과학과 철학 사이에는 존중해야 할 경계가 있어요. 나는 그걸 생각하느라 시간을 꽤 보냈죠."

'저도 그래요. 이유는 다를지 몰라도.' 과학과 철학 사이의 경계를 염두에 두는 것은 물리학자들이 사실과 믿음을 구분하도록 도와줄 수 있다고 나는 생각한다. 나는 자연이 아름답다는 믿음과 신이 친절하다는 믿음 사이에 무슨 차이가 있다는 건지 모르겠다.

"물리학으로 돌아와서요. 선생님은 물리학이 어디로 가고 있는지를 걱정하시는 거죠?" 내가 묻는다.

"그래요……. 당신도 다중우주에 관한 책을 봤겠죠, 그……." 조지가 잠시 기억을 더듬는다. "컬럼비아의 끈이론학자가 쓴 책이요."

"브라이언 그린요?"

“그래요. 그 사람은 아홉 개의 다중우주를 주장하죠. 아홉 개! 그는 파국으로 치달을 주장을 하고 있어요. 그리고 이쪽 편에는 마틴 리즈가 있죠. 그는 우리에게 보이는 지평선 너머가 우주의 끝은 아니라고, 그런 측면에서는 다중우주라고 말하고 있어요. 물론 나도 동의합니다. 조금 더 나아가면 안드레이 린데의 무한히 많은 거품 우주가 있는 혼돈 급팽창chaotic inflation이 있죠. 거기서 조금 더 가보면 끈이론의 경관을 만나게 되고, 여기에서는 각개의 거품 안의 물리학이 전부 달라요. 거기에서 또 조금 더 가면 테그마크의 수학적 다중우주가 나옵니다. 그러고 나서, 훨씬 더, 아주 많이 가면, [닉] 보스트롬처럼 우리가 컴퓨터 시뮬레이션 안에서 살고 있다고 말하는 사람들을 만나는 거예요. 이건 의사과학pseudoscience도 아니에요. 그냥 소설이지.”

“그건 기본적으로 시계 태엽장치 우주의 현대식 버전이에요. 과거에는 기어와 볼트였고, 지금은 양자컴퓨터고.”

“그렇죠.” 조지가 말한다. “하지만 당신도 봤겠지만, 브라이언 그린은 자기 책에서 그걸 가능성으로 나열하고 있어요. 사람들이 이런 일을 과학적 가능성으로 언급한다면, 나로서는 궁금하죠. 그들이 생각하는 것에 대해 어느 수준까지 믿을 수 있을까요? 이건 그냥 우스꽝스러운 얘기잖아요! 그럼 그들이 말하는 것을 못 믿을 건 또 뭡니까?”

나는 조지가 말한 것처럼 우리의 생각이 그렇게 다른 것 같지 않다는 생각이 든다.

“이게 중요한 이유는 과학과 관련된 신뢰가 있기 때문입니다.” 조지가 이야기를 이어간다. “LHC를 예로 들어볼까요. 나는 그 실험을 하는 사람들을 신뢰했어요. 플랑크 프로젝트도. 나는 그들을 믿었죠.•

신뢰는 과학에서 대단히 중요합니다. 만일 우리가 시뮬레이션 안에서 사는 것이 진짜로 가능하다고 주장하는 사람들이 주위에 있다면, 나는 그들을 과학자로서, 심지어 철학자로서도 신뢰할 수 없어요."

LHC는 실험을 하는 동안 매초마다 대략 10억 건의 양성자-양성자 충돌을 일으킨다. 여기에서 나오는 데이터는 CERN의 컴퓨터에 저장하기 벅찰 만큼 많다. 이런 이유로 이벤트들은 실시간으로 걸러지고, 알고리즘이 흥미롭다고 표시하지 않은 이벤트들은 버려진다. 이 '트리거 메커니즘trigger mechanism'은 10억 건의 이벤트에서 대략 100~200건의 선택된 이벤트만 기록한다.[27] 우리는 실험물리학자들이 옳은 일을 한다고 믿는다. 우리는 그들을 믿어야 한다. 모든 과학자들이 다른 과학자들의 연구를 세세한 부분까지 전부 들여다볼 수 없기 때문이다. 그건 불가능한 일이다. 그렇게 했다간 우리는 아무 일도 못할 것이다. 상호 신뢰가 없으면 과학은 제대로 돌아가지 않는다.

CERN이 지난 10년 동안 새로운 기본 물리학의 열쇠를 쥐고 있을 데이터를 삭제하며 보냈다고 생각하면, 그거야말로 악몽의 시나리오다.

"나는 다중우주에 반대하지 않습니다." 조지가 말한다. "나는 단지 그것이 잘 정비된 과학이라고 말하는 걸 반대하는 것이에요. 만일 사람들이 그렇게 말한다면, 그들은 테스트 가능성의 요건을 느슨하게 하고 싶은 겁니다.

그들은 다중우주 제안으로 이어지는 괜찮은 이성의 끈을 따라 왔어

• 플랑크는 2009년에서 2013년까지 우주배경복사 온도 요동의 지도를 그리는 임무를 수행했던 유럽우주기구의 위성을 말한다. 플랑크의 데이터 중 일부는 여전히 분석되고 있다.

요. 그러나 잘 정비된 물리학에서 그곳에 닿기 위해서는 수많은 단계를 거쳐야 합니다. 각 단계만 보면 좋은 아이디어인 것 같지만, 결국 우리가 아는 물리학으로부터 나온 검증되지 않은 외삽인 거죠. 예전에는 가설을 만들고 단계를 확인하면, 그다음 가설을 만들고 그 단계를 확인하고, 이런 식이었어요. 실체를 확인하지 못하면 잘못된 길로 들어갈 수 있는 겁니다."

"그건 실험으로 확인하기가 어려워져서 그런 것이죠." 내가 말한다. "우리는 앞으로 나아가기 위해 뭘 해야 할까요?"

"뒤로 돌아가서 기본적인 원리를 가지고 출발해야 한다고 생각해요." 조지가 대답한다. "그런 차원에서 양자역학의 기본을 다시 생각해볼 필요가 있습니다. 이 모든 것의 바탕에는 양자역학의 측정 문제가 깔려 있기 때문이에요. 측정은 언제 진짜로 이루어지는가? 예를 들면, 광자가 방출되거나 흡수될 때겠죠. 그럼 이것을 어떻게 서술하는가? 그때는 양자장이론을 사용합니다. 그런데 양자장이론에 관한 책을 아무거나 들춰봐도 측정 문제는 전혀 찾아볼 수 없거든요."

나는 고개를 끄덕인다. "우린 단지 확률을 계산할 뿐이지, 그 확률이 어떻게 측정 결과로 나오는지는 절대 논의하지 않아요."

"그래요. 그러니까 뒤로 돌아가서 측정 문제를 다시 생각해야 하는 겁니다."

조지가 권하는 다른 원칙은 무한을 가지고 씨름하지 말라는 것이다.

"무한을 말하기 시작하면 온갖 종류의 역설이 생겨납니다." 조지가 말한다. "나는 이미 1970년대에 실제로 이 문제를 주제로 책을 썼어요.[28] 내가 그 책에서 지적한 내용은 이런 겁니다. DNA는 유한한 코드이며,

따라서 생명의 확률이 0이 아니라면, 충분히 거대한 우주 공간 안에서 궁극적으로 가능한 모든 유전 부호의 조합을 사용해 유전적으로 동일한 쌍둥이들을 무한대만큼 얻을 수 있다는 거죠. 우주가 무한하다면 확률이 0이 아닌 그 순간 우주에서 발생할 수 있는 모든 일이 무한히 많이 발생하는 겁니다.

무한 문제는 나의 기준점 중 하나입니다. 다비트 힐베르트는 이미 1925년에 무한의 비非물리적 성질에 관해 썼어요.[29] 그는 무한이 수학을 완성시키는 데 필요하지만, 물리적 우주에서는 무한은 어디에서도 등장하지 않는다고 썼어요. 오늘날의 물리학자들은 무한을 단순히 다른 큰 수처럼 다룰 수 있다고 생각하는 것 같아요. 하지만 무한의 핵심 성질은 다른 유한한 수와는 완전히 다르죠. 무한은 아무리 오랫동안 기다려도 무엇을 해도 실현되지 않습니다. 그것은 언제나 손닿지 않은 곳에 있어요."

그가 결론을 맺는다. "나는 물리적으로는 어떤 것도 무한하지 않다는 게 철학적 근본 원리가 되어야 한다고 생각합니다. 나는 그걸 증명할 방법이 없어요. 그것은 사실일 수도 아닐 수도 있습니다. 그러나 이 내용은 원리로 사용해야 해요."

내가 말한다. "제가 혼란스러운 부분은 물리학자들이 다른 분야에서는 무한의 결여를 원리로 사용한다는 겁니다."

"그래요?"

"네. 함수 안에서 무한이 등장하면, 그게 물리적이지 않다고 가정하잖아요." 나는 설명한다. "왜 이론에 무한이 포함되어서는 안 되는지 '수학적으로' 좋은 이유는 없습니다. 그건 수학적 가정으로 바뀐 철학적 요건이에요. 사람들은 여기에 대해 말은 하지만 절대 기록하지는 않습니다. 그래서 수학 안에서 길을 잃었다고 말하는 거예요. 우리는 철학에 바탕을 둔 가정을 많이 사용하지만, 거기에 주의를 기울이진 않아요."

"정확합니다." 조지가 말한다. "문제는 물리학자들이 헛소리를 뱉어대는 특정 분파의 철학자들 때문에 철학에 흥미를 잃었다는 것이죠. 그 유명한 소칼 사건(미국의 물리학자 앨런 소칼이 가짜 논문을 작성해 인문학 학술지 『소셜 텍스트*Social Text*』에 게재한 사건—옮긴이 주)이나 그런 것들 말입니다. 과학적 관점에서 볼 때 그런 헛소리를 지껄이는 철학자들은 분명히 존재해요. 하지만 우리가 물리를 연구할 때 언제나 연구 배경으로 철학을 사용하고, 세상에는 좋은 철학자들이 많거든요. 제레미 버터필드나 팀 모드린이나 데이비드 앨버트는 과학과 철학 사이의 관계를 조명한다는 측면에서 대단히 합리적인 사람들이죠. 그러니 철학자들과 좋은 관계를 쌓아야 합니다. 철학자들은 기본이 무엇인지, 또 질문의 기틀을 잡는 가장 좋은 방법이 무엇인지 제대로 볼 수 있도록 도와주는 사람들이에요."

틈새의 철학

1996년에, 물리학 교수 앨런 소칼은 「경계를 넘어: 양자중력의 변형적 해석학을 향하여」라는 패러디 논문을 인문학 학술지에 제출했고, 학술지는 논문을 게재했다. 학술지의 검토자들과 편집자들이 그 뻔한 헛소리를 학술 논문과 구분해내지 못했다는 사실은 철학자들에게 큰 충격을 안겨주었고, 물리학자들의 우월감을 강화하는 계기가 되었다.

소칼 사기 사건은 오늘날 철학자들과 물리학자들, 그중에서도 근본적인 질문을 연구하는 사람들의 관계를 서먹하게 만들었다. 나는 '철학'이라는 단어를 모욕의 의미로 사용하는 수많은 물리학자를 알고, 철학자들의 탐구에 공감하는 사람 중에도 철학의 용도에 의문을 표하는 이가 많다.

그것은 이해할 만하다. 나는 물리학자들이 오래전부터 틀렸다고 한 주장들을 철학자들이 다시 끄집어내고, 물리학자들이 오래전에 해결한 패러독스를 철학자들이 지금도 걱정하고, 자연법칙의 기본 성질을 무시하면서 자연법칙은 이러저러해야 한다고 철학자들이 추론하는 것을 봤다. 간단히 말하자면 자기 능력을 벗어난 일을 하면서 이를 알아차리지 못하는 철학자가 많다는 것이다.

그러나 알고 보면 물리학자들도 똑같다. 철학자들이 나를 봐도 위와 똑같은 얘기를 나에게 해줄 수 있을 것이다. 물리학자들은 철학적 주장에 의존하면서 그 사실을 인정하지 않는다. 나도 예외가 아니다. 우리는 철학을 쓸모없는 것으로 여기고 폐기하기 쉽다. 왜냐하면 철학은 쓸모없기 때문이다.

과학자들은 자신의 분야에서 하나의 과제를 추구할 때에는 대단히 목적 지향적이며, 연구의 진전으로 이어지는 경우에만 새로운 지식을 습득하는 데 흥미를 갖는다. 그러나 물리학자라면 벌써 연구했을 주제를 찾아내고 고민했던 철학자가 누가 있는지 나는 찾지 못했다. 물리학을 이해하는 철학자조차 그저 우리가 하는 일을 분석하거나 비판하는 정도로 만족하는 것 같다. 실용성은 철학자들의 어젠다가 아니다.

그런 측면에서 내 경험은 내가 말할 수 있는 한 전형적인 것이다. 로렌스 크라우스의 말을 인용한다. "현역 물리학자로서…… 나는, 그리고 이 문제를 토의한 나의 동료 대부분은, 물리학과 과학의 본질에 대한 철학적 견해가 특별히 유용하지 않고, 내가 속한 분야의 발전에 거의 또는 전혀 영향을 미치지 않는다는 것을 발견했다."[30] 스티븐 와인버그도 "철학적 지식은 물리학자에게 쓸모 있어 보이지 않는다"라고 말한 바 있다.[31] 심지어 스티븐 호킹은 "철학은 죽었다. 철학은 오늘날의 과학, 특히 물리학의 발전을 따라오지 못한다. 과학자들은 지식을 향한 탐사에서 발견의 횃불을 든 선구자가 되었다"라고 말했다.[32]

뉴욕 시립대학교 철학과 교수인 마시모 피글리우치는 "철학의 임무는 과학을 발전시키는 것이 아니다"라고 응수했다.[33] 음, 철학의 임무가 과학을 발전시키는 게 아니라고 한다면, 과학자들이 왜 철학을 쓸모없다고 하는지 그 이유를 알아내기가 어렵지 않겠다.

물론 한 사람의 의견이 철학자 커뮤니티 전체를 대변하는 것처럼 왜곡해서는 안 된다. 그래서 "물리학은 철학이 필요하며", "철학적 회의가 이론과 주장의 개념적 약점에 초점을 맞추기 때문에" 물리학자들이 이로 인한 혜택을 받고 있다는 데 동의한다는 팀 모드린의 말을 듣고 무척 반가웠다.[34] 정말이지 멋지다. 하지만 젠장, 당신은 그동안 어디 있었나요, 모드린 씨? 20년 전에는, 10년 전에는 도대체 어디 있었나요? 우리가 이 엉망진창으로 스스로를 몰아넣는 동안 당신은 어디에 있었나요?

오늘날 물리학의 근본에 관한 대부분의 문제는 데이터와의 갈등이 아니라 철학적 가려움증이며, 우리는 불편함의 바닥에 닿기 위해 철학이 필요하다. 수의 일치는 과연 우리가 주의를 기울여야 하는 대상인가? 자연법칙의 평가에 미학적 기준을 사용하는 걸 한 번이라도 정당화 시켰던 적이 있는가? 이 세상의 기본 법칙이 더 단순해야 한다고 믿을 만한 타당한 이유가 있는가? 그리고 과학자들이 이러한 과정을 계속 유지하기 위해 수백 가지가 넘는 가설을 대량생산한다면, 그 아이디어의 전망을 평가할 좋은 기준은 무엇인가?

우리는 과학 이전의 혼란과 과학적 논쟁 사이의 틈새를 잇기 위해 철학자들이 필요하다. 이 말은 또한 과학이 발전할 때, 우리의 지식이 확장될 때, 불가피하게 철학의 역할이 줄어든다는 것을 의미한다. 좋은 심리학자처럼 좋은 철학자는 과학에서 자신들의 존재가 필요 없어지게 하는 사람들이다. 좋은 심리학자처럼 좋은 철학자는 환자가 거칠게 도움을 뿌리쳐도 실망하지 말아야 한다.

• • •

"자연스러움도, 그러니까 이론에 숫자의 우연적 일치가 없어야 한다는 것도 결국 철학적 기준인 것 같아요." 내가 말한다.

"그렇죠."

"선생님은 '그렇죠'라고 말씀하시지만, 내 동료들에게 그런 말을 하면 수많은 사람은 그걸 수학적 기준으로 취급해요. 하지만 수학적 기준으로 삼고 싶다면 확률분포가 필요하죠. 그 확률분포는 어디에서 오나요? 확률분포를 위한 이론이 필요하고, 그 이론의 확률분포를 위한 또 다른 확률분포가 필요하고, 계속 그런 식이잖아요."

"그렇죠." 조지는 다시 말한다. "다중우주에서는 좋아하는 확률분포를 무엇이라도 주장할 수 있지만, 그 확률분포가 물리학에 적용되는 것인지는 증명할 수 없죠. 그건 과학적으로 테스트할 수 있는 것이 아니에요. 그건 데이터에 맞추기 위한 즉석 이론이니까요." 그가 잠시 말을 끊고 다시 덧붙인다. "내 생각에 이론물리의 세계는 대단히 희한한 곳 같습니다."

간단히 말해서

- 현재 학계의 구조는 재빨리, 광범위하게 확산하는 아이디어, 다시 말해 아름답지만 테스트하기 어려운 이론을 대단히 선호한다.
- 이론물리학자들은 오랫동안 테스트할 수 없는 새로운 자연법칙을 만들어내는 관행을 확립했다.
- 물리학자들은 철학과의 접촉을 통해 물어볼 가치가 있는 질문을 확인하는 데 도움을 받을 수 있지만, 그런 접촉은 현재 매우 드물다.
- 이론물리학자들이 아름다움의 기준에 의존하고 그로 인해 발전하지 못하는 현실은 과학이 스스로 오류를 수정할 능력을 잃어버렸음을 보여준다.

10장

아는 것이 힘이다

사람들이 모두 내 말을 듣는다면
이 세상은 더 나아질 것이다.

아이, 로봇

물리학자들은 자연법칙에서 아름다움을 발견한다. 이것은 놀라운 일이 아니다. 만일 독자 여러분이 학교 다닐 때 수학 시간에 칠판에 적힌 방정식들이 그저 보기 흉한 글자들로 보였다면, 지금 여러분은 이론물리학자는 아닐 것이다. 자연법칙이 끔찍하다고 불평하는 물리학자들은 적어도 기록상으로는 많지 않다. 큰 엔진이 못생겼다고 불평하는 트럭 운전사가 많지 않은 것과 같은 이유다. 우리는 자연법칙에 매력을 느끼기 때문에 이 직업을 선택한 것이다.

아름다움을 찾는 것은 연구 인생 전반에 걸쳐 중요한 동기로 작용한다. "연구하면 기분이 좋고 인생이 흥미로워진다"라고 고든 케인은 말한다. 잔 프란치스코 주디체도 말한다. "이런 불합리한 측면이 물리학을 더욱 재미있고 흥미진진하게 만든다." 아름다움을 찾을 가능성은 흥미진진함을 배가시킨다. 댄 후퍼는 초대칭에 관한 저작에서, "가장 아름다운 이론은 단순하고 명료하게 쓰일 수 있다. 어쩌면 단 하나의 방정식으로 쓰일지도 모른다……. 지금 이 글을 쓰면서도 나는 심장박동이 빨라

지고 손바닥에 땀이 고이는 것을 느낄 수 있다".[1]

그렇다. 과학자들은 손바닥에서 땀이 많이 나는 인간들이다. 심지어 일반인들은 우리를 완전히 다른 식으로 보는데도 말이다. 최근 설문 조사에서, 과학자들은 "일반인"들보다 더 "신뢰할 수 있다"라는 평가를 받았고, 동시에 더 "로봇 같고", "목표 지향적"이며, "냉정하다"라는 평가도 받았다.[2] 썩 듣기 좋은 소리는 아니다. 그러나 평가 자체가 모욕은 아니다. 진짜 모욕은 어떤 이의 직업을 그 사람으로 착각하는 것이다. 직업과 관련해서라면, 이 클리셰는 옳다. 과학자는 초인이 되려고 한다. 우리는 인간의 인지적 단점을 초월하려고 노력하고, 다른 사람에게 그리고 우리 자신에게 거짓말하는 것을 방지하는 수단으로 수학과 과학적 절차를 이용한다.

그러나 지금의 절차는 불충분하다. 좋은 과학자가 되기 위해서는 우리의 바람, 욕망, 약점도 잘 알고 있어야 한다. 우리는 우리의 인간적인 면모를 잘 알아야 한다. 필요하다면 우리가 가진 단점도 바로잡아야 한다.

아마도 여러분은 인간이 태생적으로 과학자로 태어났고, 잘못된 교육 때문에 인간이 가진 본능이 훼손되기 전까지는 자연스럽게 세상을 발견했다는 이야기를 들었을 것이다. 나도 그 이야기를 들었다. 로맨틱한 이야기다. 하지만 그 이야기는 틀렸다. 인간이 호기심을 가지고 태어났고, 아기들이 시행착오를 통해 빠르게 학습하는 것은 맞다. 하지만 인간의 뇌는 과학에 몰두하도록 발달하지 않았다. 인간의 뇌는 인간에게 봉사하도록 발달했다. 진화 과정에서 우리를 잘 도와주던 것이 과학에서도 항상 그런 것은 아니다.

수학 위에 쌓인 수학

물리학자들만 아름다움을 쫓는 과학자는 아니다. 예를 들어 제임스 왓슨의 회상에 따르면, 로잘린드 프랭클린은 DNA가 이중 나선 구조로 이루어진 것이 틀림없다고 확신했는데, 그 이유가 "진실이 아니라기엔 너무 예뻐서"였다고 한다.[3] 생물학자들은 예쁜 동물들을 우선으로 연구하는 경향이 있다.[4] 그리고 수학자인 데비드 오렐은 기상학자들이 정확도를 해치는 위험을 감수하면서 우아한 모델을 선호한다고 주장했다.[5]

그러나 아름다움을 쫓는 게 모든 것을 위한 이론은 아니다. 만일 일석이조에 대한 인지적 편향cognitive bias이 없다면, 그런 편향은 존재해야 하고, 나는 거기에 속지 않도록 노력할 것이다. 나는 일부 과학적 교리에서만, 물리학에서도 내가 속한 이론물리 분야에서만 미학적 편견을 발견했다. 더 일반적인 사회적·인지적 편향으로 넘어가기 전에, 우아한 수학에 대한 욕망이 양자중력보다 우리 삶에 영향을 미치는 경우를 조명해보고 싶다. 바로 경제학이다.

• • •

"경제학 분야가 황폐해진 것은 인상적인 수학이라는 옷을 입은 아름다움을 경제학자들이 단체로 진실로 오인했기 때문이다." 미국의 경제학자 폴 크루그먼은 이렇게 주장한다.[6] 수많은 이론물리학자처럼 나도 한때는 더 나은 일자리를 찾아 경제학으로 전공을 바꿀까 고민한 적이 있다. 크루그먼의 말처럼 수학에 강한 인상을 받은 것은 아니었지만, 데이터가 적다는 데 큰 감명을 받았다. 경제학이 아름답다고 말하지는 않겠지만, 확실히 경제학은 단순하다. 어쩌면 너무 단순하다고 생각한다. 우리는 기본 입자들이 단순하고 보편적인 법칙을 따르기를 기대하지만, 인류도 그러하기를 기대한다는 것은 얘기가 다르다.

경제학이 더 정교한 수학의 혜택을 받을 수 있을 거라 생각한 물리학자는 내가 처음이 아니다. 도인 파머는 물리경제학의 창시자 중 하나다. 물리경제학이란 물리학에서 개발된 수학적 방법을 경제학 문제에 적용한 학문 분야다. 혼돈이론과 비선형 동역학을 전공한 도인은 현재 옥스퍼드 마틴 스쿨의 신경제사고연구소 복잡계 경제학complexity economics 프로그램의 수장을 맡고 있다. 나는 그에게 전화를 걸어 그가 우아한 경제학 이론을 어떻게 생각하는지 물었다.

"경제학의 기이한 점은 이론들이 따르는 템플릿이 있다는 겁니다." 도인은 말한다. "템플릿이란 이런 거죠. 당신은 행위자들이 자신의 선호를 이기적으로 극대화하는 시스템을 원합니다. 그리고 만약 당신의 이론에 그런 요소가 없으면 경제학자들은 그 이론에 경제학적 내용이 없다고 말하는 겁니다. 그들은 모든 이론이 그 원리에서 나와야 한다는 개념을 가지고 있어요. 그 개념은 소위 일류 학술지에서 대단히 강화되어 있습니다.

경제학 학술지에는 강력한 서열이 있어요. 경제학 분야에는 대략 350종의 학술지가 있고, 경제학자들은 그 서열을 모두 꿰고 있습니다. 이 학술지는 20위고, 이건 13위고, 이런 식으로 알고 있다는 거죠. 상위 5위 내에 드는 학술지에 논문을 싣는다는 건 정말이지 엄청난 일이에요. 이 학술지 중 하나에 논문 한 편만 실으면 좋은 대학교에 종신 교수 자리를 얻을 수도 있어요."

"물리학계보다 훨씬 심각한데요."

"그렇죠. 대단히 높은 수준의 순응이라는 면에서는 더 나쁘죠. 논문 쓰는 방법도 매우 강력한 기준이 적용됩니다. 문체나 표현 방식, 이론 유형들이 이론을 평가하는 주류의 사고방식과 연결되어 있는지로 평가받는 거죠. 그들은 이 방법이 우아하고 아름다운 논증을 만든다고 생각합니다. 그에 반해 나는 이런 논증이 우아하거나 아름답다고 생각하지 않아요. 그런 게 어떤 의미로는 우아할 수 있겠지만, 그 바탕에 깔린 기틀은 그런 것 같지 않다는 거죠. 좀 바보 같아 보여요. 솔직하게 말하자면요.

이건 끈이론과는 달라요. 끈이론에서는 어떤 근사하고 독창적인 수학을 끌어냈다고 주장할 수 있어요. 경제학의 수학은 심오하거나 독창적이지 않습니다. 이미 존재하는 분석 표준 위에서 열심히 크랭크를 돌리는 것과 비슷해요. 나는 경제학자들이 흥미로운 방식으로 수학에 기여하고 있다고 생각하지 않아요."

그는 이야기를 계속한다. "어쩌면 그들이 옳다고 밝혀질 수도 있겠죠. 그리고 끝내 그들이 찾는 것을 발견하게 될지도 모릅니다. 그러나 경제학의 주류 모형들은 기껏해야 부분적 성공을 거둔 게 명백하다고 생각합니다. 그건 아마도 경제학에서 발전을 이루려면 그들이 이런 원칙을 버려야 하기 때문인 것 같아요. 그래야 이 세상을 설명하는 대신 우아한 결과를 얻도록 허용되기 때문이죠.

마치 균형equilibrium 상태처럼 말입니다. 그들은 균형 상태를 좋아해요. 일단 균형을 가정하면 결과를 도출하기 쉽거든요. 그러나 세상 돌아가는 방식이 그렇지 않다면, 만일 바탕에 깔린 경제가 그런 게 아니라면, 모든 게 시간 낭비로 끝나는 겁니다. 수많은 사례에서 이런 일이 일어나고 있어요." 경제학에서 균형은 공급과 수요가 대칭을 이루고, 상품의 가격이 최적화되는 정상 상태를 말한다.

"균형이론을 비판하는 당신의 논문을 몇 편 읽었습니다. 그게 벌써 10년 전이네요." 내가 말한다.[7] "그때 그런 생각을 했어요. 어쩌면 바람이라고 할 수도 있겠네요. 그게 지나치게 단순화되어 인식된 거라고요. 경제학의 데이터는 틀림없이 끔찍하게 지저분할 거예요. 물리학과는 다르죠. 적어도 물리학에서는 그들이 단순함을 믿는 걸 이해할 수는 있어요. 경제학에서는 만일 당신이 진짜 세상의 경제학을 서술하고 싶다면, 그건 컴퓨터 기반 해석이 될 거라 예상해요."

"전적으로 동의합니다. 저도 그런 방향으로 밀어붙이려고 노력 중이에요. 하지만 그건 비주류의 일이죠."

"전 그게 너무 놀라워요." 내가 말한다. "'빅데이터'는 이제 굉장히 큰 의미가 담긴 단어잖아요. 경제학이 빅데이터를 향해 제일 먼저 나아가야 한다고 생각했는데요."

"경제학자들은 귀를 쫑긋 세우고 경계 태세를 취하고 있었죠." 도인이 말한다. "그건 예전에 그들이 했던 일과는 상당히 달라요. 시간이 걸릴 겁니다."

"경제학자들은 어쩌다 수학에 푹 빠지게 됐을까요?" 내가 묻는다.

"물리학에서 수학은 좋은 이유 때문에 존재합니다." 그가 설명한다. "수학은 가정을 세우고 그 가정에서 결과를 추론하게 해줍니다. 사회과학에서 수학을 사용하자는 아이디어는 대단히 흥미진진하죠. 문제는 수학 자체에 있는 게 아니에요. 지배적인 것들은 그게 우아하고 사람들이 결론을 증명할 수 있어서 그렇게 된 것이지, 세상을 서술하는 데 효용이 있어서 그렇게 된 게 아닙니다. 수학자들은 열쇠를 찾으려고 가로등 밑을 들여다보는 사람들이에요.

아름다움은 위대한 것 같아요. 나도 우아함에는 대찬성이고요. 하지만 수학 위에 수학이 쌓이고, 또 그 위에 수학이 쌓이는 걸 보면 좀 걱정스럽습니다. 그게 우아한 수학이라고 하더라도요. 아마도 좋은 수학이겠지만, 결론적으로는 진짜 과학을 하고 있다는 확신이 얼마나 들겠습니까?"

날 믿지 말아요, 나는 과학자니까

중성자의 생애에 대한 흥미로운 이야기를 들어본 적 있는가? 중성자는 세 개의 쿼크로 이루어져 있고, 양성자와 함께 원자핵을 형성한다. 다행히 원자핵은 안정적이지만, 핵에서 중성자를 떼어내면 중성자는 붕괴한다. 중성자의 평균 수명은 대략 10분이다. 더 정확하게 말하자면, 885초에서 플러스마이너스 10초다. 흥미로운 부분은 이 플러스마이너스다.

중성자의 수명은 1950년대부터 정확도를 꾸준히 높여가며 측정되었다(그림 15 위). 현재는 두 가지 다른 측정 기술이 있는데, 각각 다른 결과를 산출한다(그림 15 아래). 이 정도의 불일치는 측정의 불확실성이 허용하는 것보다 크며, 이것이 우연일 확률은 1만분의 1도 되지 않는다.[8] 이런 상황은 곤혹스러우면서 동시에 새로운 물리학의 조짐일 수도 있다. 하지만 독자 여러분의 관심을 이 문제의 세세한 부분으로 돌리고자 하는 것은 아니다.

다시 그림 15의 위쪽 그래프를 보자. 가운데 작은 눈금들은 측정값이고, 수직선들은 보고된 불확실성이다. 이 그래프를 보면, 데이터가 어느 단계까지는 규칙적으로 나오다가 갑자기 새로운 값으로, 이전에는 그다지 탐탁지 않았던 값으로 도약하고, 가끔 보고된 불확실성을 넘어가는 것을 볼 수 있다. 실험물리학자들은 측정의 불확실성을 과소평가했을 뿐 아니라 이전 결과를 재현하는 최적화된 값에 도달한 것 같다. 측정값이 시간에 따라 도약하는 경우가 이것만 있는 것은 아니다. 지난 수십 년 동안 다른 입자들의 수명, 질량, 산란 비율에서도 이와 비슷한 도약이 적어도 10회 가량 발생했다.[9]

우리는 이런 일이 왜 일어나는지 결코 알지 못할 것이다. 그럴 듯한 설명은 할 수 있다. 실험물리학자들이 무의식적으로 그들이 아는 결과를 재현하려고 한다는 것이다. 고의적으로 얼버무린다는 얘기가 아니다. 다만 기존의 맥락과 일치하지 않는 결과를 얻으면, 결과가 잘 맞을 때보다 실수를 찾아볼 가능성이 훨씬 크다는 것이다. 이 행위는 알게 모르게 이전 결과를 재현하는 쪽으로 해석을 왜곡시킨다.

그러나 실험물리학자들은 이 문제를 인지했고, 문제를 해결하는 쪽으로 방향을 틀었다. 사실 여러분이 보다시피 최근의 측정 결과는 서로 일치하지 않는다(그림 15 아래). 현재는 수많은 협동 연구 과정에서 데이터를 보기 전에(즉 '블라인드 처리'를 해제하기 전에) 해석 방식을 결정하는

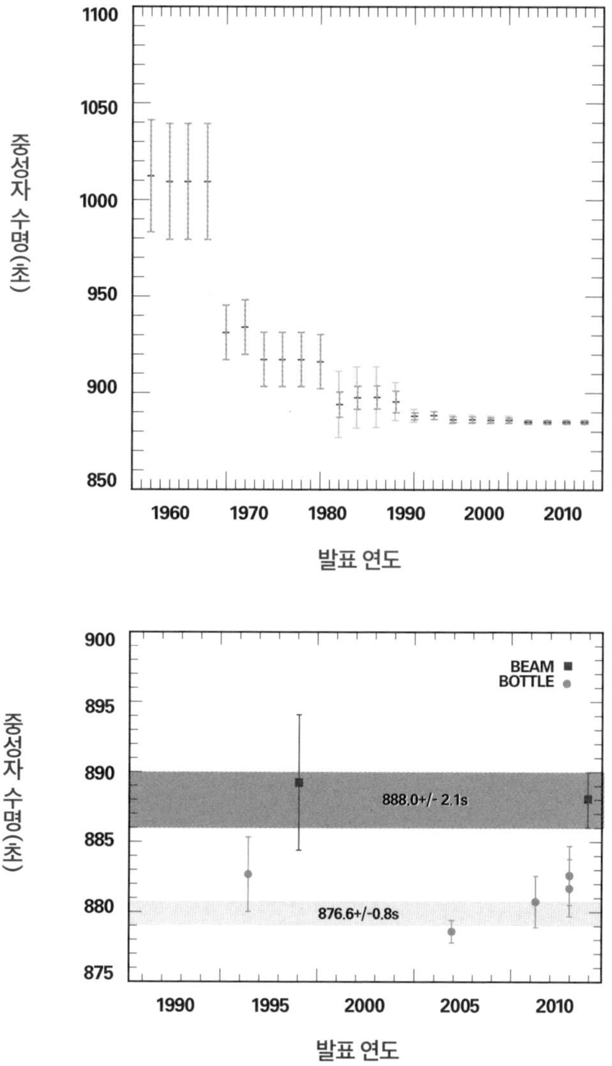

그림 15 해마다 측정된 중성자의 수명. 출처: Patrignani C et al. (Particle Date Group). 2016. "Review of particle physics." *Chin Phys C* 40:100001. (오차 막대는 1σ.) Bowman JD et al. 2014. "Determination of the free neutron lifetime." arXiv: 1410.5311 [nucl-ex].

것이 일반적이고, 데이터가 공개된 후 미리 합의한 절차를 엄격히 따른다. 이로써 원하던 결과가 나오지 않았을 때 다른 해석 방법을 시도하려는 경향을 막을 수 있다.

생명과학에서도 최근에 일어난 재현 가능성 위기를 자각한 과학자들이 실험 설계, 통계적 분석, 발표 관행에서 편견을 방지하기 위해 노력하고 있다.[10] 아직은 갈 길이 멀지만 적어도 출발은 했다.

이론을 개발할 때, 우리가 사용하는 도구는 두뇌다. 그러나 우리는 두뇌가 작동하는 과정에서 필연적으로 발생하는 편견을 피하려는 노력을 전혀 하지 않는다. 우리의 발전 과정을 간단한 그래프로 가시화할 수는 없지만, 할 수만 있다면 이론물리학자들 사이에서 기존 결과의 재현을 선호하는 정도를 확인할 수 있을 것이라 확신한다. 우리는 특정 주제에 대하여 수많은 논문을 쓰며 특정 주제를 자급자족이 가능한 연구 분야로 키운다. 심지어 실험적 근거가 없는 주제에 대해서도 그렇다. 이런 이론은 수학적 일관성으로 철저하게 검증되고 있는 정교한 이론적 구성을 갖춘다. 수학적으로 일관되지만 내용이 다른 솔루션은 기존의 문헌과 일치하지 않는 결과에 도달하게 할 것이다.

블랙홀 증발을 생각해보자. 데이터는 없다. 우리는 불벽 패러독스(8장 참조)를 통해 블랙홀 정보 손실 문제를 해결하기 위해 가장 연구가 많이 된 시도, 즉 게이지-중력 쌍대성이 등가 원리를 위반한다는 것을 발견했다. 이 시도가 문제를 해결하지 못하는 이유는 일반상대성이론의 핵심 가정과 양립할 수 없기 때문이다.[11] 그러나 해결책으로 제안된 이 아이디어에 유리한 내용을 제시하는 선행 연구들이 많아서, 그것을 폐기한다는 건 생각할 수 없는 일이다. 이론물리학자들은 현재 양자역학을 재개발함으로써 이전의 연구와 양립 가능한 새로운 결과를 만들어내려고 노력한다.

예를 들면, 후안 말다세나와 레너드 서스킨트는 얽힌 입자들이 웜홀에 의해 연결된다고 가정했다. 웜홀은 대단히 강력한 시공간의 변형으로 이전에는 멀리 떨어져 있던 두 곳을 짧은 터널로 연결시킨다.[12] 그러면 비국소성은 더 이상 '유령 같지' 않게 되지만, 공간과 시간의 성질, 우리 우주의 성질은 웜홀에 의해 구멍이 난다. 웜홀은 특히 호킹복사의 입자 쌍을 연결하는 특성이 있고, 불벽과 블랙홀 정보 문제를 제거한다. 이 아이디어는 음의 우주상수를 갖는 시공간에 적용되므로, 우리가 살고 있는 우주를 서술하지 않는다. 그러나 그들은 이것이 일반 원리로 우리 우주에서도 성립되기를 바란다.[13]

그들이 옳을 수도 있다. 이것은 흥미로운 새로운 아이디어다. 만일 자연이 이런 식으로 작동한다면 이 아이디어는 대단히 경이로운 통찰이 될 것이다. 이전의 결과들과도 잘 맞는다.

이 천막에선 냄새가 나

아름다움을 소중히 여기고 그것이 옳기를 바라는 것은 인간의 특성이다. 그러나 그 특성은 객관성을 왜곡한다. 이것은 인지 편향으로 과학자들이 최적의 상태로 일하는 데 있어 장애로 작용하지만, 그다지 중요하게 다루어지지 않는다. 인지 편향은 이론물리학자들 사이에서만 발견할 수 있는 것은 아니다. 실험물리학자들이 통계적 편향을 설명하기 위해 노력하는 동안, 이론물리학자들은 올바른 자연법칙을 직관으로 이해하는 것이 가능하다고 행복한 마음으로 믿으며, 방해받지 않고 온전히 앞으로 나아간다.

인간의 인지적 편향은 일반적으로 나쁜 것이 아니다. 편향의 대부분은 적어도 옛날에는 우리에게 이롭기 때문에 발달되었다. 예를 들어 우리는 다른 사람들이 받아들일 것 같다고 생각하는 의견을 주로 제안한다. 이런 사회적 선망 편향social desirability bias은 생존을 위해 단체에 맞춰야 하는 필요의 부작용이다. 등 뒤에 동료 부족민 10여 명이 창을 들고 서 있다면, 족장의 천막에서 냄새가 난다고 감히 말할 수 없다. 이 얼마나 똑똑한 태도인가. 그러나 기회주의가 생존에는 이로울지 몰라도, 지식의 발견에 이로운 경우는 드물다.

아마도 과학에서 가장 많이 퍼져 있는 두뇌 문제는 확증 편향confirmation bias일 것이다. 만일 당신의 주장을 뒷받침하는 맥락을 찾고 있다면, 자, 여기에 그것이 있다. 만일 결과가 당신의 기대와 맞지 않기 때문에 어딘가에 실수가 있을 거라고 찾아본다면, 여기에 그 실수가 있다. 만일 성가신 질문을 퍼부어대는 사람을 피하고 싶다면, 여기에 피할 방법이 있다. 기초 연구의 장점을 주장할 때, 결말이 모두가 아는 얘기로 끝나는 이유도 확증 편향 때문이다. 새로운 자연법칙을 발견하지 않으면 혁신은 결국 고갈된다는 건 누구나 알고 있지 않은가?

과학에 영향을 미치는 인지적·사회적 편향 중에는 알려지지 않은 것도 있다.[14] 동기부여된 인지motivated cognition가 그중 하나다.[15] 우리는 긍정적인 결과가 실제보다 일어날 가능성이 크다고 믿는다. LHC가 표준모형 너머에 있는 물리학의 증거를 보여줄 가능성이 크다고 한 얘기를 기억하시는지? 이 실험들을 통해 향후 2년 안에 암흑물질의 증거가 발견될 거라는 얘기는? 아, 그 사람들이 아직도 그 얘기를 하고 있다고?

그다음으로는 매몰 비용 오류sunk cost fallacy가 있는데, 쉽게 말하자면 이미 많은 돈을 낭비한 데다 돈을 더 쓴다는 얘기다. 초대칭을 발견할 가능성이 점점 사라지더라도, 시간과 노력을 더 많이 들일수록 연구가 중단될 가능성은 더 작아진다. 어떤 과제가 성사될 전망이 사라진 지 한참이 지났어도 우리는 하던 일을 계속하려고 한다. 이미 투자를 했고, 우리가 틀릴 수도 있다는 사실을 인정하고 싶지 않기 때문이다. 플랑크는 "과학은 한 번씩 장례식을 치르며 앞으로 나아간다"라고 말했다.[16]

내집단 편향in-group bias은 내가 속한 분야의 동료들이 다른 사람들보다 지적이고 똑똑하다고 생각하는 성향이다. 공유 정보 편향shared information bias은 다수가 알고 있는 내용을 계속 토론하면서 소수만이 알고 있는 정보에는 관심을 갖지 않는 성향을 말한다. 우리는 소음의 패턴을 발견하고자 한다(아포페니아[상호 관련 없는 현상의 연관성과 의미를 찾으려는 의식 작용—옮긴이 주]). 만일 결론이 그럴싸해 보이면 논거가 더 강하다고 생각한다(신념 편향). 그리고 후광 효과로 인해 주제가 무엇이든 상관없이 독자 여러분은 내 말보다 노벨상 수상자의 말에 관심을 보인다.

허위 합의 효과false consensus effect도 있다. 우리는 우리에게 얼마나 많은 사람이, 얼마나 깊이 동의하는가를 놓고 과대평가하는 경향이 있다. 과학에서 문제의 소지가 큰 왜곡 중 하나는 어떤 내용을 자주 들을수록 더 가능성이 큰 것으로 간주하는 것이다. 이를 주의 편향, 또는 단순 노출 효과라고 한다. 우리는 특히 커뮤니티에 속한 동료들이 되풀이해 얘기할 때 그 내용에 주의를 기울인다. 이러한 집단적 강화로 과학 커뮤니티는 끝없는 메아리가 울리는 밀실이 되었고, 연구자들은 서로에게 자기주장을 줄기차게 반복하며 자신들이 옳은 일을 하고 있다고 스스로를 안심시킨다.

마지막으로 모든 편향의 어머니 격인 편향 맹점bias blind spot이 있다. 우리는 결단코 편견에 사로잡혀 있지 않다고 생각하는 고집이다. 이 편향 맹점 때문에 동료들은 편향을 문제로 지적하는 내 얘기를 웃어넘기고, 나의 '사회적 담론'을 무시하면서 그것이 과학적 담론과 무관하다고 믿는다. 이런 편향은 수없이 많은 연구에서 확인되었다. 우리의 지성이 그런 편향으로부터 우리를 보호해준다는 어떠한 증거도 없다. 인지 능력과 편향 사이의 연결고리는 어떠한 연구에서도 발견되지 않았다.[17]

당연한 얘기지만 이론물리학자들만 인지적 편향을 가진 것은 아니다. 이 문제는 과학의 모든 분야에서 발견할 수 있다. 우리는 아무 결실도 얻지 못할 것이라 밝혀진 연구를 중단하지 못한다. 우리는 새로운 정보를 통합하지 못한다. 우리는 '사회적으로 바람직하지 못한' 사람이 되는 것이 두려워서 동료의 아이디어를 비평하지 못한다. 우리는 주류에서 벗어난 아이디어는 묵살한다. 그 아이디어가 '우리와 다른' 사람들에게서 나온 것이기 때문이다. 우리는 다른 사람들도 그렇게 하기 때문에 우리의 지적 독립을 침해하는 시스템에 동조한다. 우리는 우리 자신의 행동이 순수하고 편견 없는 판단에 근거한 좋은 과학적 행동이라고 주장한다. 사회적·심리적 영향력이 강력해도 우리는 그런 것에 영향을 받을 리 없는 사람들이기 때문이다.

그러나 우리는 당연히 인지적·사회적으로 항상 편향되어 있다. 오늘날의 과학자들은 객관성을 강화하기 위해 동료 평가, 통계적 유의미성을 위한 측정, 좋은 과학적 행동을 위한 지침 작성 같은 제도화된 방법을 사용한다. 과학은 잘 발전해왔다. 그런데 왜 지금 우리가 이런 걸 신경 써야 하는가? (그건 그렇고, 이것은 현상 유지 편향이라고 한다.)

집단이 클수록 중요한 정보를 공유하는 효율은 떨어진다.[18] 뿐만 아니라 전문화된 그룹일수록 그에 속한 사람들은 그들의 관점을 지지하는 내용만 선택해 들을 가능성이 크다. 100년 전보다, 아니 20년 전보다 오늘날 과학적 네트워크 안에서 지식이 어떻게 전달되는지를 이해하는 것이 중요한 이유다. 실험적 지침에서 분리된 논리적 추론에 더 많이 의존할수록 객관적 논증은 큰 의미를 갖는다. 이것은 과학의 다른 어느 분야보다도 이론물리학의 특정 분야에 영향을 미친다. 이런 이유로 이 책은 이 주제를 다루고 있다.

실험물리학자들은 그들의 어젠다를 밀어붙인다. 그들은 새로운 기술개발을 원하고, 미래의 실험에 관한 결정을 이론물리학자들에게 떠넘기지 않는다. 그러나 여전히 탐사해볼 만한 매개변수 공간의 새로운 영역을 가리키는 것은 이론물리학자의 몫이다. 우리는 가장 전망 있는 새로운 실험을 찾는 것을 돕기 위해 이론을 최대한 객관적으로 평가할 책임이 있다.

인간이 이론을 개발하는 한 이론 평가는 분야를 막론하고 인지적·사회적 편향의 영향을 받고, 이 문제를 해결하기 위한 조치를 취하지 않는 한 편향은 존재한다는 사실이 기본적인 가정이 되어야 한다. 오늘날 이런 조치는 취해지지 않고 있다. 그래서 우리는 더욱 빠르게 발전할 수 있음에도 느릿느릿 움직인다.

우리는 어쩌다 이런 상황에 빠지게 되었을까? 정부 기관이나 연구비 지원 단체를 비난하기는 쉽고, 불평에는 끝이 없기 때문이다. 『네이처』와 『타임스 하이어 에듀케이션*Times Higher Education*』은 과학적 성공을 측정하려는 비논리적 시도에 대한 불평을 격주로 세상에 내보낸다. 그 기사들을 페이스북에 공유하면, 거의 확실하게 '좋아요'를 얻는다. 그런데도 바뀐 것은 아무것도 없다.

다른 이들에 대해 불평하는 것은 문제 해결에 도움을 주지 않는다. 어차피 그 문제는 우리가 자초한 것이고, 우리가 직접 해결해야 한다. 우리는 편견에 사로잡히지 않은 판단을 내려야 했지만, 그러지 못했다. 우리는 스스로를 구석으로 몰아넣었고, 이제 연구를 계속하고 싶으면 일상적으로 거짓말을 해야 하는 처지가 되었다. 우리가 이 상황을 받아들이는 것은 과학적 커뮤니티의 실패이며, 이것을 바로잡는 것은 우리의 책임이다.

동족을 비판하는 게 아주 인기 있는 일은 아니다. 그러나 지금 이 천막에선 냄새가 난다.

• • •

비판은 값이 싸다고 비평가들은 말한다. 나는 이론물리학자들이 오래전부터 아름다움이라는 이상에 사로잡혀 있다는 문제를 논하느라 이 책의 아홉 장을 소비했다. 독자 여러분은 그럼 그들이 뭘 어떻게 해야 하는지 나의 주장이 궁금할 것이다. 그들에게 제안할 만한 대안을 내가 가지고 있단 말인가?

나에게는 이론물리학자들이 해결하려 하는 문제에 대한 기적적인 치료법은 없다. 혹시 내가 그런 걸 갖고 있다는 인상을 받으셨다면, 그냥 웃어넘기시는 게 좋겠다. 그 문제는 해결하기 대단히 어렵고, 미학적 편견에 대해 불평하는 것만으로 저절로 사라질 문제가 아니다. 다음 절에서 나는 어디서부터 문제 해결을 시작하면 좋을지 몇 가지 의견을 제시하려 한다. 물론 나도 다른 모든 이들과 마찬가지로 개인적으로 선호하는 부분이 있다. 나 역시도 편향적이다.

내 제안의 취지는 보편적이며 내가 속한 분야를 넘어서는 것이다. 인지적·사회적 편향은 과학적 방법론을 위협한다. 이 편향은 발전의 길목을 가로막고 있다. 인간의 편향을 완전히 없앨 수는 없겠지만, 그렇다고 그냥 받아들일 수는 없다. 적어도 우리는 문제를 인식하는 법을 배울 수 있고, 커뮤니티의 나쁜 관행에 의해 문제가 심화하는 것을 막을 수 있다. 부록 C에 몇 가지 현실적인 제안을 모아보았다.

수학 안에서 길을 잃다

나는 수학이 우리를 정직하게 해준다고 말했다. 수학은 우리가 스스로에게, 그리고 서로에게 거짓말을 하지 못하게 한다. 수학이 틀릴 수는 있지만 수학으로 거짓말을 할 수는 없다. 이것은 사실이다. 그러나 수학은 혼란을 일으키는 데 크게 일조할 수 있다.

혹시 앞서 얘기했던 지식의 사원을 기억하시는지? 그곳의 가장 아래층은 물리학의 기반이고, 우리는 더 깊은 이해로 그 바닥의 돌파구를 찾고 있다. 나는 이 여정의 끝을 향해 나아가면서, 지금 우리가 바닥에서 보고 있는 갈라진 균열이 진짜 균열이 아니고 그냥 복잡한 패턴은 아니었는지 걱정된다. 우리는 지금까지 엉뚱한 곳을 파고 있었던 것이 아닐까.

우리가 현재 기본 물리학에서 연구하는 문제 대부분은 수의 일치다. 힉스 질량의 미세 조정, 강한 상호작용의 CP 문제, 우주상수가 작다는 문제 등등. 이런 것들은 모순이 아니다. 단지 미학적 불안감에 불과하다.

그러나 과학의 역사에서 수학적 추론이 길을 열어주었던 경우는 실제로 불일치 문제가 발생했을 때뿐이다. 특수상대성이론과 뉴턴 중력 사이의 불일치는 일반상대성이론을 탄생시켰다. 특수상대성이론과 양자역학 사이의 불일치는 양자장이론이 탄생하는 계기가 되었다. 개연성에 따른 표준모형의 해석 실패로 우리는 LHC에서 새로운 물리학이 발견되어야 한다는 결론을 얻었고, 이것은 힉스 보손의 형태로 등장했다. 이런 것들은 수학으로 씨름해볼 수 있는 문제들이었다. 그러나 지금 우리가 다루는 문제 대부분은 이런 유형의 것이 아니다. 단 하나의 예외가 있다면 중력의 양자화다.

내가 얻은 첫 번째 교훈은 이것이다. 만일 수학으로 문제를 해결하고 싶다면, 먼저 그것이 진짜 문제인지 확실히 확인해야 한다.

이론물리학자들은 그들의 경험과 직관에 자부심이 있다. 나는 가정을 통해 직관을 사용하는 것에 전적으로 찬성한다. 그 가정이 나중에야 정당화될 수 있을지 없을지는 모르겠지만, 우리는 이런 가정을 계속 추적해야 한다. 그렇지 않으면 가정이 정당화되지 않았음에도 인정받는 위험을 초래할 것이다. 직관 기반의 가정은 흔히 식견이나 통찰력으로 간주되고, 철학의 영역에 속한다. 그렇다면 우리는 직관이 어떻게 더 과학적인 것이 될 수 있는지 이해해야 하고, 그러기 위해서는 철학자들과 만나야 한다.

내 두 번째 교훈은 이것이다. 당신의 가정을 명시하라.

자연스러움이 바로 그런 가설이다. 단순성도 그렇다. 환원주의는 더 작은 규모로 향할 때 단순성이 일관되게 증가하리라고 암시하지 않는다. 그 대신 단계를 거쳐야 하는데(규모의 개념에서), 그 단계에서 우리의 이론은 다시 한번 조금 더 복잡해진다. 단순성에 대한 의존은 흔히 통합이나 공리 개수의 감소로 위장되어 있고, 우리를 잘못된 길로 이끌 수 있다.

그렇지만 좋은 문제와 명료하게 제시된 가정이 있더라도, 수학적으로 가능한 해법은 수없이 많다. 결국 어떤 이론이 정확한가를 알아낼 유일한 방법은 그 이론이 자연을 서술하는지를 확인하는 것이다. 비실험적 이론 평가는 그렇게 하지 않는다. 양자중력이론과 양자물리학의 더 나은 형식을 탐색하는 과정에서 앞으로 나아갈 수 있는 유일한 길은 다양한 예측을 유도하고 테스트하는 것이다.

세 번째이자 마지막 교훈은 이것이다. 관측의 안내는 필요하다.

물리학은 수학이 아니다. 물리학은 옳은 수학을 선택한다.

탐색은 계속된다

2016년 6월 22일: 새로운 LHC 데이터에서 이중광자 돌출 신호가 사라지고 있다는 최초의 소문이 돌았다.

2016년 7월 21일: LUX 암흑물질 실험은 그간의 실험에 대해 결론을 내리고, 윔프 신호는 없다고 보고했다.

2016년 7월 29일: 이중광자 변칙이 뜨거워지고 있다는 소문.

2016년 8월 4일: 새 LHC 데이터가 공개되었다. 새 데이터는 이중광자 돌출 신호가 영원히 없어졌음을 확인했다. 그 '발견' 이후 8개월 동안, 통계적 요동에 관한 500편 이상의 논문이 작성되었다. 다수는 해당 분야의 최고 권위의 학술지에 실렸다. 가장 인기 많은 논문은 이미 300회 이상 인용되었다. 우리가 여기에서 뭔가를 배웠다면, 현재의 관행대로라면 이론물리학자들에게 그 어떤 데이터를 던지더라도 그에 대한 설명을 수백 건 이상 신속하게 생산해내는 것이 가능하다는 것이다.

몇 주 후, 프랭크 윌첵은 LHC에서 초대칭이 발견될 것이라는 개럿 리시와의 내기에서 졌다. 2000년에 열린 학회에서도 비슷한 내기가 있었고, 초대칭 반대파가 이겼다.[19]

이 글을 마무리하는 동안 나는 동료들의 계속되는 실패에 베팅하면서, 나 자신과의 내기에서 이기고 있다. 이 내기는 나에게 유리한 게임이었다. 그들은 30년 동안 같은 일을 거듭 되풀이하며 다른 결과를 기대하고 있으니까.

그리고 지난 10월, CDEX-1 프로젝트는 액시온을 발견하지 못했다고 보고했다.

하나의 이론을 뒷받침하는 증거를 기다릴 때, 얼마나 오래 기다려야 너무 오래 기다렸다고 말할 수 있을까? 나는 모르겠다. 이 질문이 앞뒤가 맞는 것인지도 모르겠다. 아마도 우리가 찾고 있는 입자는 저 모퉁이 뒤에서 기다리고 있고, 그걸 찾는 것은 정말로 기술적 문제에 불과할 뿐

인지도 모른다.

그러나 우리가 무엇을 찾든 못 찾든 이론 개발의 낡은 규칙들이 과거의 것이 되었음은 명백하다. 전과는 다른 신호 하나를 설명하기 위해 500개의 이론이 필요하고, 초기 우주를 설명하기 위해 193개의 모형이 필요하다는 사실은 이론을 평가하는 현재의 품질 기준이 더 이상 유용하지 않다는 증거 이상을 말해준다. 전도유망한 미래의 실험을 선택하기 위해서는 새로운 규칙이 필요하다.

2016년 10월에 독일 카를스루에의 KATRIN 실험이 가동을 시작했다. 이 실험의 임무는 지금까지 알려지지 않은 중성미자의 절대 질량을 측정하는 것이다. 2018년에 오스트레일리아와 남아프리카에서 건설 중인 전파망원경 스퀘어 킬로미터 어레이Square Kilometer Array, SKA는 초기 은하에서 오는 신호를 탐색하기 시작했다. 향후 수년 내에 시카고 페르미연구소의 g-2 실험과 도쿄의 J-PARC 실험을 통해 전례 없는 정확도로 뮤온의 자기 모멘트를 측정해 실험과 이론 사이에 오랫동안 지속된 모순을 조사할 것이다. 유럽우주기구European Space Agency는 지구 궤도를 도는 레이저 간섭계 eLISA를 테스트했는데, eLISA는 이전에 탐사된 적 없는 주파수 영역에서 중력파를 측정할 수 있는 장치로 급팽창 동안 무슨 일이 있었는지를 상세히 조사한다. LHC의 데이터 대부분은 앞으로 분석될 예정이고, 표준모형 너머 물리학의 징조를 발견할 가능성은 여전히 존재한다.

우리는 우리가 현재 가지고 있는 자연법칙이 불완전하다는 것을 안다. 이것을 완성하기 위해서는 시간과 공간의 양자적 행동을 이해해야 하고, 중력 또는 양자물리학을 점검해야 하고, 어쩌면 이 둘을 동시에 해내야 할 것이다. 그 답은 틀림없이 새로운 질문을 낳을 것이다.

물리학은 지난 세기의 성공담에 불과하고, 지금은 신경과학 또는 생명공학 또는 인공지능의 시대라고들 말한다(누구에게 물어보는지에 달려 있다). 나는 그렇지 않다고 생각한다. 나는 새 연구원 자리를 얻었다. 연구할 것은 많다. 물리학의 다음 돌파구는 이번 세기에 발견될 것이다.

그것은 아름다울 것이다.

감사의 말

인터뷰를 통해 우리 커뮤니티의 생생한 그림을 그릴 수 있도록 허락해주신 분들께 감사의 마음을 전한다. 니마 알카니-하메드, 도인 파머, 잔 프란치스코 주디체, 헤라르뒤스 토프트, 고든 케인, 미카엘 크레머, 개럿 리시, 캐서린 맥, 키스 올리브, 채드 오젤, 조 폴친스키, 스티븐 와인버그, 샤오-강 웬, 프랭크 윌첵에게 감사드린다. 모두 고맙습니다. 당신들은 정말이지 멋진 사람들이에요!

지난 몇 년간 이 책의 다양한 주제들을 더 잘 이해하도록 도와주신 수많은 분께 큰 빚을 졌다. 하위 배어, 사비에 칼멧, 리하르트 다비트, 리처드 이스터, 윌 키니, 스테이시 맥거, 존 모팻, 플로린 몰도비뉴, 에단 시겔, 데이비드 스퍼겔, 팀 테이트, 틸먼 플렌, 조르지오 토리에리, 그 외에 헤아릴 수 없이 많은 사람이 세미나, 강연, 책, 논문을 통해 도움을 줬다.

이 원고의 초고를 자원해서 읽어준 니아예시 아프쇼디, 조지 머서, 스테판 쉐어러, 리 스몰린, 레나트 바이넥에게 감사의 마음을 드린다.

특히 이 책을 쓰지 않도록 나를 설득할 수 없다는 사실을 마침내 깨달은 리 스몰린에게 감사드린다. 에이전트 맥스 브록먼과 베이직 북스

출판사 직원들, 물심양면으로 지원해주신 레아 스테처와 토머스 켈러에게 감사드린다.

마지막으로 스테판이 '그 빌어먹을 책'의 저주를 2년 동안 참아준 것, 그리고 내게 정말로 필요했던 기분전환 거리를 선물해준 라라와 글로리아에게 고마운 마음을 전한다.

내가 10살 때 타자기를 망가뜨리게 해주셨던 어머니에게 이 책을 바친다. 보세요, 엄마. 그때 일이 결국에는 도움이 됐잖아요.

부록 A: 표준모형 입자들

표준모형의 입자들은(그림 6) 게이지 대칭에 따라 분류된다.[1] 강한 핵력의 페르미온들은 쿼크이고, 우리가 찾아낸 쿼크는 총 여섯 개로 위 쿼크, 아래 쿼크, 야릇한 쿼크, 맵시 쿼크, 바닥 쿼크, 꼭대기 쿼크라고 부른다. 위, 맵시, 꼭대기 쿼크는 2/3의 전기전하를 갖는다. 나머지 세 쿼크는 −1/3의 전기전하를 갖는다. 쿼크의 상호작용은 질량이 없는 여덟 개의 글루온에 의해 매개되며, 이 글루온들은 강력의 게이지 보손이다. 이들의 개수는 강력의 대칭군인 SU(3)에서 따라 나온다.

나머지 페르미온은 강한 상호작용에 참여하지 않고, 렙톤이라고 불린다. 렙톤 중 우리가 발견한 것은 여섯 개다. 즉 전자, 뮤온, 타우(각각은 전기전하 −1을 갖는다), 이들 각각에 연관된 중성미자들, 즉 전자 중성미자, 뮤온 중성미자, 타우 중성미자다(중성미자들은 전기적으로 중성이다). 약전자기 상호작용은 질량이 없는 중성의 광자와 무거운 Z, W^+, W^- 보손(전기전하는 각각 0, +1, -1)으로 매개된다. 이때 게이지 보손의 숫자들은 약전자기 상호작용의 대칭군인 SU(2)×U(1)에서 따라 나온다.

페르미온은 다시 3개의 세대로 나뉘며, 이는 대략적으로 질량을 기준으로 정렬한 것이다. 여기에서 중요한 것은 각 세대에 같은 수의 쿼크와 렙톤이 포함되도록 페르미온을 집어넣는 것이다. 그렇지 않으면 표준모형은 일관성을 잃어버린다. 세대 수는 일관성 요건에 의해 고정되지 않지만, 기존 데이터들은 세대가 오직 세 개만 있어야 함을 강하게 암시한다.[2] 페르미온(쿼크와 렙톤)과 게이지 보손 외에 표준모형에 속하는 입자가 딱 하나 더 있는데, 바로 힉스 보손이다. 힉스 보손은 게이지 보손이 아니고 상당히 무겁다. 힉스는 전기적으로 중성이고, 페르미온과 무거운 게이지 보손에 질량을 부여하는 역할을 한다.

너무 추해서 실망하셨는가?

균일분포 가설은 균일분포가 직관적으로 단순한 선택이라는 인상을 바탕으로 한다. 그러나 이런 확률분포를 지목하는 수학적 기준은 없다. 사실 확률분포를 가려내려는 시도는 애초에 어떤 확률분포가 다른 확률분포보다 더 선호된다는 가정으로 되돌아가게 할 뿐이다. 이 순환 고리를 끊는 유일한 방법은 선택하는 것이다. 이런 이유로 자연스러움은 기본적으로 미학적 기준이다.[1]

자연스러움의 기준에 대한 균일 확률분포를 정당화하려는 첫 번째 시도는 매개변수를 추가로 도입하지 않는 것이다. 물론 자연스러움의 기준도 매개변수를 도입하고, 전형적인 폭width으로 1을 도입한다. 독자 여러분은 이렇게 말할지도 모르겠다. "하지만 숫자 1은 자연스러움이 나에게 사용을 허락하는 유일한 수인데요." 그건 당신이 자연스러움을 어떻게 정의하는지에 달려 있다. 당신은 자연스러움을 무작위 경우에 대한 수의 발생을 비교하는 것으로 정의했다. 이에 대한 무작위 분포는 도대체 무엇인가? 그렇게 계속 순환 고리를 그리는 것이다.

왜 이 기준이 순환적인지를 이해하려면 확률분포를 하나 생각해보라. 간격 0과 1 사이에서 어떤 값 주위로 일정한 폭을 가지고 최댓값이 발생하는데, 그 폭을 이를테면 10^{-10}이라고 해보자. "아니, 그렇게 작은 수를 도입하다니! 그건 미세 조정된 거잖아요!" 당신은 아마도 외치겠지만, 너무 앞서가지 마시라. 이것은 균일 확률분포로 봤을 때 미세 조정된 것이다. 하지만 나는 균일분포를 사용하지 않는다. 단지 아주 뾰족한 확률분포를 사용한다. 이 분포를 사용한다면, 무작위로 선택된 두 개의 수는 10^{-10}의 간격으로 나타날 확률이 매우 높다. "그건 순환 논증인데요." 맞다. 하지만 이건 당신이 아니라 내가 지적한 내용이었다. 뾰족한 확률분포는 균일분포와 마찬가지로 자체적으로 정당화된다. 그렇다면 어느 쪽이 더 나은 걸까?

그렇다. 나도 안다. 이 얘기를 따라가보면 상수함수가 특별한 것 같다는, 좀 더 단순한 것 같다는 느낌이 든다. 그리고 1이 특별한 수라는 느낌도 든다. 이것은 수학적 기준인가, 아니면 미학적 기준인가?

이 문제에 관해 메타분석 접근법(동일하거나 유사한 주제의 연구 결과를 객관적, 정량적으로 종합하여 고찰하는 연구 방법—옮긴이 주)을 시도하고, 스스로에게 가능성이 큰 확률분포가 존재하는지 질문할 수도 있다. 이를 위해서는 확률분포 공간 안의 확률분포가 필요할 것이고, 그렇게 계속 가다 보면 회귀 관계로 이어질 것이다. 사실 1은 곱셈군(연산법이 곱셈인 군—옮긴이 주)의 단위 원소라는 점에서 특별하다. 따라서 제한적 사례로 폭이 1인 분포로 수렴하는 순환 관계를 구성할 수 있다. 나는 이 아이디어를 오래 고민했다. 요약하자면, 답은 '아니오'다. 확률분포를 선택하기 위해서는 언제나 추가적인 가설이 필요하다.

전문가들을 위해 답을 조금 길게 적어 이 문제를 설명하겠다. 함수 공간 안에는 무한히 많은 기저base가 있는데, 이 중 어느 것도 수학적 근거를 바탕으로 선호되지 않는다. 우리는 어쩌다 보니 단항식monomial에 매우 익숙해졌고, 이런 이유로 상수, 선형성, 이차함수 같은 것을 좋아한다. 그러나 같은 이유로 (취급하는 매개변수에 따라서) 푸리에 공간의 균일분포를 좋아할 수도 있다. 사실 선택할 수 있는 기저에 대해서는 모두 균일분포가 있고, 그것들은 모두 다르다. 만일 순환 관계를 이용하고 싶으면 확률분포 선택을 확률분포 함수 기저의 선택으로 바꿀 수 있지만, 어떤 경우든 여전히 선택이 필요하다. (순환 관계 역시 추가적인 가설을 끌어온다.)

자연스러움은 수학적 기준이 아닌 '수학 안에서 길을 잃은' 미학적 기준이라는 내 결론을 믿든 안 믿든, 확률분포의 선택 문제는 어떤 문헌에서도 중요하게 논의되지 않는다는 점을 고민해야 할 것이다. 초기 논문들 중 척도를 도입하면서 "자연스러움을 정량화하는 미세 조정의 척도"는 "임의성이라는 요소를 불가피하게 도입하는" 선택을 요구한다는 점을 신중하게 지적한 논문이 있긴 하지만.[2]

오늘날의 기술적 자연스러움은 베이지안 추론을 이용한다. 이 경우 선택은 확률분포에서 그 이전의 확률분포로 이동한다.[3]

부록 C: 어떻게 도움을 줄 것인가

현재 상황을 개선하기 위해서는 아래에서 위로, 그리고 위에서 아래로 향하는 조치가 필요하다. 지금 우리가 직면한 문제들은 학제간 문제이며, 이를 해결하기 위해서는 과학사회학, 철학, 심리학, 무엇보다 업계에 종사하는 과학자의 목소리가 필요하다. 세부 내용은 연구 분야에 따라 다르다. 모든 사람들이 똑같은 사이즈를 입을 수는 없다. 여기에 당신이 도울 방법이 있다.

당신이 과학자라면

사회적 편향과 인지적 편향에 대해 학습할 것. 편향이 무엇인지, 어떤 환경에서 발생할 가능성이 높은지를 숙지하자. 동료들과 내용을 공유하자.

사회적·인지적 편향을 방지하자. 학회를 조직하고 운영하는 사람이라면, 발표자가 장점뿐 아니라 단점도 공개하도록 격려하자. '알려진 문제들'을 토론하는 것도 잊지 말자. 경쟁 분야의 연구자들도 초청하자. 논문을 검토할 때는 공개된 의문이 적절히 언급되고 논의되는지를 확인하자. 과학적으로 부적절한 마케팅은 거부하자. 단지 흥미진진하게 표현되지 않았거나 적은 수의 사람들이 연구한다는 이유로 그 연구를 무시하지 말자.

언론과 사회 연결망의 영향력을 파악하자. 당신이 읽는 것, 주위 친구들이 말하는 것은 당신의 관심에 영향을 미친다. 머릿속에 어떤 내용을 입력할지 신중하게 검토하자. 앞으로의 연구 주제를 고민하고 있다면, 다른 사람들이 긍정적으로 얘기하는 주제를 자주 들었을 때 당신이 그 말의 영향을 받았을 수 있다는 것을 고려하자.

비판 문화를 세울 것. 나쁜 아이디어를 무시한다고 해서 나쁜 아이디어를 사라지게 하지는 못한다. 나쁜 아이디어는 연구비를 갉아먹는다. 다른 연구자의 연구를 비판하려거든 공적으로 비판하자. 다른 사람을 비판하는 동료들을 비난하지 말자. 그들은 비생산적인 일을 하는 것도 아니고, 무례한 사람도 아니다. 아이디어를 죽이는 일이 과학에서는 필요하다. 그것을 커뮤니티 서비스라고 생각하자.

'아니오'라고 말하라. 만일 정책 때문에 당신의 객관성이 흔들린다면, 이를테면 연구 결과의 인기에 따라 연구비 지원이 결정되는 정책에 영향을 받고 있다면, 그런 정책이 수정되어야 한다고 분명하게 지적하자. 만일 당신이 속한 대학이 논문 편수로 당신을 평가하고, 이런 정책이 질보다 양을 부추긴다면, 이를 거부하겠다고 당당히 말하자.

당신이 교육 관련 고위직 공무원, 과학 정책 입안자, 학술지 편집자, 연구비 지원 단체의 집행 담당자라면

자기 일을 하자. 다른 사람에게 결정을 떠넘기지 말자. 과학자들을 평가할 때 연구 과제를 얼마나 많이 따냈는지, 그들의 연구 결과가 얼마나 인기가 좋은지를 기준에 두고 판단하지 말자. 이것 역시 다른 사람들에게 의존하는 것이다. 신념을 갖자. 책임지자. 조치해야 한다면 직접 조치 사항을 고안하자. 더 좋은 것은 직접 고안하기 전에 과학자들에게 문의하는 것이다.

투명한 가이드라인을 사용하자. 외부 검토자에게 의존해야 한다면, 최대한 편향에 대응할 수 있도록 권고안을 작성하자. 검토자들은 판단을 내릴 때 연구 분야나 연구자의 인기를 바탕으로 판단하지 말자. 특정 분야의 경제적 상황에 따라 검토자가 지원받을 연구비가 달라지는 경우, 이러한 이해관계를 갖는 사람은 해당 분야의 논문을 검토해서는 안 된다. 이러한 이해관계가 도처에 존재하기 때문에 문제가 될 수 있다. 이를 완화하려면 다음 세 가지 항목을 참고하라.

자원을 투입하자. 모든 과학적 성취를 2년 단기로 고용된 박사 후 연구원들이 이루어낼 수 있다는 생각을 버려야 한다. 종신 교수들은 이유가 있어서 기관에 채용된 것이고, 그 이유는 여전히 유효하다. 이 때문에 고용자 수가 더 적어진다면, 그렇게 내버려두자. 당신은 앞으로 10년 동안 아무도 거들떠보지 않은 논문을 산더미처럼 출간하게 할 수도 있고, 향후 천 년 동안 계속 논의될 아이디어의 씨앗을 뿌릴 수도 있다. 선택하시라. 단기 연구비 지원은 결국 단기적 사고를 의미한다.

그 분야의 변화를 장려하자. 과학자들은 이미 알고 있는 것을 고수하려는 경향을 보이는데, 이는 자연스러운 일이다. 특정 연구 분야의 전망이 시들면, 연구자들이 탈출할 수 있는 출구가 필요하다. 그렇지 않으면 죽어가는 분야에 돈을 끝없이 퍼붓게 된다. 재교육 기회를 제공하고, 과학자들이 새로운 분야의 기초를 배우고 정규직으로 자리를 잡을 수 있도록 1~2년가량의 단기 계약직 자리를 마련해주자. 이 기간에는 논문 출간이나 학회 발표를 기대하지 말자.

검토자를 정규직으로 채용하자. 특정 분야에 객관적인 견해를 제공하는 특화된 능력을 갖춘 과학자들에게 안정적인 일자리를 마련해주자. 이런 검토자들은 해당 분야에 속해 연구해서도 안 되고, 한쪽 편을 들어준 것에 대해 인센티브를 받아서도 안 된다. 다른 기관들과 정규직 일자리의 개수를 합의해보자.

비평과 부정적인 결과 발표를 지원하자. 다른 사람의 연구에 대한 비평 또는 부정적인 연구 결과는 현재 제대로 인정받지 못하고 있다. 이 역시 과학적 방법이 제대로 작동하는 데 있어 절대적으로 중요하다. 부정적인 내용의 발표를 장려할 방법을 찾아보자. 특정 주제로 특집호를 내는 방법이 좋은 사례다.

사회적·인지적 편향에 관한 강좌를 제공하자. 이 내용은 학문적 연구를 하는 사람들은 필수적으로 알아야 한다. 우리는 커뮤니티의 일원으로서 이와 관련된 위험성에 대해 배워야 한다. 사회과학, 심리학, 과학철학 분야에 속한 사람들과 마주 보고 앉아 해당 주제의 강연 개설을 제안해보자.

임무의 전문화에 의한 분업을 허용하자. 모든 것을 잘하는 사람은 없다. 그러니 과학자들이 모든 걸 잘할 거라고 기대하지 말자. 어떤 이는 검토를 잘하고, 어떤 이는 훌륭한 멘토이고, 누구는 좋은 리더이고, 누구는 커뮤니케이션에 뛰어난 능력을 가지고 있다. 그들이 잘하는 분야에서, 그 재능을 활용하도록 허용하자. 학생들의 질문을 처리하느라 저녁 시간 대부분을 보내는 사람에게 보조금을 따오라고 하지 말자. 구체적인 직함, 직급, 명예를 주자.

당신이 과학 저술가 또는 일반인이라면

따져 물으라. 당신은 산업체 지원 연구비로 인한 이해 상충 문제를 묻는 데 익숙할 것이다. 하지만 단기 연구비 지원이나 채용으로 인한 이해 상충에 대해서도 따져 물어야 한다. 과학자들이 당신에게 말하는 결과에 따라 그들이 받을 연구비의 액수가 달라지는가?

과학자들의 연구 결과가 동료들 사이에서 인기가 있을 때만 연구를 계속할 수 있는 것인지도 물어야 한다. 연구자들의 지위가 동료의 압박으로부터 적절한 보호막으로 작용하는가?

마지막으로, 통계 자료를 면밀히 관찰하는 것처럼, 과학자들이 인지적 편향을 해결하기 위해 무엇을 했는지 물어야 한다. 그들이 연구의 장단점에 대해 균형 잡힌 설명을 하는가? 아니면 그냥 자신의 연구를 광고했을 뿐인가?

기본 물리학에 관한 거의 모든 연구에서 이런 질문 중 적어도 하나의 답이 '아니오'임을 발견할 것이다. 이 말은 이런 과학자들의 결론을 신뢰할 수 없다는 뜻이다. 슬프지만 현실이다.

참고문헌

1장 물리학의 숨은 규칙

1 Barbieri R, Giudice GF. 1988. "Upper bounds on supersymmetric particle masses." *Nucl. Phys. B.* 306:63.

2 Hooper D. 2008. *Nature's blueprint*. New York: Harper Collins.

3 Forshaw J. 2012. "Supersymmetry: is it really too good not to be true?" *Guardian*, December 9, 2012.

4 Lykken J, Spiropulu M. 2014. "Supersymmetry and the crisis in physics." *Scientific American*, May 1, 2014.

5 콜먼-맨듈라 정리를 말한다. Coleman S, Mandula J. 1967. "All possible symmetries of the S matrix." *Phys. Rev.* 159:1251.

6 Haag R, Łopuszański J, Sohnius M. 1975. "All possible generators of supersymmetries of the S-matrix." *Nucl. Phys. B.* 88:257. 가정은 완화될 수도 있지만, 물리적으로 흥미로운 것은 아무것도 나오지 않았다. 다음 문헌을 참고하라. Lykken J. 1996. *Introduction to supersymmetry*. FERMILAB-PUB-96/445-T. arXiv: hep-th/9612114.

7 맛flavor을 변화시키는 중성 전류와 전기 쌍극자 모멘트가 그 사례다.

Cohen AG, Kaplan DB, Nelson AE. 1996. "The more minimal supersymmetric standard model." *Phys. Lett. B.* 388: 588-598. arXiv:hep-ph/9607394.

8 Giudice GF. 2008. *Naturally speaking: the naturalness criterion and physics at the LHC.* arXiv:0801.2562 [hep-ph].

9 Arkani-Hamed N, Dimopoulos S, Dvali G. 1998. "The hierarchy problem and new dimensions at a millimeter." *Phys. Lett. B.* 429:263-272. arXiv:hep-ph/9803315.

10 1905년의 노드스트롬(독일 이론물리학자)까지도 거슬러 올라갈 수 있는데, 일반적으로 칼루자와 클라인의 공로로 인정된다. 노드스트롬이 연구하던 당시에는 일반상대성이론이 알려지지 않았기 때문이다.

2장 얼마나 아름다운 세상인가

1 Chandrasekhar S. 1990. *Truth and beauty: aesthetics and motivations in science.* Chicago: University of Chicago Press; Orrell D. 2012. *Truth or beauty: science and the quest for order.* New Haven, CT: Yale University Press; Steward I. 2008. *Why beauty is truth: a history of symmetry.* New York: Basic Books; Kragh H. 2011. *Higher speculations.* Oxford, UK: Oxford University Press; McAllister JW. 1996. *Beauty and revolution in science.* Ithaca, NY: Cornell University Press.

2 Galileo G. 1967. *Dialogue concerning the two chief world systems, Ptolemaic*

and Copernican. 2nd ed. Berkeley: University of California Press.

3 다음 문헌에서 인용했다. McAllister JW. 1996. *Beauty and revolution in science*. Ithaca, NY: Cornell University Press, p. 178.

4 Newton I. 1729. *The general scholium*. Motte A, trans. https://isaac-newton.org/general-scholium.

5 Leibniz G. 1686. *Discourse on metaphysics*. Montgomery GR, trans. In: Leibniz (1902). La Salle, IL: Open Court.

6 '최소 작용의 원리'라고 한다.

7 프리먼 다이슨이 쓴 바일의 부고 기사에서 인용했다. *Nature*, March 10, 1956.

8 Rebsdorf S, Kragh H. 2002. "Edward Arthur Milne-the relations of mathematics to science." *Studies in History and Philosophy of Modern Physics* 33:51-64.

9 다음 문헌에서 인용했다. Kragh H. 1990. *Dirac: a scientific biography*. Cambridge, UK: Cambridge University Press, p. 277.

10 Dalitz RH. 1987. "A biographical sketch of the life of Professor P. A. M. Dirac, OM, FRS." In: Taylor JG, Hilger A, editors. *Tributes to Paul Dirac*. Bristol, UK: Adam Hilger, p. 20. 다음 문헌에서 재인용했다. McAllister JW. 1996. *Beauty and revolution in science*. Ithaca, NY: Cornell University Press, p. 16.

11 Kragh H. 1990. *Dirac: a scientific biography*. Cambridge, UK: Cambridge University Press, p. 292.

12 Einstein A. 2009. *Einstein's essays in science*. Harris A, trans. Mineola,

NY: Dover Publications, pp. 17-18.

13 Poincaré H. 2001. *The value of science: the essential writings of Henri Poincaré*. Gould SJ, editor. New York: Modern Library, p. 369.

14 Poincaré H. 2001. *The value of science: the essential writings of Henri Poincaré*. Gould SJ, editor. New York: Modern Library, pp. 396-398.

15 하이젠베르크가 아인슈타인에게 보낸 편지에서 발췌. Heisen-berg W. 1971. *Physics and beyond: encounters and conversations*. New York: HarperCollins, p. 68.

16 Heisenberg E. 1984. *Inner exile: recollections of a life with Werner Heisenberg*. Boston: Birkhäuser, p. 143.

17 Zee A. 1986. *Fearful symmetry: the search for beauty in modern physics*. New York: Macmillan.

18 Lederman L. 2006. *The God particle*. Boston: Mariner Books, p. 15

19 같은 시기에 조지 츠바이크도 쿼크모형을 독립적으로 발견했다.

20 겔만 M, 2007년 3월 촬영한 TED 강연. <www.ted.com/talks/murray_gell_mann_on_beauty_and_truth_in_physics> 내가 인용한 버전은 슬라이드에 쓰인 것이다. 그가 말한 내용은 이렇다. "우리는 기본 물리학 분야에서 아름다움이 올바른 이론을 선택하는 기준으로서 대단히 성공적일 수 있다는 놀라운 경험을 했습니다."

21 Lederman L. 2007. "The God particle et al." *Nature* 448:310-312.

22 와인버그 S. 2003. PBS TV 프로그램 〈노바Nova〉 인터뷰. 조 맥매스터 진행. 〈www.pbs.org/wgbh/nova/elegant/view-weinberg.html〉

23 Wilczek F. 2015. *A beautiful question: finding nature's deep design*. New

York: Penguin Press, p. 9

24 저자 인터뷰에서.

25 Greene B. 1999. *The elegant universe: superstrings, hidden dimensions, and the quest for the ultimate theory*. New York: WW Norton, p. 167.

26 Heisenberg E. 1984. *Inner exile: recollections of a life with Werner Heisenberg*. Boston: Birkhäuser, p. 144.

27 Schrödinger E. 1926. "Über das Verhältnis der Heisenberg-Bohr-Jordanschen Quantentheorie zu der meinen." *Ann Physik* 4(7):734-756.

28 Pauli W. 1979. "Wissenschaftlicher Briefwechsel mit Bohr, Einstein, Heisenberg u.a.: Band 1: 1919-1929." In: Hermann A, v. Meyenn K, Weisskopf VF, editors. *Sources in the History of Mathematics and Physical Sciences*. New York: Springer, p. 262.

29 Lemaître G. 1958. "Rencontres avec A. Einstein." *Revue des Questions Scientifques* 129:129-132. 다음 문헌에서 재인용했다. Nussbaumer H. 2014. "Einstein's conversion from his static to an expanding universe." *EPJH* 39:37-62

30 프레드 호일 경의 부고 기사. *Telegraph*, August 22, 2001.

31 Curtis A. 2012. "A mile or two off Yarmouth." *Adam Curtis: the medium and the message*, February 24, 2012. 〈www.bbc.co.uk/blogs/adamcurtis/entries/512cde83-3afb-3048-9ece-dba774b10f89〉

32 다음 문헌에서 소용돌이원자 이론을 다루었다. Kragh H. 2002. "The vortex atom: a Victorian theory of everything." *Centaurus* 44:32-114; Kragh H. 2011. *Higher speculations*. Oxford, UK: Oxford University

Press.

33 Lodge O. 1883. "The ether and its functions." *Nature* 34:304-306, 328-330. 다음 문헌에서 재인용했다. McAllister JW. 1996. *Beauty and revolution in science*. Ithaca, NY: Cornell University Press, p. 91.

34 Michelson AA. 1903. *Light waves and their uses*. Chicago: University of Chicago Press. 다음 문헌에서 재인용했다. Kragh H. 2011. *Higher speculations*. Oxford, UK: Oxford University Press, p. 52.

35 다음 문헌에서 인용했다. Maxwell JC. 1875. "Atoms." In: *Encyclopaedia Britannica*. 9th ed. Maxwell JC. 2011. *The scientific papers of James Clerk Maxwell*. Vol. 2. Niven WD, editor. Cambridge, UK: Cambridge University Press, p. 592.

36 다음 문헌에서 인용했다. Kragh H. 2011. *Higher speculations*. Oxford, UK: Oxford University Press, p. 87.

37 Klein MJ. 1973. "Mechanical explanation at the end of the nineteenth century." *Centaurus* 17:72. 다음 문헌에서 재인용했다. McAllister JW. 1996. *Beauty and revolution in science*. Ithaca, NY: Cornell University Press, p. 88.

38 Dirac P. 1951. "A new classical theory of electrons." *Proc R Soc Lond A*. 209:251.

39 다음 문헌에서 인용했다. Kragh H. 1990. *Dirac: a scientific biography*. Cambridge, UK: Cambridge University Press, p. 184.

40 노벨상을 두 번 받은 물리학자는 두 명뿐이고, 실험 연구자였다. 마리아 스클로도프스카-퀴리는 1903년에 방사능 발견의 공로로, 1911년에

순수 라듐을 분리한 공을 인정받아 노벨상을 받았다(두 번째는 화학상이었다). 존 바딘은 1956년에 트랜지스터 발명으로, 1972년에 리언 쿠퍼와 존 슈리퍼와 함께 초전도체이론을 공동으로 개발한 공을 인정받아 상을 받았다. 바딘을 이론물리학자로 봐야 한다고 주장하는 사람도 있다. 바딘은 전기공학을 전공했고, 두 번의 노벨상을 받은 분야도 응용과학이었으므로 그런 시각은 과도한 확대 해석인 것 같다. 그러나 '이론물리학자'가 아주 정확하게 정의된 용어는 아닌 만큼, 이 문제를 꼬치꼬치 파고드는 것은 무의미하다고 생각한다. 어느 쪽이든 내가 전하고자 하는 주제와는 무관하기 때문이다. 바딘이 이룬 성취는 이 책이 다루고 있는 아름다움과 자연스러움의 논증에 바탕을 둔 것이 아니다.

41 Dawid R. 2013. *String theory and the scientific method*. Cambridge, UK: Cambridge University Press.

42 Kragh H. 2002. "The vortex atom: a Victorian theory of everything." *Centaurus* 44:32-114; Kragh H. 2011. *Higher speculations*. Oxford, UK: Oxford University Press.

43 Ellis G, Silk J. 2014. "Scientific method: defend the integrity of physics." *Nature* 516:321-323.

44 Dawid R. 2013. *String theory and the scientific method*. Cambridge, UK: Cambridge University Press, back flap.

45 Wagner CEM. 2005. "Lectures on supersymmetry (II)." PowerPoint presentation, Fermilab, Batavia, IL, June 23 and 30, 2005. 〈www.cdf.fnal.gov/physics/lectures/Wagner_Lecture2.pdf〉

46 Lederman L. 2007. "The God particle et al." *Nature* 448:310-312.

3장 통합의 상태

1 O'Brien FJ. 1858. *The diamond lens*. Project Gutenberg. ⟨www.gutenberg.org/ebooks/23169⟩

2 엄밀히 말해서 기본 입자에 질량을 부여하는 것은 힉스 보손이 아니고, 0이 되지 않는 힉스 장의 배경 값이다. 중성자와 양성자 같은 합성 입자의 질량은 대부분 결합 에너지이고, 힉스가 부여한 것이 아니다.

3 Glashow S. 1988. *Interactions: a journey through the mind of a particle physicist and the matter of this world*. New York: Warner Books.

4 다음 문헌에서 망원경 기술의 발전에 관한 멋진 개요를 찾아볼 수 있다. Graham-Smith F. 2016. *Eyes on the sky: a spectrum of telescopes*. Oxford, UK: Oxford University Press.

5 가장 놀라운 예는 허블 울트라 딥 필드Hubble Ultra Deep Field일 것이다. 다음 문헌을 참고하라. Beckwith SVW et al. 2006. "The Hubble Ultra Deep Field." *Astron J.* 132: 1729-1755. arXiv: astro-ph/0607632. 아니면 구글에서 이미지 검색을 해도 좋다.

6 일부 우주론자들은 조화모형을 '우주론의 표준모형'이라고 부른다. 흔히 '표준모형'은 입자물리학의 표준모형을 뜻하기 때문에, 혼동을 피하고자 이 명명법은 사용하지 않겠다.

7 10^{17}켈빈은 섭씨 10^{17}도, 화씨 10^{17}도와 거의 같다.

8 조화모형과 조화모형의 발전에 대해 많은 얘기를 할 수 있지만, 본론에서 많이 벗어나고 싶지 않다. 자세한 내용을 알고 싶은 독자에게는 다음

문헌을 추천한다. Gates E. 2010. *Einstein's telescope: the hunt for dark matter and dark energy in the universe*. New York: WW Norton; Siegel E. 2015. *Beyond the Galaxy: how humanity looked beyond our Milky Way and discovered the entire universe*. Hackensack, NJ: World Scientific Publishing.

9 왜 우리는 어떤 것은 모형이라 부르고, 어떤 것은 이론이라 부르는가? 명명법에 엄격한 규칙은 없다. 어떤 이름은 그냥 그렇게 불리고 어떤 것은 아닐 뿐이다. 그러나 대체적으로 이론은 일반적인 수학적 기틀을 가리키고, 모형은 계산하기 위해 필요한 모든 세부 사항을 담고 있다. 예를 들면 양자장이론은 수없이 다양하지만 표준모형은 정확히 구체적인 하나의 모형이 존재한다. 일반상대성이론은 무엇을 계산해야 할지 유일하게 알려주지 않는 이론이다. 무엇을 계산하려면 조화모형처럼 시공간을 채우는 물질과 에너지가 어떤 것인지를 알아야 한다.

10 Portell X. 2011. "SUSY searches at the Tevatron and the LHC." Physics in Collision 학회에서의 발표, Vancouver, Canada, August/September 2011, 마흔한 번째 슬라이드. 〈http://indico.cern.ch/event/117880/contributions/1330772/attachments/58548/84276/portell_SUSYsearches.pdf〉

11 Allanach B. 2015. "Hint of new particle at CERN's Large Hadron Collider?" *Guardian*, December 16, 2015.

12 다음 문헌에서 인용했다. Cho A. 2007. "Physicists' nightmare scenario: the Higgs and nothing else." *Science* 315:1657-1658.

13 Gross D. 2013. "Closing remarks." 2013년 6월 24~29일 대한민국 서강대학교에서 열린 '끈 2013' 학회 프레젠테이션. ⟨www.youtube.com/embed/vtXAwk1vkmk⟩

4장 무너진 기반

1 Kaku M. 1994. *Hyperspace: a scientific odyssey through parallel universes, time warps, and the tenth dimension*. Oxford, UK: Oxford University Press, p. 126; Hawking S. 2002. "Gödel and the end of the universe." 공개강연, Cambridge, UK, July 20, 2002; Strassler M. 2013. "Looking beyond the standard model." 힉스 심포지엄 강연, University of Edinburgh, Edinburgh, Scotland, January 9-11, 2013. ⟨https://higgs.ph.ed.ac.uk/sites/default/fles/Strassler_Looking%20Beyond%20SM.pdf⟩; Greene B. 1999. *The elegant universe: superstrings, hidden dimensions, and the quest for the ultimate theory*. New York: WW Norton, p. 143; Davies P. 2007. *The Goldilocks enigma: why is the universe just right for life?* New York: Penguin, p. 101.

2 Koide Y. 1993. "Should the renewed tau mass value 1777 MeV be taken seriously?" *Mod Phys Lett.* A8:2071.

3 섞임 행렬은 실질적으로 확률이 아닌 진폭을 수집한다. 중성미자들을 위한 섞임 행렬이 하나, 그리고 아래 쿼크들을 위한 섞임 행렬이 하나 있다. 후자는 카비보-코바야시-마스카와(CKM) 행렬이라고 알려져 있다.

4 Peccei RD, Quinn HR. 1977. "CP conservation in the presence of

pseudoparticles." *Phys Rev Lett.* 38(25):1440-1443.

5 Brahe T. 1602. *Astronomiae instauratae progymnasmata*. 다음 문헌에서 재인용했다. Blair A. 1990. "Tycho Brahe's critique of Copernicus and the Copernican system." *Journal of the History of Ideas* 51(3):364.

6 다음 문헌에 요약되어 있다. Barrow JD. 1981. "The lore of large numbers: some historical background to the anthropic principle." *Q Jl R Astr Soc.* 22:388-420.

7 계수들이 1에 가까워야 한다고 말하는 파격적으로 멋진 방법이다.

8 Steigman G. 1978. "A crucial test of the Dirac cosmologies." *Ap J.* 221:407-411.

9 물리학자들은 양자장이론의 무한대를 다루는 방법을 배우기 전까지 이것을 제대로 이해하지 못했다.

10 기술적 자연스러움의 정의는 헤라르뒤스 토프트까지 거슬러 올라간다. 토프트는 양자장이론에 눈에 띄는 작은 수가 있을 때마다, 수가 0일 때 대칭이 존재해야 하며, 그 작음smallness이 대칭에 의해 보호된다고 가정했다. 현재 이 정의는 작은 수들에 대해서는 어떤 설명이 (대칭이든 뭐든) 반드시 있어야 한다는 의미로 일반화되었다. 다음 문헌을 참고할 것. 't Hooft G et al. 1980. *Recent developments in gauge theories*. New York: Plenum Press, p. 135.

11 Glashow SL, Iliopoulos J, Maiani L. 1970. "Weak interactions with lepton-hadron symmetry." *Phys Rev.* 2(7):1285-1292.

12 Nadis S, Yau S-T. 2015. *From the Great Wall to the great collider: China and the quest to uncover the inner workings of the universe*. Somerville,

MA: International Press of Boston, p. 75.

13 Randall L. 2006. *Warped passages: unraveling the mysteries of the universe's hidden dimensions*. New York: Harper Perennial, p. 253.

14 저자 인터뷰에서.

15 글루이노는 초대칭 입자 중 하나로, 표준모형 입자인 글루온의 초대칭 입자를 말한다.

16 Thomas KD. 2015. "Beyond the Higgs: from the LHC to China." *The Institute Letter*, Summer 2015. Princeton, NJ: Institute for Advanced Study, p. 8.

5장 이상적인 이론

1 Voss RF, Clarke J. 1975. "'1/*f* noise' in music and speech." *Nature* 258:317-318.

2 물론 바흐가 빅뱅 때부터 작곡을 시작한 것도 아니고, 인간은 좁은 영역의 진동수만 들을 수 있다. '전체' 시간 스케일에 걸쳐 상관관계가 있다는 말은 작품이 지속되는 동안 가청주파수 영역 안에 있다는 의미이다. 진짜 음악은 실질적으로 완벽한 1/*f* 스펙트럼을 갖지 않지만, 어떤 영역에서는 근사된다. 아무튼 보편성을 발견하는 것은 상당히 흥미롭다.

3 같은 이름의 철학 분야와 혼동하지 말자. 공통점은 이름뿐이다.

4 Einstein A. 1999. *Autobiographical notes*. La Salle, IL: Open Court, p. 63.

5 Weinberg S. 2015. *To explain the world: the discovery of modern science*. New York: Harper.

6 Wolchover N, Byrne P. 2014. "How to check if your universe exists." *Quanta Magazine*, July 11, 2014.

7 Davies P. 2007. "Universes galore: where will it all end?" In: Carr B, editor. *Universe or multiverse*. Cambridge, UK: Cambridge University Press, p. 495.

8 Ellis G. 2011. "Does the multiverse really exist?" *Scientific American*, August 2011, p. 40.

9 "Lawrence Krauss owned by David Gross on the multiverse religion." 유튜브 동영상, June 26, 2014. <www.youtube.com/watch?v=fEx5rWfz2ow>

10 Wells P. 2013. "Perimeter Institute and the crisis in modern physics." MacLean's, September 5, 2013.

11 Horgan J. 2011. "Is speculation in multiverses as immoral as speculation in subprime mortgages?" Cross-check (blog). Scientific *American*, January 28, 2011. <https://blogs.scientificamerican.com/cross-check/is-speculation-in-multiverses-as-immoral-as-speculation-in-subprime-mortgages/>

12 Gefter A. 2005. "Is string theory in trouble?" *New Scientist*, December 14, 2005.

13 Carr B. 2008. "Defending the multiverse." *Astronomy & Geophysics* 49(2):2.36-2.37.

14 Naff CF. 2014. "Cosmic quest: an interview with physicist Max Tegmark." TheHumanist.com, May 8, 2014.

15 Siegfried T. 2013. "Belief in multiverse requires exceptional vision." ScienceNews.org, August 14, 2013.

16 영구 급팽창은 1983년 파울 슈타인하르트와 알렉산더 빌렌킨이 최초로 제안했다. 이와 다른 모형은 몇 년 후 앨런 구스와 안드레이 린데가 제안했다.

17 예를 들어, 다음 문헌을 참고할 것. Mukhanov V. 2015. "Inflation without selfreproduction." Fortschr Phys. 63(1). arXiv:1409.2335 [astro-ph.CO].

18 Bousso R, Susskind L. 2012. "The multiverse interpretation of quantum mechanics." *Phys Rev D.* 85:045007. arXiv:1105.3796 [hep-th].

19 Tegmark M. 2008. "The mathematical universe." *Found Phys.* 38:101-150. arXiv:0704.0646 [gr-qc].

20 Garriga J, Vilenkin A, Zhang J. 2016. "Black holes and the multiverse." *JCAP* 02:064. arXiv:1512.01819 [hep-th].

21 Weinberg S. 2005. "Living in the multiverse." '최종 이론에 대한 전망' 강연, Trinity College, Cambridge, UK, September 2005. arXiv:hep-th/0511037.

22 다중우주의 경우, 이 문제는 '측정 문제'라는 이름으로 진행된다. 다음 문헌을 참고할 것. Vilenkin A. 2012. "Global structure of the multiverse and the measure problem." *AIP Conf Proc* 1514:7. arXiv:1301.0121 [hep-th].

23 Hoyle F. 1954. "On nuclear reactions occurring in very hot stars. I. The synthesis of elements from carbon to nickel." *Astrophys J Suppl Ser.* 1:121.

24 Kragh H. 2010. "When is a prediction anthropic? Fred Hoyle and the 7.65

MeV carbon resonance." Preprint. ⟨http://philsci-archive.pitt.edu/5332⟩

25 예를 들어, 다음 문헌을 참고할 것. Barrow JD, Tipler FJ. 1986. *The anthropic cosmological principle*. Oxford, UK: Oxford University Press; Davies P. 2007. *Cosmic jackpot: why our universe is just right for life*. Boston: Houghton Mifflin Harcourt.

26 Harnik RD, Kribs GD, Perez G. 2006. "A universe without weak interactions." *Phys Rev D*. 74:035006. arXiv:hep-ph/0604027.

27 Loeb A. 2014. "The habitable epoch of the early universe." *Int J Astrobiol*. 13(4):337-339. arXiv:1312.0613 [astro-ph.CO].

28 Adams FC, Grohs E. 2016. "Stellar helium burning in other universes: a solution to the triple alpha fne-tuning problem." arXiv:1608.04690 [astro-ph.CO].

29 놀랍지 않다. 비선형적으로 상호작용하는 성분 10여 개를 가진 이론이 복잡한 구조를 발생시킨다는 것은 예외가 아니라 규칙으로 기대할 만한 것이다.

30 돈 페이지는 반대로 주장한다. 다음 문헌을 참고할 것. Page DN. 2011. "Preliminary inconclusive hint of evidence against optimal fne tuning of the cosmological constant for maximizing the fraction of baryons becoming life." arXiv:1101.2444.

31 Martel H, Shapiro PR, Weinberg S. 1998. "Likely values of the cosmological constant." *Astrophys J*. 492: 29. arXiv:astro-ph/9701099.

32 다른 측정 결과를 바탕으로 우주상수가 0이 아니라 양의 값을 갖는 수라는 소문이 10년 전 쯤 돌았지만, 뚜렷한 결론에 이르지는 못했다.

다음 문헌을 참고할 것. Efstathiou G, Sutherland WJ, Maddox SJ. 1990. "The cosmological constant and cold dark matter." *Nature* 348:705-707; Krauss LM, Turner MS. 1995. "The cosmological constant is back." *Gen Rel Grav.* 27:1137-1144. arXiv:astro-ph/9504003. 와인버그는 일찍이 인류원리로 우주상수를 설명했다. 다음을 보라. Weinberg S. 1989. "The cosmological constant problem." *Rev Mod Phys.* 61(1):1-23.

33 Johnson G. 2014. "Dissonance: Schoenberg." *New York Times*, video, May 30, 2014. 〈www.nytimes.com/video/arts/music/100000002837182/dissonance-schoenberg.html〉

34 McDermott JH, Schultz AF, Undurraga EA, Godoy RA. 2016. "Indifference to dissonance in native Amazonians reveals cultural variation in music perception." *Nature* 535:547-550.

6장 양자역학의 이해할 수 없는 이해 가능성

1 이 절의 제목은 '지금 당장은 모든 것이 경이롭고, 아무도 행복하지 않다'는 인기 코미디언 루이스 C. K.의 말을 패러디한 것이다. "Louis CK everything is amazing and nobody is happy." 유튜브 동영상, October 24, 2015. 〈www.youtube.com/watch?v=q8LaT5Iiwo4〉

2 Popescu S. 2014. "Nonlocality beyond quantum mechanics." *Nature Physics* 10:264-270.

3 다음 문헌에서 인용했다. Wolchover N. 2014. "Have we been interpreting quantum mechanics wrong this whole time?" *Wired*, June 30, 2014.

4 Weinberg S. 2012. *Lectures on quantum mechanics*. Cambridge, UK:

Cambridge University Press.

5 Scheidl T et al. 2010. "Violation of local realism with freedom of choice." *Proc Natl Acad Sci USA*. 107:19708. arXiv:0811.3129 [quant-ph].

6 다음은 더 읽으면 좋을 훌륭한 책이다. Musser G. 2015. *Spooky action at a distance: the phenomenon that reimagines space and time-and what it means for black holes, the big bang, and theories of everything*. New York: Farrar, Straus and Giroux.

7 Mermin ND. 1989. "What's wrong with this pillow?" *Physics Today*, April 1989. 그렇다. 그 말을 한 사람은 파인만이 아니었다. Mermin ND. 2004. "Could Feynman have said this?" *Physics Today*, May 2004.

8. Vaidman L. 2012. "Time symmetry and the many worlds interpretation." In: Saunders S, Barrett J, Kent A, Wallace D, editors. *Many worlds? Everett, quantum theory, and reality*. Oxford, UK: Oxford University Press, p. 582; Tegmark M. 2003. "Parallel universes." *Scientific American*, May 2003.

9 Mermin ND. 2016. *Why quark rhymes with pork and other scientific diversions*. Cambridge, UK: Cambridge University Press; Carroll S. 2014. "Why the many-worlds formulation of quantum mechanics is probably correct." *Preposterous Universe*, June 30, 2014. 〈http://www.preposterousuniverse.com/blog/2014/06/30/why-the-many-worlds-formulation-of-quantum-mechanics-is-probably-correct/〉

10 코펜하겐 해석의 결과를 얻는 조건이 항상 충족되지 않을 수 있다고 암시하는 다양한 해석도 있는데, 이 경우는 둘 다 실험을 통해 구별할 수

있다. 그러나 아직 실현되지 않고 있다.

11 Bell M, Gottfried K, Veltman M. 2001. *John S. Bell on the foundations of quantum mechanics*. River Edge, NJ: World Scientific Publishing, p. 199.

12 Polkinghorne J. 2002. *Quantum theory: a very short introduction*. Oxford, UK: Oxford University Press, p. 89.

13 Tegmark M. 2015. *Our mathematical universe: my quest for the ultimate nature of reality*. New York: Vintage, p. 187; Tegmark M. 2003. "Parallel universes." *Scientific American*, May 2003.

14 Kent A. 2014. "Our quantum problem." *Aeon*, January 28, 2014.

15 그는 이 주제로 논문을 쓰고 있다고 말했다. 논문은 2개월 후 발표되었다. Weinberg S. 2016. "What happens in a measurement?" *Phys Rev A*. 93:032124. arXiv:1603.06008 [quant-ph]. 참조.

16 '순수하게' 남아 있는 상태란 양자 성질이 결깨짐되지 않았다는 의미다.

17 Orzel C. 2010. *How to teach quantum physics to your dog*. New York: Scribner.

18 윌리엄 대니얼 필립스는 1997년 클로드 코엔타누지와 스티븐 추와 함께 레이저 냉각, 즉 원자를 느리게 하는 기술로 노벨 물리학상을 공동 수상했다.

19 Sparkes A et al. 2010. "Towards robot scientists for autonomous scientific discovery." *Automated Experimentation* 2:1.

20 Schmidt M, Lipson H. 2009. "Distilling free-form natural laws from experimental data." *Science* 324:81-85.

21 Krenn M, Malik M, Fickler R, Lapkiewicz R, Zeilinger A. 2016.

"Automated search for new quantum experiments." *Phys Rev Lett.* 116:090405.

22 Ball P. 2016. "Focus: computer chooses quantum experiments." *Physics* 9:25.

23 Powell E. 2011. "Discover interview: Anton Zeilinger dangled from windows, teleported photons, and taught the Dalai Lama." *Discover Magazine*, July–August 2011.

24 이 게임은 웹사이트에서 다운로드 받을 수 있다. 〈www.sciencetathome.org/games/quantum-moves/game〉

25 Sørensen JJWH et al. 2016. "Exploring the quantum speed limit with computer games." *Nature* 532:210–213.

26 "우리는 종종 객관적 실체에 관한 그의 생각에 대해 토론했다. 언젠가 함께 산책하던 중에 아인슈타인이 걸음을 멈추고 나를 돌아보더니, 정말로 달을 볼 때만 달이 그곳에 존재한다고 믿느냐고 물었던 것을 기억한다." Pais A. 1979. "Einstein and the quantum theory." *Rev Mod Phys.* 51:907.

27 Wigner EP. 1960. "The unreasonable effectiveness of mathematics in the natural sciences." *Comm Pure Appl Math.* 13:1–14.

7장 모든 것을 지배하는 하나의 법칙

1 2장 참조.

2 Hooper D. 2008. *Nature's blueprint*. New York: Harper Collins, p. 193.

3 Castelvecchi D. 2012. "Is supersymmetry dead?" *Scientific American*,

May 2012.
4 Gross D. 2005. "Einstein and the search for unification." *Current Science* 89(12):25.
5 다음 문헌에서 인용했다. Cho A. 2007. "Physicists' nightmare scenario: the Higgs and nothing else." *Science* 315:1657-1658.
6 Wilczek F. 2016. "Power over nature." *Edge*, April 20, 2016. 〈https://www.edge.org/conversation/frank_wilczek-power-over-nature〉
7 McAllister JW. 1996. *Beauty and revolution in science*. Ithaca, NY: Cornell University Press.
8 Mulvey PJ, Nicholson S. 2014. "Trends in physics PhDs." *Focus On*, February 2014. College Park, MD: AIP Statistical Research Center.
9 Forman P, Heilbron JL, Weart S. 1975. "Physics circa 1900." In: McCormmach R, editor. *Historical Studies in the Physical Sciences*, Volume 5. Princeton, NJ: Princeton University Press.
10 Sinatra R et al. 2015. "A century of physics." *Nature Physics* 11:791-796.
11 Larsen PO, von Ins M. 2010. "The rate of growth in scientific publication and the decline in coverage provided by Science Citation Index." *Scientometrics* 84(3):575-603.
12 Sinatra R et al. 2015. "A century of physics." *Nature Physics* 11:791-796.
13 Palmer CL, Cragin MH, Hogan TP. 2004. "Information at the intersections of discovery: Case studies in neuroscience." *Proceedings of the Association for Information Science and Technology* 41:448-455.
14 Uzzi B, Mukherjee S, Stringer M, Jones B. 2013. "Atypical combinations

and scientific impact." *Science* 342(6157):468-472.

15 Sinatra R et al. 2015. "A century of physics." *Nature Physics* 11:791-796.

16 King C. 2016. "Single-author papers: a waning share of output, but still providing the tools for progress." *Science Watch*, retrieved January 2016. 〈http://sciencewatch.com/articles/single-author-papers-waning-share-output-still-providing-tools-progress〉

17. Maher B, Anfres MS. 2016. "Young scientists under pressure: what the data show." *Nature* 538:44-45.

18 von Hippel T, von Hippel C. 2015. "To apply or not to apply: a survey analysis of grant writing costs and benefts." *PLoS One* 10(3):e0118494.

19 Chubba J, Watermeyer R. 2016 Feb. "Artifice or integrity in the marketization of research impact? Investigating the moral economy of (pathways to) impact statements within research funding proposals in the UK and Australia." *Studies in Higher Education* 42(12):2360-2372.

20 종신 교수직의 핵심은 만료 일자가 없는 계약이며, 아주 특별한 사유가 없는 한 종료되지 않는다는 것이다. 아주 특별한 사유란, 예를 들면 불법행위나 품행이 좋지 않은 것을 의미하지, 비주류적인 과학적 견해를 고수하는 태도는 해당되지 않는다. 종신 교수직은 대다수 국가에서 이와 비슷한 조건으로 실행되고 있다. 종신직의 목적은 연구 주제가 인기 없거나, 도발적인 내용을 연구한다고 해서 해고를 당하지 않도록 보호해주기 위한 것이다(아니면 '것이었다'라고 말해야 하나?). 가끔 학자들이 고용 안정을 누리는 게 불공정한 특권이라고 생각하는 사람들(대부분 미국인)을 우연히 만난다. 그것은 알맹이 없는 비판이다.

고용 안정성이 보장되지 않으면 학문 연구는 세금을 축내는 애물단지가 될 위험이 크다.

21 Shulman S, Hopkins B, Kelchen R, Mastracci S, Yaya M, Barnshaw J, Dunietz S. 2016. "Higher education at a crossroads: the economic value of tenure and the security of the profession." *Academe*, March-April 2016, pp. 9-23. 〈https://www.aaup.org/sites/default/files/2015-16EconomicStatusReport.pdf〉

22 Brembs B. 2015. "Booming university administrations." *Björn.Brembs.Blog*, January 7, 2015. 〈http://bjoern.brembs.net/2015/01/booming-university-administrations〉

23 Foster JG et al. 2015. "Tradition and innovation in scientists' research strategies." *Am Sociol Rev.* 80(5):875-908.

24 Weaver K, Garcia SM, Schwarz N, Miller DT. 2007. "Inferring the popularity of an opinion from its familiarity: a repetitive voice can sound like a chorus." *J Pers Soc Psychol.* 92(5):821-833.

25 Odenwald S. 2015. "The future of physics." *Huffington Post*, January 26, 2015. 〈https://www.huffingtonpost.com/dr-sten-odenwald/the-future-of-physics_b_6506304.html〉

26 Lykken J, Spiropulu M. 2014. "Supersymmetry and the crisis in physics." *Scientific American*, May 1, 2014.

27 Khosrovshahi GB. n.d. Interview with Alain Connes. Retrieved January 2016. 〈www.freewebs.com/cvdegosson/connes-interview.pdf〉

28 Kac M. 1966. "Can one hear the shape of a drum?" *Amer Math Monthly*

73(4):1-23.

29 Chamseddine AH, Connes A, Marcolli M. 2007. "Gravity and the standard model with neutrino mixing." *Adv Theor Math Phys.* 11:991-1089. arXiv:hep-th/0610241.

30 Connes A. 2008. "Irony." *Noncommutative Geometry*, August 4, 2008. ⟨http://noncommutativegeometry.blogspot.de/2008/08/irony.html⟩

31 Chamseddine AH, Connes A. 2012. "Resilience of the spectral standard model." *J High Energy Phys.* 1209:104. arXiv:1208.1030 [hep-ph].

32 Hebecker A, Wetterich W. 2003. "Spinor gravity." *Phys Lett B.* 574:269-275. arXiv:hep-th/0307109; Finster F, Kleiner J. 2015. "Causal fermion systems as a candidate for a unifed physical theory." *J Phys. Conf Ser* 626:012020. arXiv:1502.03587 [math-ph].

33 1930년대 이론으로 추가적인 공간 차원을 포함하는 이론이다. 1장에서 간략하게 다루었다.

34 Lisi AG. 2007. "An exceptionally simple theory of everything." arXiv:0711.0770 [hep-th].

35 Lisi AG, Weatherall JO. 2010. "A geometric theory of everything." *Scientific American*, December 2010.

8장 우주, 마지막 전선

1 유령의 부재.

2 Kachru S, Kallosh R, Linde A, Trivedi SP. 2003. "De Sitter vacua in string theory." *Phys Rev.* D68:046005. arXiv:hep-th/0301240.

3 Hossenfelder S. 2013. "Whatever happened to AdS/CFT and the quark gluon plasma?" *Backreaction*, September 12, 2013. 〈http://backreaction.blogspot.com/2013/09/whatever-happened-to-adscft-and-quark.html〉

4 Conlon J. 2015. *Why string theory?* Boca Raton, FL: CRC Press, p. 135.

5 Dyson F. 2009. "Birds and frogs." *Notices of the AMS* 56(2):221.

6 끈과 수학의 연결에 관한 훌륭한 책이다. Yau S-T, Nadis S. 2012. *The shape of inner space: string theory and the geometry of the universe's hidden dimensions*. New York: Basic Books.

7 다음 문헌에서 이 관계를 이해하기 쉽게 설명했다. Ronan M. 2006. *Symmetry and the monster: the story of one of the greatest quests of mathematics*. Oxford, UK: Oxford University Press.

8 이 관계를 흔히 AdS/CFT 쌍대성이라고 부른다. 중력이론은 반反 더 시터르 공간(음의 우주상수를 갖는 시공간)에 있고, 게이지이론은 그보다 한 차원 적은 공간 안의 (초대칭) 등각장이론Conformal Field Theory, CFT이라는 것을 강조하기 위해 이런 이름이 붙었다. 중력이론과 게이지이론은 표준모형의 이론들과 비슷하지만 동일한 것은 아니다.

9 Polchinski J. 2015. "String theory to the rescue." arXiv:1512.02477 [hep-th].

10 산란하는 W 보손의 단면이 서로를 상쇄한다.

11 Polchinski J. 2004. "Monopoles, duality, and string theory." *Int J Mod Phys*. A19S1:145-156. arXiv:hep-th/0304042.

12 '정보'라는 표현은 다소 부적절하다. 이 문제는 정보라는 말의 의미와

무관하기 때문이다. 문제의 핵심은 블랙홀 증발이 근본적으로 비가역적, 다시 말해 이전 상태로 돌아갈 수 없다는 것이다.

13 Almheiri A, Marolf D, Polchinski J, Sully J. 2013. "Black holes: complementarity or firewalls?" *J High Energy Phys*. 2013(2):62. arXiv:1207.3123 [hep-th]. 또는 증명되었다고 주장했다. 그들의 증거는 생략될 수 있는 불필요한 숨은 가정에 의존하며, 그럴 경우 문제 자체가 통째로 사라진다. Hossenfelder S. 2015. "Disentangling the black hole vacuum." *Phys Rev D*. 91:044015. arXiv:1401.0288. 참고.

14 나머지 셋은 죽음, 외로움, 자유다. Yalom ID. 1980. *Existential psychotherapy*. New York: Basic Books. 참고.

15 Greene A. 2014. "Stephen King: the Rolling Stone interview." *Rolling Stone*, October 31, 2014.

16 Conlon J. 2015. *Why string theory?* Boca Raton, FL: CRC Press, p. 236.

17 Witten E. 2003. "Viewpoints on string theory." *Nova: The Elegant Universe*. PBS. 〈http://www.pbs.org/wgbh/nova/elegant/viewpoints.html〉

18 Brink L, Henneaux M. 1988. *Principles of string theory*. Boston: Springer.

19 Greene B. 1999. *The elegant universe: superstrings, hidden dimensions, and the quest for the ultimate theory*. New York: WW Norton, p. 82.

20 가장 인기 없는 것은 나의 주장으로, 지금 우리가 엉뚱한 문제에 덤벼들고 있다는 것이다. 이해하기 위해 필요한 것은 짧은 거리 안에서 중력에 일어나는 일이 아니라, 짧은 거리 안에서 양자화에 일어나는 일이다. 다음 문헌을 참고할 것. Hossenfelder S. 2013. "A possibility to

solve the problems with quantizing gravity." *Phys Lett B.* 725:473-476. arXiv:1208.5874 [gr-qc].

21 Cheng Z, Wen X-G. 2012. "Emergence of helicity +/- 2 modes (gravitons) from qubit models." *Nuclear Physics B.* 863. arXiv:0907.1203 [gr-qc].

22. 일반적으로 표준모형이나 양자장이론의 수학적 문제는 이것만이 아니다. 하크 정리Haag's theorem는 모든 양자장이론은 사소하며 물리적으로 중요하지 않다는 내용을 담고 있다. 다소 불온한 내용이라 물리학자들은 이 정리를 무시한다.

9장 우주, 그 모든 것, 그리고 그 나머지

1 Vinkers CH, Tijdink JK, Otte WM. 2015. "Use of positive and negative words in scientific PubMed abstracts between 1974 and 2014: retrospective analysis." *BMJ* 351:h6467.

2 오늘날 미국 내 학계의 소득 불평등은 일반 산업 현장이나 정부 부처보다 훨씬 격차가 크다. Lok C. 2016. "Science's 1%: how income inequality is getting worse in research." *Nature* 537:471-473 참조.

3 행동을 바꾸려 하는 과학자 개개인이 없어도 나쁜 과학적 관행들이 만연할 수 있다는 중요한 의미를 담고 있다. 다음 문헌을 참고할 것. Smaldino PE, McElreath R. 2016. "The natural selection of bad science." *Royal Society Open Science* 3:160384. arXiv:1605.09511 [physics.soc-ph].

4 Hoyle F. 1967. "Concluding remarks." *Proc Royal Soc A.* 301:171. 호일의 기록에는 바데가 중성미자의 발견을 놓고 파울리에게 내기를 걸었다는

내용도 있다. 코웬과 라이너스가 중성미자를 성공적으로 검출하자 마침내 바데는 내기의 대가로 샴페인을 얻었다.

5 Freese K. 2014. *Cosmic cocktail: three parts dark matter.* Princeton, NJ: Princeton University Press.

6 Feng JL. 2008. "Collider physics and cosmology." *Class Quant Grav.* 25:114003. arXiv:0801.1334 [gr-qc]; Buckley RB, Randall L. 2011. "Xogenesis." *J High Energy Phys.* 1109:009. arXiv:1009.0270 [hep-ph].

7 Baudis L. 2015. "Dark matter searches." *Ann Phys (Berlin)* 528(1-2):74-83. arXiv:1509.00869 [astro-ph.CO].

8 Goodman MW, Witten E. 1985. "Detectability of certain dark-matter candidates." *Phys Rev D.* 31(12):3059-3063.

9 Gelmini G. 1987. "Bounds on galactic cold dark matter particle candidates and solar axions from a Ge-spectrometer." In: Hinchliffe I, editor. *Proceedings of the theoretical workshop on cosmology and particle physics: July 28-Aug. 15, 1986, Lawrence Berkeley Laboratory, Berkeley, California.* Singapore: World Scientific.

10. DAMA 프로젝트에서 원인은 알 수 없으나 통계적으로 의미 있는 사건을 검출했는데, 진동수가 한 해 동안 주기적으로 바뀐 것이다. Bernabei R. 2008. "First results from DAMA/LIBRA and the combined results with DAMA/NaI." *Eur Phys J.* C56:333-355. arXiv:0804.2741 [astro-ph]. 그들은 이 신호를 10년 이상 관찰했다. 1년간의 변조는 암흑물질에서 기대할 수 있는 것이다. 암흑물질 신호가 검출될 확률이 암흑물질 입자가 떨어지는 방향에 따라 좌우되기 때문이다. 암흑물질

구름이 존재한다면, 지구는 이 구름을 통과해 태양 주위를 돌 것이므로, 입사되는 암흑물질의 유동 방향은 매년 시기에 따라 바뀐다. 그러나 DAMA 신호가 암흑물질 때문일 수 있다는 가능성은 다른 실험을 통해 배제되었다. 만일 그 신호가 암흑물질이 만든 것이라면, 다른 검출기에서도 보였어야 했는데 검출되지 않았기 때문이다. DAMA가 검출한 것이 무엇인지는 아무도 모른다.

11 Benoit A et al. 2001. "First results of the EDELWEISS WIMP search using a 320 g heat-and-ionization Ge detector." *Phys Lett B*. 513:15-22. arXiv: astro-ph/0106094.

12 Xenon100 Collaboration. 2013. "Limits on spin-dependent WIMP-nucleon cross sections from 225 live days of XENON100 data." *Phys Rev Lett*. 111:021301. arXiv:1301.6620 [astro-ph.CO].

13 이 분야를 연구하는 사람 중 일부는 윔프 기적의 매개변수 범위가 배제되었다는 데 동의하지 않고, 매개변수 범위의 일부는 여전히 허용된다고 주장한다. 의견 충돌이 일어나는 이유는 윔프 모형이 하나가 아니고 여러 개이기 때문이다. 원래의 윔프는 약한 보손weak boson이 매개하는 상호작용을 하고, 특수 대칭군에 의해 분류된다. 이 변종은 배제되었지만, 상호작용을 매개하는 다른 방법 또는 입자의 다른 유형은 데이터와 양립할 수 있다.

14 만일 액시온이 급팽창 이전에 만들어졌다면 그러하다. 급팽창 이후에 만들어졌다면, 액시온 응축물의 밀도는 암흑물질을 생성하기에 적당할 수 있다. 그러나 응축물은 '자벽domain wall'이라는 경계에 의해 분리된 조각이며, 자벽은 관측 내용과 비교할 때 에너지 밀도가 훨씬 높다.

15 Milgrom M. 1983. "A modification of the Newtonian dynamics-implications for galaxies." *Astrophys J.* 270:371.

16 예를 들어, 다음 문헌을 참고할 것. Moffat JW, Rahvar S. 2013. "The MOG weak feld approximation and observational test of galaxy rotation curves." *Mon Notices Royal Astron Soc.* 436:1439. arXiv:1306.6383[astroph.GA]. 이 저자들이 쓴 다른 책도 참고하라.

17 Berezhiani L, Khoury J. 2015. "Theory of dark matter superfluidity." *Phys Rev D.* 92:103510. arXiv:1507.01019 [astro-ph.CO]. 이와 비슷한 생각을 앞서 제안했다. 다음 문헌을 참고할 것. Bruneton J-P, Liberati S, Sindoni L, Famaey B. 2009. "Reconciling MOND and dark matter?" *JCAP* 3:21. arXiv:0811.3143 [astro-ph].

18 우주상수를 찾아보면, 현재 값은 Λ로 표기되며 대략 $10^{-52}/m^2$이다. 이것은 입자물리학자들이 우주상수 규모라고 부르는 것과는 다르다. 그 대신 입자물리학자들은 우주상수와 연관된 에너지 밀도, 즉 $c^4\Lambda/G$를 사용한다. (G는 뉴턴 상수고, c는 빛의 속도이다.) 이 값에 $\hbar^3$을 곱하고 네제곱근을 취하면, 그 결과는 대략 $10^4/m$이고, 이 값의 역수를 취하면 1밀리미터의 1/10가량 되는 거리 척도를 얻는다. 거리 척도 측면에서 플랑크 길이의 불일치는 약 10^{30}이다(그림 14 참조). 에너지 밀도 측면에서는 이 값의 네제곱이 되고, 결과는 (훨씬 더 자주 인용되지만 다소 오해의 소지가 있는) 10^{120} 불일치다.

19 Boyle LA, Steinhardt PJ, Turok N. 2006. "Inflationary predictions for scalar and tensor fluctuations reconsidered." *Phys Rev Lett.* 96:111301. arXiv:astro-ph/0507455.

20 더 중요한 것은 가우시아니티gaussianity(가우시안이 되는 조건—옮긴이 주)와 TE 상관관계이다.

21 Martin J, RinGeVal C, Trotta R, Vennin V. 2014. "The best inflationary models after Planck." *JCAP* 1403:039. arXiv:1312.3529 [astro-ph.CO].

22 Azhar F, Butterfeld J. 2017. "Scientific realism and primordial cosmology." In: Saatsi J, editor. *The Routledge handbook of scientific realism*. New York: Routledge. arXiv:1606.04071 [physics.hist-ph].

23 Silk J. 2007. "The dark side of the universe." *Astron Geophys.* 48(2):2.30-2.38.

24 Ijjas A, Steinhardt PJ, Loeb A. 2017. "Pop goes the universe." *Scientific American*, January 2017.

25 Hawking SW, Ellis GFR. 1973. *The large scale structure of space-time*. Cambridge, UK: Cambridge University Press.

26 Ellis GFR. 1975. "Cosmology and verifiability." *QJRAS* 16:245-264.

27 Stepnes S. 2007. "Detector challenges at the LHC." *Nature* 448:290-296.

28 Ellis GFR, Brundrit GB. 1979. "Life in the infinite universe." *QJRAS* 20:37-41.

29 Hilbert D. 1926. "Über das Unendliche." *Mathematische Annalen* 95. Berlin: Springer.

30 Krauss L. 2012. "The consolation of philosophy." *Scientific American*, April 27, 2012.

31 Weinberg S. 1994. *Dreams of a final theory: the scientist's search for the*

ultimate laws of nature. New York: Vintage.

32 Hawking S, Mlodinow L. 2010. *The grand design*. New York: Bantam.

33 Pigliucci M. 2012. "Lawrence Krauss: another physicist with an antiphilosophy complex." *Rationally Speaking*, April 25, 2012. 〈http://rationallyspeaking.blogspot.de/2012/04/lawrence-krauss-another-physicist-with.html〉

34 Maudlin T. 2015. "Why physics needs philosophy." *The Nature of Reality* (blog), April 23, 2015. PBS. 〈www.pbs.org/wgbh/nova/blogs/physics/2015/04/physics-needs-philosophy/〉

10장 아는 것이 힘이다

1 Hooper D. 2008. *Nature's blueprint*. New York: Harper Collins, p. 5.

2 Rutjens BT, Heine SJ. 2016. "The immoral landscape? Scientists are associated with violations of morality." *PLoS ONE* 11(4): e0152798.

3 Watson JD. 2001. *The double helix: a personal account of the discovery of the structure of DNA*. New York: Touchstone, p. 210.

4 Fleming PA, Bateman PW. 2016. "The good, the bad, and the ugly: which Australian terrestrial mammal species attract most research?" *Mammal Rev.* 46(4):241-254.

5 "통계적 시계열 기술이 공식 기후 예측에 결합되어 사용되지 않는 이유가 미학적 이유와 관련이 있다고 감히 말하겠습니다. IPCC 회의에서 많이 다루어지는 주제죠." Orrell D. 2012. *Truth or beauty: science and the quest for order*. New Haven, CT: Yale University Press, p. 214.

6 Krugman P. 2009. "How did economists get it so wrong?" *New York Times*, September 2, 2009.

7 예를 들면, 다음 문헌을 참고할 것. Farmer JD, Geanakoplos J. 2008. "The virtues and vices of equilibrium and the future of financial economics." arXiv:0803.2996 [q-fn.GN].

8 현재는 3.8 시그마다. 다음 문헌을 참고할 것. Yue AT et al. 2013. "Improved determination of the neutron lifetime." *Phys Rev Lett.* 111:222501. arXiv:1309.2623 [nucl-ex].

9 Patrignani C et al. (Particle Data Group). 2016. "Review of particle physics." *Chin Phys C* 40:100001.

10 Baker M. 2016. "1,500 scientists lift the lid on reproducibility." *Nature* 533:452-454.

11 불벽 패러독스는 단순히 결함이 있는 증거를 바탕으로 해서 발생한 문제인 것 같다. 다음 문헌을 참고할 것. Hossenfelder S. 2015. "Disentangling the black hole vacuum." *Phys Rev D.* 91:044015. arXiv:1401.0288. 그 상황과 무관하게, 동료들이 어떤 결론을 이끌어내는지를 지켜보면 흥미롭다.

12 Maldacena J, Susskind L. 2013. "Cool horizons for entangled black holes." *Fortschr Physik* 61(9):781-811. arXiv:1306.0533 [hep-th].

13 웜홀은 '아인슈타인-로젠ER 다리'라고도 부른다. 얽힌 입자들은 'EPR 상태'라고도 하는데, 얽힌 입자가 아인슈타인, 포돌스키, 로젠에 의해 최초로 제안되었기 때문이다. Einstein A, Podolsky B, Rosen N. 1935. "Can quantum-mechanical description of physical reality be considered

complete?" *Phys Rev.* 47:777. 둘이 같은 연결을 서술한다는 추측은 본문에서 ER=EPR의 내용으로 언급된다.

14 다음 문헌을 참고할 것. Banaji MR, Greenwald AG. 2013. *Blindspot: hidden biases of good people*. New York: Delacorte; Kahneman D. 2012. *Thinking, fast and slow*. New York: Penguin.

15 Balcetis E. 2008. "Where the motivation resides and self-deception hides: how motivated cognition accomplishes self-deception." *Social and Personality Psychology Compass* 2(1):361-381.

16 인정한다. 플랑크가 정확히 이렇게 말한 것은 아니었다. 그러나 수정된 버전으로 "새로운 과학의 진실이 승리를 거두는 것은 반대론자들을 설득하고 확신하게 하는 데서 오는 것이 아니다. 오히려 반대론자들은 결국 세상을 뜨고, 새로운 세대가 새로운 진실을 익숙하게 받아들이며 성장하기 때문에 과학이 발전하는 것이다"라는 말은 널리 공유되고 있다. Planck M. 1948. *Wissenschaftliche Selbstbiographie. Mit einem Bildnis und der von Max von Laue gehaltenen Traueransprache*. Leipzig: Johann Ambrosius Barth Verlag, p. 22.

17 Stanovich KE, West RF. 2008. "On the relative independence of thinking biases and cognitive ability." *J Pers Soc Psychol.* 94(4):672-695.

18 Cruz MG, Boster FJ, Rodriguez JI. 1997. "The impact of group size and proportion of shared information on the exchange and integration of information in groups." *Communic Res.* 24(3):291-313.

19 Wolchover N. 2016. "Supersymmetry bet settled with cognac." *Luanta Magazine*, August 22, 2016.

부록 A: 표준모형 입자들

1 표준모형과 입자 가속기를 주제로 한 훌륭한 책이 많다. 최근 작 두 권만 언급한다. Carroll S. 2013. *The particle at the end of the universe: how the hunt for the Higgs boson leads us to the edge of a new world*. New York: Dutton; Moffat J. 2014. *Cracking the particle code of the universe: the hunt for the Higgs boson*. Oxford, UK: Oxford University Press.

2 Eberhart O et al. 2012. "Impact of a Higgs boson at a mass of 126GeV on the standard model with three and four fermion generations." *Phys Rev Lett*. 109:241802. arXiv:1209.1101 [hep-ph].

부록 B: 자연스러움의 문제

1 물리학자들이 척도의 분리에 의존하게 된 일부 원인은 1975년에 발표된 논문에 기반을 둔다. 이 논문은 특정 상황에서 양자장이론의 분리를 증명한다. 그 증명은 재규격화 가능성에 의존적인 질량 의존적 재규격화 스킴scheme을 이용하는데, 두 가정 모두 문제의 소지가 있다. Appelquist T, Carazzone J. 1975. "Infrared singularities and massive fields." *Phys Rev*. D11:28565.

2 Anderson G, Castano D. 1995. "Measures of fine tuning." *Phys Lett B*. 347:300-308. arXiv:hep-ph/9409419.

3 자세한 내용은 다음 문헌을 참고할 것. Hossenfelder S. 2018. "Screams for explanation: finetuning and naturalness in the foundations of physics." arXiv:1801.02176.

감수의 글

김근영
광주과학기술원 물리·광과학과 교수

자비네 호젠펠더 박사는 양자중력을 연구하는 이론물리학자이자, 블로그와 유튜브 채널을 운영하면서 다양한 과학 잡지에 기고하는 저명한 과학 커뮤니케이터이다. 호젠펠더 박사가 그동안 쌓아온 내공을 바탕으로 『수학의 함정』이라는 책을 썼다. 이 책은 명쾌하고 지적이며, 유쾌하고 솔직하다. 통렬한 비판은 도발적이지만, 재치 있는 입담으로 웃음이 더 남는다.

책의 제목은 『수학의 함정』이지만 책에는 한 명의 수학자도, 한 줄의 수학 공식도 등장하지 않는다. 그 대신 노벨상 수상자 3명을 포함한 10여 명의 이론물리의 대가들이 등장한다. 저자는 이들과의 인터뷰를 통해 입자물리, 우주론, 양자역학의 근본 원리 및 초끈이론을 포함한 다양한 양자중력이론들의 핵심과 해결해야 할 퍼즐들을 명쾌하게 묘사한다. 인터뷰 사이에 물리학의 고전 및 최신 논문뿐 아니라 철학자들의 연구도 함께 곁들여 어려운 개념을 효과적으로 설명하고 있다. 피로해질 때쯤이면 풍자와 유머가 머리를 식혀준다.

이렇듯 이 책의 최대 장점은 이론물리학의 '아름다움'을 쉽게 설명하고 있다는 점이다. 그런데 아이러니하게도 저자는 이론물리학자들이 잘못된 '아름다움'에 이끌려 길을 잃었다고 생각한다. 이 책의 원제는 『수학에서 길을 잃다: 아름다움은 어떻게 물리를 잘못된 길로 이끌었나*Lost in Math: How Beauty Leads Physics Astray*』로, 물리학이 수학의 함정에 빠졌다는 의미이다. 물리학의 '아름다움'은 반드시 수학적인 것은 아니나, 그것이 주로 수학으로 표현되므로 수학의 함정이라고 한 것이다. 하지만 이 글에서는 더 일반적인 개념인 '아름다움'으로 지칭하겠다.

물리학 이론의 '아름다움'은 대칭, 단순성, 그리고 이론의 자연스러움 등을 포함한다. 물리학 이론의 목표가 단지 자연현상을 설명하는 것이라면 '아름다움'이 꼭 필요한 것은 아니다. 아무리 추하더라도 현상을 모순 없이 설명할 수 있다면 옳은 이론이다. 그런데 신기하게도 지금까지 물리학 이론은 조금 더 '아름다워지는' 방향으로 발전되어왔다. 그러므로 물리학자들이 현재의 불완전한 이론을 개선하기 위해 조금 더 '아름다워지는' 방향으로 이론을 수정하는 것은 좋은 전략이다.

저자는 크게 두 가지 측면에서 이 전략을 비판한다. 첫째, 만약 '아름답지' 않은 이론이 진실일 경우 '아름다움'을 쫓는 이론물리학자는 길을 잃은 것이다. 둘째, 자연의 원리는 객관적이어야 하는데, '아름다움'은 주관적이므로 학자, 지역, 시대에 따라 달라질 수 있다. (그래서 이 글에서는 계속 '아름다움'에 따옴표를 하고 있다.)

둘 다 일리 있는 얘기다. 하지만 다음과 같이 생각할 수도 있다. 첫째, 이론물리학자는 '아름다움' 때문에 길을 잃을 때도 있지만 새로운 길을 발견하는 때도 있다. 이론물리학자는 목표를 향해 가다가도 '아름다운' 곳을 발견하면 호기심에 이끌려 다른 길로 (혹은 길이 아닌 길로도) 가곤 하는데, 이것이 예상치 못한 원리의 발견으로 이어지는 경우가 종종 있다. 둘째, '아름다움'이 주관적이라는 점에 긍정적인 측면도 있다. 즉, 다양한 주관들이 서로를 비판하고 상호 보완하면서 객관성을 확보하는 효과가 생길 수 있다. 주관적인 '아름다움'이 모일 때, 이론물리학 생태계가 다양하고 풍요로워지며 자체 정화 작용을 하는 경우가 있다.

현대의 이론물리학자들이 '아름다움'을 추구하다 길을 잃었다는 저자의 주장에 대해서는 논란의 여지가 있을 수 있다. 하지만 '아름다움'을 너무 믿어서는 안 된다는 저자의 경고는 의미 있고 중요하다. 물리학 대중 서적들이 대부분 물리학의 '아름다움'을 주로 강조하고 있으므로, 이 책의 조금 다른 관점은 상호 보완적이며 특별한 가치가 있다. 물리학과 물리학자들을 좀 더 깊게 이해하고자 하는 독자라면 꼭 읽어보길 추천하며 '아름다움'의 위험성에 관해서도 스스로 판단해보길 바란다.

무엇보다 이 책은 지적인 자극을 주면서도 재미있다. 저자는 물리학의 '아름다움'을 비판하기 위하여, 그것이 얼마나 '아름다운지'를 정말 '아름답게' 기술하는 데 성공했다. 저자의 부지런한 발품과 날카로운 돌직구 같은 질문 덕에 듣게 된 세계적인 석학들의 '아름다움'이 같은 듯 다르게 묵직하고 현란하다. 저자는 '아름다움'을 비판하고자 하지만, 맥칼리스터의 책을 언급할 때, 자신만의 '아름다움'을 찾고자 하는 물리학자의 본성을 살짝 보이기도 한다. 나는 '아름다움'의 옹호자보다, 이 냉소적인 '아름다움'의 비판자와 더 즐겁게 '아름다움'을 얘기할 수 있을 것 같다. 더구나, 저자는 '아름답지 않은' 물리도 아름답게• 노래할 수 있으니 더 즐거울 것 같다. (저자가 노래하는 유튜브 동영상을 찾아보시라!)

• 여기에서 나는 진심으로 '아름답게'의 따옴표를 제거한다.

찾아보기

ㅎ

A~Z

지은이

자비네 호젠펠더 Sabine Hossenfelder

1976년 독일 프랑크푸르트에서 태어났으며 프랑크푸르트 대학교에서 이론물리학 박사 학위를 받았다. 애리조나 대학교, UC 샌타바버라, 페리미터 이론물리학 연구소에서 연구원으로 재직했으며, 노르디타 연구소 조교수를 거쳐 현재 프랑크푸르트 고등과학원에서 연구하고 있다. 표준모형, 현상학적 양자중력이론, 일반상대성이론 등에 관한 70여 편의 연구논문을 발표했다. 2006년부터 과학블로그 Backreaction에 물리학계의 잘못된 관행을 비판하는 글을 쓰기 시작했다. 『포브스』, 『네이처』, 『피직스 투데이』, 『사이언티픽 아메리칸』, 『퀀타 매거진』 등에 기고했다. 남편과 두 자녀와 함께 하이델베르크에서 살고 있으며, 유튜브, SNS, 블로그 등을 통해 대중과 활발하게 소통하고 있다.

backreaction.blogspot.com

옮긴이

배지은

서강대학교 물리학과와 동대학원을 졸업하고, 휴대전화를 만드는 엔지니어로 일했다. 이후 이화여자대학교 통역번역대학원에서 번역학을 전공하고 소설과 과학책을 번역하고 있다. 『엿보는 자들의 밤』, 『밤의 새가 말하다』, 『열흘간의 불가사의』, 『최후의 일격』, 『꼬리 많은 고양이』, 『퀸 수사국』, 『무니의 희귀본과 중고책 서점』, 『맹인탐정 맥스 캐러도스』, 『아파트먼트』, 『물질의 탐구』, 『입자 동물원』, 『일상적이지만 절대적인 양자역학지식 50』, 『호킹의 빅 퀘스천에 대한 간결한 대답』, 『전자부품 백과사전』(전 3권)을 우리말로 옮겼다.

수학의 함정

초판 발행　2020년 12월 14일

지은이　자비네 호젠펠더
옮긴이　배지은
펴낸이　김정순
편집　장준오 허영수 박은영
디자인　이강효
마케팅　양혜림 이지혜

펴낸곳　(주)북하우스 퍼블리셔스
출판등록　1997년 9월 23일 제406-2003-055호
주소　04043 서울시 마포구 양화로 12길 16-9(서교동 북앤빌딩)
전자우편　henamu@hotmail.com
홈페이지　www.bookhouse.co.kr
전화번호　02-3144-3123
팩스　02-3144-3121

ISBN 979-11-6405-080-2 03420